科技馆展览展品资源研发与创新实践

第二届全国科技馆展览展品大赛优秀项目集锦

主 编 殷皓

中国科学技术出版社
·北京·

图书在版编目（CIP）数据

科技馆展览展品资源研发与创新实践 . 第二届全国科技馆展览展品大赛优秀项目集锦 / 殷皓主编 . -- 北京：中国科学技术出版社，2022.8
ISBN 978-7-5046-9780-6

Ⅰ.①科… Ⅱ.①殷… Ⅲ.①科学馆 – 陈列品 – 介绍 – 中国 Ⅳ.① G322

中国版本图书馆 CIP 数据核字（2022）第 143158 号

策划编辑		王晓义
责任编辑		曾繁荣
装帧设计		中文天地
责任校对		张晓莉
责任印制		徐　飞

出　　版		中国科学技术出版社
发　　行		中国科学技术出版社有限公司发行部
地　　址		北京市海淀区中关村南大街 16 号
邮　　编		100081
发行电话		010-62173865
传　　真		010-62173081
网　　址		http://www.cspbooks.com.cn

开　　本		787mm×1092mm　1/16
字　　数		376 千字
印　　张		18.25
版　　次		2022 年 8 月第 1 版
印　　次		2022 年 8 月第 1 次印刷
印　　刷		河北环京美印刷有限公司
书　　号		ISBN 978-7-5046-9780-6 / G・973
定　　价		98.00 元

（凡购买本社图书，如有缺页、倒页、脱页者，本社发行部负责调换）

本书编委会

主　编：殷　皓

副主编：钱　岩

编　委（按姓氏笔画排列）：

卢金贵　刘晓峰　吴雄飞　张晓春　黄星华

曾川宁　路建宏　廖　红　缪文靖

序

科技馆是面向社会公众特别是青少年等重点人群，以展览教育、研究、服务为主要功能，以参与、互动、体验为主要形式，开展科学技术普及相关工作和活动的公益性社会教育与公共服务设施。近年来，我国科技馆事业蓬勃发展，整体态势良好，在促进科普服务公平普惠、提高公民科学素质方面发挥了重要作用。

为进一步贯彻落实《全民科学素质行动规划纲要（2021—2035年）》，搭建科技馆业务交流平台，促进科技馆展览展品创新研发能力的提升，为新时期科技馆事业发展提供强有力的支撑，2020年，第二届全国科技馆展览展品大赛正式拉开帷幕。本届大赛共收到来自全国科普类场馆的170个参赛项目，其中展品类127件，展览类43项。

本书集中展示第二届全国科技馆展览展品大赛入选决赛的优秀获奖作品，其中展览类项目25个、展品类项目39个。展览类项目内容包括设计思路、设计原则、展览框架、展示内容、展品构成以及创新与思考等；展品类项目内容包括展品描述、展示方式、科学原理、应用拓展以及创新与思考等，高度还原了科技馆展览和展品项目从设计、开发到落地实施的全过程，具有较高参考价值。

希望此书的出版，既能为相关从业人员提供宝贵的、可供借鉴的展览展品案例，又能促进科技馆业界交流互动，提升展览展品研发设计人员的业务能力和水平，推动科技馆事业高质量发展。

目录
CONTENTS

第一章 大赛概况
大赛简介 002
大赛获奖情况 005

第二章 常设展览项目获奖作品
一等奖获奖作品 014
 "太空探索"常设展览 013
二等奖获奖作品 025
 黄土地——天上飞来的家园 026
 WE 035
三等奖获奖作品 043
 广东省食品药品科普体验馆 044
 沈阳科学宫常设展览科学探索展区 055
 问问大海展览 068
优秀奖获奖作品 077
 辽宁省科技馆工业摇篮展厅 078
 数　学 086
 人与健康 092
 数学与力学 102

第三章 短期展览项目获奖作品
一等奖获奖作品 110
 "做一天马可·波罗：发现丝绸之路的智慧"主题展览 111

二等奖获奖作品..121
　　鲸奇世界..122
　　"律动世界"——化学元素周期表专题展..129
三等奖获奖作品..138
　　礼赞共和国——庆祝新中国成立70周年科技成就科普展............................139
　　"中华国酿——绍兴黄酒"科普展..147
优秀奖获奖作品..153
　　"虫动一夏"昆虫科学展..154
　　科技改变生活——以杭州城市发展为例..162

第四章 抗疫应急科普展览项目获奖作品

最佳传播奖获奖作品..174
　　命运与共，携手抗疫——科技与健康同行..175
　　首都科技创新成果展——人类与传染病的博弈..183
　　微观探秘——病毒、细菌微生物展..193
　　武汉战"疫"——抗击新冠肺炎疫情专题展..199
优秀奖获奖作品..206
　　病毒——人类的敌人还是朋友..207
　　大医精诚，无问西东——中西医结合抗击新冠肺炎疫情纪实展....................216
　　天津科学技术馆公共卫生展区..223
　　新的对决——抗击新冠肺炎疫情网络专题展..228

第五章 展品类获奖作品

一等奖获奖作品..238
　　鹊桥中继卫星——架起月球背面的通讯桥梁..239
　　谁主沉浮..240
　　百发百中..241
　　静电回旋..242

二等奖获奖作品 ··· 243
 时间的礼物——北京鬃人儿 ··· 244
 缘来炉磁 ·· 245
 气泡沉船 ·· 246
 撒　花 ··· 247
 音乐特斯拉 ·· 248
 匠心筑梦——中国"天眼" ·· 249

三等奖获奖作品 ··· 250
 定楼神器——阻尼器 ··· 251
 阻挡射线谁最强 ·· 252
 看谁滚得慢 ·· 253
 滴水起电 ·· 254
 水声通信技术 ··· 255
 耳朵里的"功放" ··· 256
 闪　耀 ··· 257
 机器人的手 ·· 258
 频闪测速 ·· 259
 奇怪的惯性 ·· 260

优秀奖获奖作品 ··· 261
 菲涅尔透镜助降系统 ··· 262
 神奇的共振 ·· 263
 躲在光里的声音 ·· 264
 文丘里效应 ·· 265
 化学元素周期表AR互动墙 ··· 266
 昆虫奥秘 ·· 267
 蝴　蝶　杯 ·· 268
 向光而生 ·· 269
 地层找矿——VR互动展品 ··· 270
 光谱与滤光片 ··· 271

车　钩 ……………………………………………………… 272
移魂换手 …………………………………………………… 273
共　生 ……………………………………………………… 274
深海探秘 …………………………………………………… 275
新型天球仪 ………………………………………………… 276
赫兹实验 …………………………………………………… 277
旋律阶梯 …………………………………………………… 278
身边的凯伊效应 …………………………………………… 279
内　轮　差 ………………………………………………… 280

第一章 | CHAPTER 1

大赛概况

大赛简介

全国科技馆展览展品大赛是中国自然科学博物馆学会科技馆专业委员会和中国科学技术馆于2018年联合打造并推出的我国科技馆行业颇具影响力的专业技能赛事，每两年举办一届。大赛面向全国各科技馆开展，旨在引导和鼓励各科技馆积极参加展览展品研发，提高展览展品创新研制水平，推进自主创新和专业人才培养，引领科技馆展览展品研发的发展方向，推出更多优质展览和创新展品，满足人民群众日益增长的美好生活需要。

为深入学习贯彻习近平新时代中国特色社会主义思想，按照中国科协"强化改革创新，不断扩大科协科普品牌影响力"要求，推动科技馆展览展品研发创新，推出更多优质展览和创新展品，满足人民群众日益增长的美好生活需要，中国科技馆于2020年继续举办第二届全国科技馆展览展品大赛（以下简称大赛）。受新冠肺炎疫情影响，大赛决赛于2021年10月底完赛。

一、组织机构

主办单位：中国科学技术馆
承办单位：中国自然科学博物馆学会科技馆专业委员会
公益支持单位：中国科技馆发展基金会
协办单位：合肥市科技馆

二、比赛类别

大赛参赛项目分为展览和展品两个大类，其中展览大类分为常设展览、短期展览两个小类。

大赛特设抗击新冠肺炎疫情相关应急科普展览（含线上展览）项目，单独进行评审。

三、比赛要求

1. 各参赛单位必须拥有所提交参赛项目的知识产权。
2. 参赛项目必须符合科技馆的展教理念和展览要求。
3. 参赛项目时间要求：
- 常设展览：须2020年10月前已在科技馆等科普场馆面向公众展出。

- 短期展览：须 2018 年 10 月至 2020 年 10 月期间已在科技馆等科普场馆面向公众展出。
- 展品类：须未展出或 2018 年 10 月后在科技馆等科普场馆面向公众展出。
- 应急科普展览：2020 年 1 月至 10 月期间已展出。

特别提醒：所有往届参赛项目不得再次参赛。

四、参赛对象及评比方式

大赛面向科技馆行业，全国各科技馆均可组织提交参赛项目。

大赛设初赛和决赛两个阶段。初赛阶段，根据各参赛单位提交的项目，由承办单位组织专家进行方案评审，择优确定入围决赛项目。决赛阶段，由承办单位组织专家对展览类和展品类入围决赛项目分别进行现场评审。展览类决赛现场评审包含展览陈述一项内容，展品类决赛现场评审包含实物评分及现场陈述两项内容。

抗击新冠肺炎疫情相关应急科普展览（含线上展览）设单项奖，单独进行评审。

大赛获奖情况

中国科学技术馆

关于公布第二届全国科技馆展览展品大赛获奖名单的通知

各有关单位：

  第二届全国科技馆展览展品大赛（以下简称"大赛"）决赛已于 2021 年 10 月 25-28 日在安徽合肥举办。经大赛决赛评审委员会现场评审及公示，最终确定展览类常设展览项目一等奖 1 个、二等奖 2 个、三等奖 3 个、优秀奖 4 个，短期展览项目一等奖 1 个、二等奖 2 个、三等奖 2 个、优秀奖 2 个，抗疫应急科普展览最佳传播奖 4 个、优秀奖 4 个；展品类一等奖 4 个、二等奖 6 个、三等奖 10 个、优秀奖 19 个。经大赛组委会依据各单位申报、入围及获奖等情况，确定优秀组织奖 8 个。现将大赛获奖名单予以公布（见附件1-2），获奖项目成员名单以提交决赛的《第二届全国科技馆展览展品大赛展览/展品项目申报书》为准。

  附件：1.第二届全国科技馆展览展品大赛获奖名单
     2.第二届全国科技馆展览展品大赛优秀组织奖名单

中国科学技术馆
2021 年 11 月 9 日

附件1

第二届全国科技馆展览展品大赛获奖名单

	序号	奖 项	项目名称	参赛单位
常设展览项目	1	一等奖	"太空探索"常设展览	中国科学技术馆
	2	二等奖	黄土地——天上飞来的家园	山西省科学技术馆
	3		WE	合肥市科技馆
	4	三等奖	广东省食品药品科普体验馆	广东科学中心
	5		沈阳科学宫常设展览科学探索展区	沈阳市公共文化服务中心（沈阳市文化演艺中心）沈阳科学宫
	6		问问大海展览	厦门科技馆
	7	优秀奖	辽宁省科学技术馆工业摇篮展厅	辽宁省科学技术馆
	8		数学	山西省科学技术馆
	9		人与健康展区	黑龙江省科学技术馆
	10		数学与力学	合肥市科技馆
短期展览项目	1	一等奖	"做一天马可·波罗：发现丝绸之路的智慧"主题展	中国科学技术馆
	2	二等奖	鲸奇世界	上海科技馆
	3		律动世界——化学元素周期表专题展	中国科学技术馆
	4	三等奖	礼赞共和国——庆祝新中国成立70周年科技成就科普展	中国科学技术馆
	5		"中华国酿——绍兴黄酒"科普展	绍兴科技馆
	6	优秀奖	"虫动一夏"昆虫科学展	吉林省科技馆
	7		科技改变生活——以杭州城市发展为例	中国杭州低碳科技馆

续表

	序号	奖 项	项目名称	参赛单位
抗疫应急科普展览项目	1	最佳传播奖	命运与共，携手抗疫——科技与健康同行	上海科技馆
	2		首都科技创新成果展——人类与传染病的博弈	北京科学中心 北京科普发展与研究中心
	3		微观探秘——病毒、细菌微生物展	合肥市科技馆
	4		武汉战"疫"——抗击新冠肺炎疫情专题展	武汉科学技术馆
	5	优秀奖	病毒——人类的敌人还是朋友	广东科学中心
	6		大医精诚，无问西东——中西医结合抗击新冠肺炎疫情纪实展	中国科学技术馆
	7		天津科学技术馆公共卫生展区	天津科学技术馆
	8		新的对决——抗击新冠肺炎疫情网络专题展	中国科学技术馆
展品类	1	一等奖	鹊桥中继卫星——架起月球背面的通讯桥梁	中国科学技术馆
	2		谁主沉浮	合肥市科技馆
	3		百发百中	合肥市科技馆
	4		静电回旋	泰州市科技馆
	5	二等奖	时间的礼物——北京鬃人儿	北京科学中心
	6		缘来炉磁	新疆维吾尔自治区科学技术馆
	7		气泡沉船	天津科学技术馆
	8		撒花	广西壮族自治区科学技术馆
	9		音乐特斯拉	山西省科学技术馆
	10		匠心筑梦——中国"天眼"	中国科学技术馆
	11	三等奖	定楼神器——阻尼器	温州科技馆
	12		阻挡射线谁最强	中国科学技术馆
	13		看谁滚得慢	合肥市科技馆
	14		滴水起电	中国科学技术馆

续表

	序号	奖项	项目名称	参赛单位
展品类	15	三等奖	水声通信技术	厦门科技馆
	16		耳朵里的"功放"	合肥市科技馆
	17		闪耀	北京科学中心
	18		机器人的手	中国科学技术馆
	19		频闪测速	长春中国光学科学技术馆
	20		奇怪的惯性	合肥市科技馆
	21	优秀奖	菲涅尔透镜光学助降系统	福建省科技馆
	22		神奇的共振	苏州青少年科技馆
	23		躲在光里的声音	广西壮族自治区科学技术馆
	24		文丘里效应	福建省科技馆
	25		化学元素周期表 AR 互动墙	南京科技馆
	26		昆虫奥秘	黑龙江省科学技术馆
	27		蝴蝶杯	长春中国光学科学技术馆
	28		向光而生	长春中国光学科学技术馆
	29		地层找矿——VR 互动展品	南京科技馆
	30		光谱与滤光片	长春中国光学科学技术馆
	31		车钩	湖南省科学技术馆
	32		移魂换手	吉林省科技馆
	33		共生	武汉科学技术馆
	34		深海探秘	绍兴科技馆
	35		新型天球仪	阜新市科技馆
	36		赫兹实验	甘肃科技馆
	37		旋律阶梯	黑龙江省科学技术馆
	38		身边的凯伊效应	天津科学技术馆
	39		内轮差	四川科技馆

附件 2

第二届全国科技馆展览展品大赛优秀组织奖名单

（按行政区划排列）

1. 北京科学中心
2. 天津科学技术馆
3. 山西省科学技术馆
4. 上海科技馆
5. 广西壮族自治区科学技术馆
6. 长春中国光学科学技术馆
7. 泰州市科技馆
8. 合肥市科技馆

第二章 | CHAPTER 2
常设展览项目获奖作品

一等奖获奖作品

"太空探索"常设展览

"太空探索"常设展览海报

一、背景意义

中国航天事业起始于 1956 年，与共和国的壮大发展同行，经历了艰难曲折，孕育出伟大的航天精神。在科学技术落后和工业基础薄弱的困难年代，中国航天事业从实施"两弹一星"计划起步，到实现"载人航天"和"月球探测"等跨越式发展，取得了举世瞩目的成就，为推动科技进步、国防建设、经济和社会发展发挥了重要作用，促进了中国综合国力的稳步发展，为实现中华民族伟大复兴开辟了一条崛起和腾飞之路。习近平总书记指出，发展航天事业，建设航天强国，是我们不懈追求的航天梦。中国梦牵引航天梦，航天梦助推中国梦。

航天事业直接推动了人类科技的进步，也带动了经济社会的发展。航天科技水平已成为综合国力的重要标志之一。中国航天依靠自主创新形成了完整配套的研究、设计、生产和试验体系，取得了诸多举世瞩目的科技成就，中国正在从航天大国迈向航天强国。然而，航天强国离不开良好的公民科学素养，也离不开公众对航天科技的理解和支持。中国航天事业的快速发展，不仅受到党和国家的高度重视，也成为公众关心的社会热点。因此，大力加强航天科普，既是国家的需求，也是公众的需求。

为迎接中国航天60年的到来，进一步满足公众对航天科普的需求，中国科学技术馆将以此为契机，通过常设展区展示中国航天科技的发展和成就，向公众传播和普及航天科技知识，使公众体验中国自主创新的航天核心科技成果、体会和感悟航天精神，引导公众提高对航天事业重大意义的认识，进一步增强公民科学素养、民族自豪感和爱国主义情怀。

二、设计思路

1. 受众分析

展览受众定位：青少年、普通观众及专业人士等。强调科学性、知识性，同时注重趣味性、互动性与体验感，让观众在参观互动过程中动手参与、动脑思考、动情感悟。

2. 指导依据

2016年是中国航天事业发展的第60个年头。这60年来，经过中国人民的不懈努力，实现了中国航天从无到有、从小到大、从弱到强的巨变。在茫茫太空树立起的一座座令国人振奋、令世人瞩目的丰碑，展示出中华民族的非凡创造力和伟大的中国道路、中国精神、中国力量。

"太空探索"常设展览以纪念中国航天60周年为契机，立足"全球背景，中国特色"，通过重要阶段的航天科技文物结合展品互动体验，展示航天技术从火箭、卫星到载人航天、探月和深空探测的跨越式发展历程和辉煌成就，航天历史、科学以及精神并重，激发公众崇尚科学、探索未知、敢于创新的热情，为推动全民科学素质提升贡献有效助力，为实现航天梦、助推中国梦凝聚强大力量。

"太空探索"展览主要功能：科普教育、创新教育、爱国主义教育、展示宣传功能。

3. 主题思想

本展览以中国科学技术协会与中国航天科技集团共建的方式，立足"国际视野、中国特色"，力争将"太空探索"展区建成中国航天事业发展历程与重要成就、最新成果的展示平台，航天精神的宣传窗口，公众参与和体验航天科技活动的实践中心。本展览以"铸就航天梦想，弘扬航天精神"为主题思想，以中国航天发展的进程和成就为人类探索太空的缩影，配合情景化、互动化、信息化的展览形式，以探索之路、运载火箭、人造卫星、载人航天、探月工程五大分主题为主要展示内容，结合科幻剧场与太空秀场，引导公众了解基础航天知识、认识中国航天梦的实现历程及重要意义、参与和体验中国航天科技成果，促进公众对航天精神的理解和感悟，激发公众对航天科技的兴趣，增强公众的爱国主义情怀和民族自豪感，进一步提高全民科学素质。

4. 教育目标

本展览教育目标主要在认知、体验、情感三个方面。

（1）认知目标（科学知识）：促进公众学习和认识航天科技相关的科学知识和技术原理，了解中国航天科技发展历程、伟大成就及深远影响，引导公众提高对中国发展航天科技的认识。

（2）体验目标（科学方法、思想）：引导公众参与和体验航天科技成就相关互动展品，参与线上线下教育活动，鼓励公众积极参与创客空间，为航天科技未来发展贡献自身聪明才智。

（3）情感目标（科学精神）：激发公众对航天科技的求知欲和未来发展的思考；培养公众对航天科技的热爱，尤其是鼓励青少年投身航天事业；促进公众理解和感悟航天精神，以增强公众的爱国主义情怀和民族自豪感。

展览面向全体公众，力争让老年人有感动：感受中国航天的发展和国家的强大；让中年人再认知：全面认识航天系统组成和未来发展；让青少年有梦想：激发青少年的探索精神和创作欲望。

三、设计原则

（1）科学性：依托航天领域专家资源，权威解读航天科技知识。

（2）前瞻性：以世界与中国的航天发展进程为背景，结合社会关注的航天科技热点和最新的科技成果，兼顾多层面公众的理解和认知特点，规划展示内容。

（3）互动性：注重高新技术手段的集成应用，通过虚拟现实、增强现实、体感互动等技术与机电互动方式相结合，为公众营造情景再现和沉浸式体验，实现动手、动脑以至于动情。

（4）实时性：围绕最新航天重大事件开展实时教育活动，实现天地互动、实时直播，展示内容不断更新扩展。

（5）拓展性：展览策划与教育活动、信息化应用同步规划，注重线上线下有效结合，拓展和提升展教效果。

四、展览框架

展览以太空探索的梦想与展望以及重点发展领域为展示模块，设置"6+1"的飞天之梦、登天之梯、人造卫星、载人飞天、奔向月球、迈向深空6个主题展区，以及1个教育活动区（太空秀场）。展览框架如图1所示。

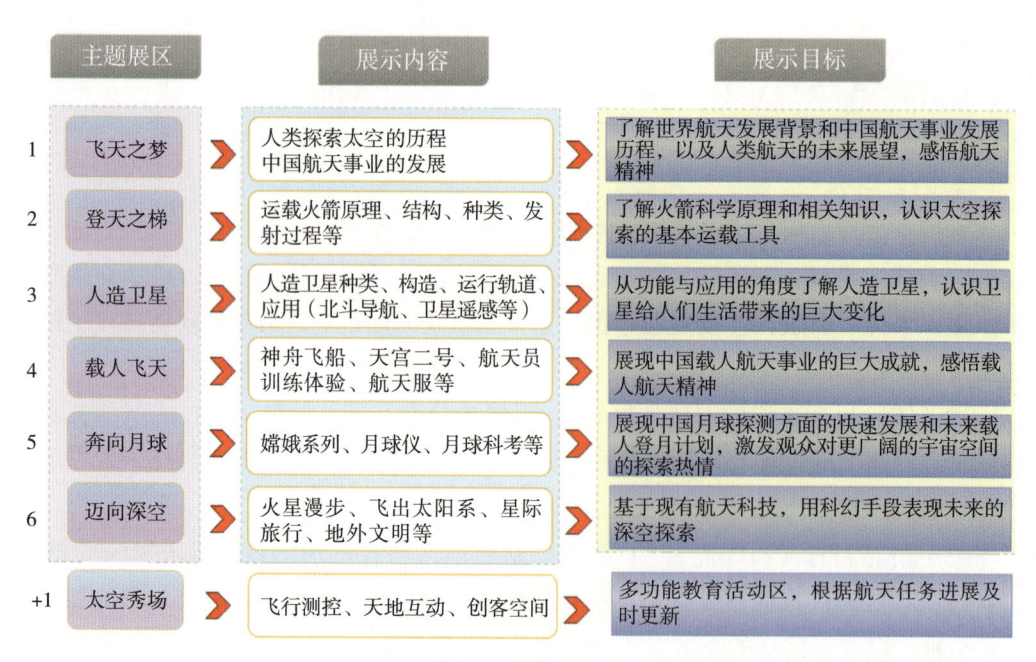

主题展区	展示内容	展示目标
1 飞天之梦	人类探索太空的历程 中国航天事业的发展	了解世界航天发展背景和中国航天事业发展历程，以及人类航天的未来展望，感悟航天精神
2 登天之梯	运载火箭原理、结构、种类、发射过程等	了解火箭科学原理和相关知识，认识太空探索的基本运载工具
3 人造卫星	人造卫星种类、构造、运行轨道、应用（北斗导航、卫星遥感等）	从功能与应用的角度了解人造卫星，认识卫星给人们生活带来的巨大变化
4 载人飞天	神舟飞船、天宫二号、航天员训练体验、航天服等	展现中国载人航天事业的巨大成就，感悟载人航天精神
5 奔向月球	嫦娥系列、月球仪、月球科考等	展现中国月球探测方面的快速发展和未来载人登月计划，激发观众对更广阔的宇宙空间的探索热情
6 迈向深空	火星漫步、飞出太阳系、星际旅行、地外文明等	基于现有航天科技，用科幻手段表现未来的深空探索
+1 太空秀场	飞行测控、天地互动、创客空间	多功能教育活动区，根据航天任务进展及时更新

图 1　展览框架

五、内容概述

"太空探索"展厅面积 2000 ㎡，共计 41 个展品。6 个主题展区、1 个教育活动区（太空秀场）的基本展示内容如下。

展区一：飞天之梦

遨游太空、探索未知世界是人类自古以来的愿望，也是一直不懈追求的梦想。追逐梦想作为整个展览的开始，使观众对世界航天发展背景和中国航天发展历程具有宏观整体层面的了解，并引导观众逐步参观展览的后续主题展区。

展示要点：通过火箭发射与航天员太空行走等气势恢宏的大型 3D 立体画，营造壮观强烈的航天场景和参与氛围，引导观众进入人类探索太空之梦实现的过程中。

展区二：登天之梯

火箭是太空探索的基本运载工具，能把人造卫星、空间探测器、载人飞船、空间站等送入太空，是人类实现飞天梦想的登天之梯，也是中国航天发展的肇始。此主题主要介绍运载火箭的原理、结构、发射过程、类型、相关技术，以及科学大家的故事等内容，引导观众对火箭相关知识和原理的认知，并感悟"两弹一星"精神。

展示要点：本展区突出表现火箭研究的历程和成果，以及火箭技术原理和实际应用。

展区三：人造卫星

人造卫星上天遨游，是航天技术发展史上第一个里程碑。中国自 1970 年成功发射第一颗人造卫星"东方红1号"以来,经过几十年的艰苦奋斗,应用卫星研制技术大体上经历了20世纪70年代的探索和试验阶段、80年代的发展和扩大应用阶段、90年代开始的广泛应用阶段。目前,中国研制的遥感卫星、通信卫星、气象卫星、地球资源卫星、导航卫星和海洋卫星等多种应用卫星,在经济建设、国防建设、科学实验等各个领域发挥了重要作用,成为经济社会发展和科技进步的"助推器",是名副其实的"太空福星"!

展示要点:本展区主要展示中国人造卫星事业发展的历程和卫星对生产生活的重要作用。

展区四:载人飞天

载人航天是人类最伟大的壮举之一,对一个国家的政治、经济、军事、科技等方面的发展均具有重要战略意义。作为一个发展中的大国,中国开展载人航天活动,不仅是为了圆千年飞天梦,也是为了圆百年强国梦。

展示要点:本展区介绍了中国的圆梦飞天过程中涉及的众多科技成就,主要包含神舟系列飞船、空间实验室、交会对接、航天员训练等内容,以及载人航天科技实物,展现中国航天事业的巨大发展,引导观众对载人航天众多科技成就的认知和体验,并感悟载人航天精神。

展区五:奔向月球

月球,这一距离地球最近的天体,一直引发着人类的种种向往。随着21世纪的到来,深空探测技术作为人类进行星际开拓、寻找新的生活家园的唯一手段,引起了世界各国的极大关注。探月工程是中国在卫星应用和载人航天取得重大成就基础上,以月球为对象的深空探测。

展示要点:本展区围绕"探月工程"的"绕、落、回",以月球探测、科学考察等过程为主要内容,引导观众对月球相关知识和探月成就的认知。

展区六:迈向深空

人类的足迹已经踏上了月球,飞行器登陆了火星,最远的旅行者1号飞出了太阳系,还有漫漫的深空宇宙等待人类去探索。太空深邃,但是阻止不了人类在太空探索中继续前进的步伐。

展示要点:深空探索以未来远景和科幻体验的内容为主,启发和鼓励观众对太空的向往,对航天未来发展的畅想。

教育活动区——太空秀场

在展厅中设置相对独立的区间,配备LED大屏幕与桌椅、动手器材等,集科学秀场、实时直播、创客空间、实践课堂、陈列展示及其他活动六个功能于一体,开展航天教育活动。

六、环境设计

（一）展厅整体布局

1. 展厅整体布局

整体布局包括展示、活动、休息、中控四大功能空间，展示区呈"田"字形结构，最下为"登天之梯"，中心为"人造卫星""载人飞天"，右侧为"奔向月球""迈向深空"，左侧为"太空秀场"，展线按照顺时针方向设置。不设置装饰隔墙，确保整体通透开阔。针对国家级场馆客流量大的问题，设置宽敞的展品间距，确保观众参观的舒适性及紧急疏散，同时便于日后展品维护及展教活动的开展。展区布局如图2、图3所示。

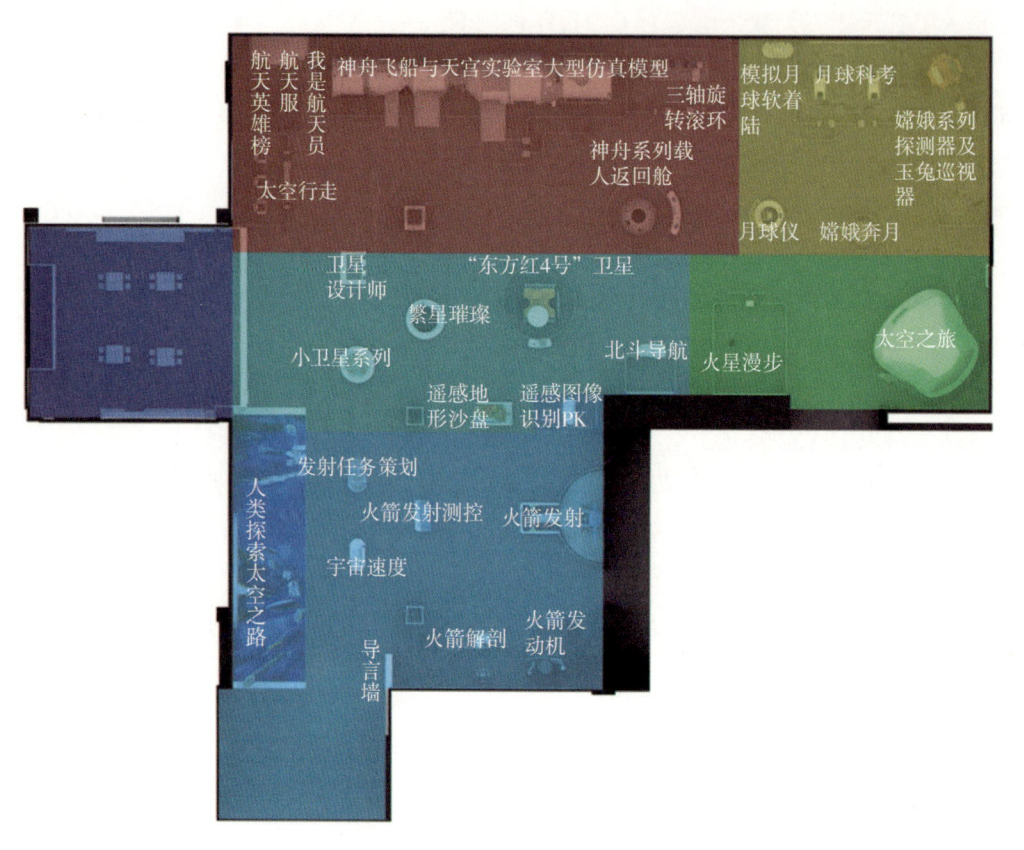

图2　展厅平面布局

图 3　展厅鸟瞰

（二）展厅环境设计

围绕"太空探索"主题，环境背景选取深邃的星空，局部点缀星云图案，空中吊挂各类航天器模型，以简洁明快、沉稳大气的艺术风格为整个展览营造浩瀚太空中探索未知的氛围。入口处的太空 3D 立体画，让观众犹如置身宇宙遨游。载人飞天单元以神舟飞船与天宫实验室 1∶1 高仿真模型和墙面的太空背景喷绘再现舱外环境，结合舱内真实场景和展示特点还原舱内环境。教育活动区以未来飞船风格打造极具科技感的航天创客空间，激发青少年创新热情。展厅部分区域立面及 3D 效果如图 4 至图 8 所示。

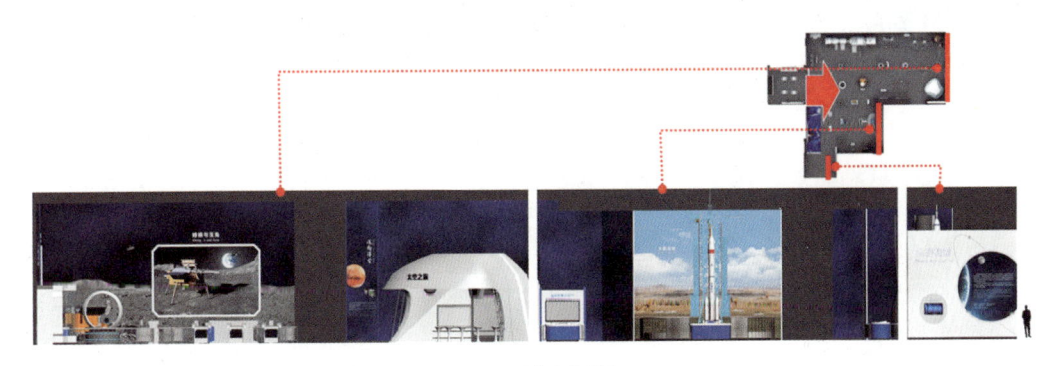

图 4　区域立面图 1

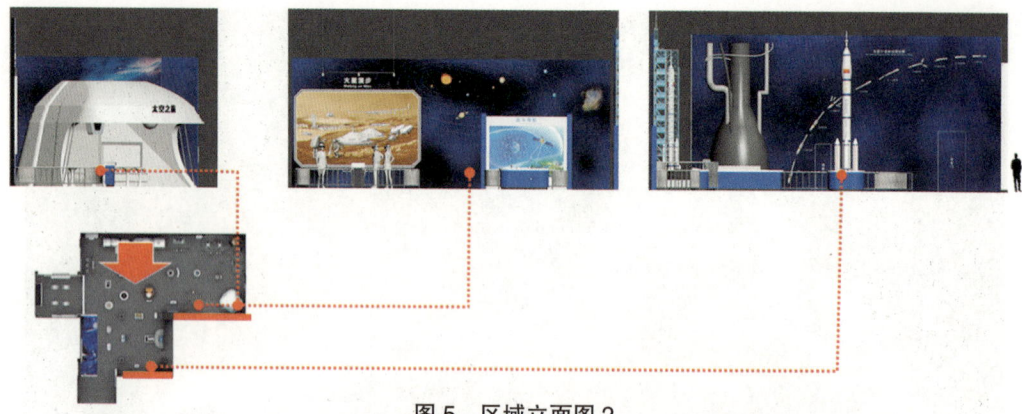

图 5　区域立面图 2

图 6　"飞天之梦"展区 3D 效果

图 7　"太空秀场"内部 3D 效果

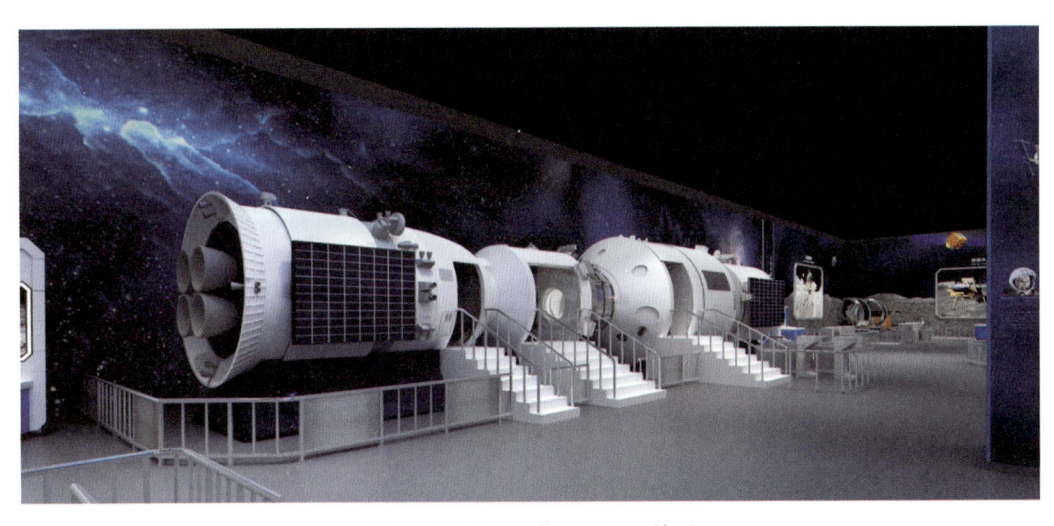

图 8 "载人飞天"展区 3D 效果

七、展品构成

展品构成如表 1 所示。

表 1 展品构成

主题展区	序号	展示单元	展品序号	展品名称
序厅——飞天之梦			1	人类探索太空之路 The Road of Human Space Exploration
登天之梯	1	长征火箭神剑通天路	2	宇宙速度 Cosmic Speed
			3	火箭解剖 Structure of Rocket
			4	发射任务策划 Launch Planning
			5	火箭发动机 Rocket Engine
			6	火箭发射 Rocket Launching
			7	火箭发射测控 Launch Vehicle TT&C
人造卫星	2	遥感服务及时雨	8	遥感图像识别 Remote Sensing Image Recognition
			9	遥感地形沙盘 Remote Sensing Topographic Sandbox
	3	中国北斗导航天下	10	北斗导航 Beidou Navigation System
	4	东方红联通世界	11	"东方红 4 号"卫星 Dongfanghong-4 Satellite

续表

主题展区	序号	展示单元	展品序号	展品名称
人造卫星	5	太空中的科学卫星	12	小卫星 Small Satellite
	6	深入认识卫星	13	繁"星"璀璨 Shining Satellites
			14	卫星设计师 Satellite Designer
载人飞天	7	走进神舟飞船与空间实验室	15	神舟飞船与空间实验室 Shenzhou Spacecraft and Space Laboratory
			16	舷窗观太空 View of Space through Porthole
			17	交会对接 Rendezvous and Docking
			18	航天员穿舱 Astronaut Crossing Modules
			19	轨道舱出舱门 Hatch of Orbital Module
			20	太空就餐 Dining in Space
			21	睡袋 Sleeping Bag
			22	植物生长 Plant Growth
			23	太空望远镜 Space Telescope
			24	太空生活 Life in Space
			25	天地通话 Communications between Space and Ground
			26	轨道舱观察孔 Observation Porthole of Orbital Module
			27	空间实验室舷窗 Porthole of Space Laboratory
			28	质量测量仪 Mass measuring instrument
			29	神舟载人飞船返回舱 Returnable Module of Shenzhou Spacecraft
	8	走近载人航天技术装备	30	我是航天员 I'm an Astronaut
			31	航天服 Spacesuit
	9	不朽航天功绩	32	三维滚环 3-D Rolling Ring
			33	航天英雄榜 Space Heroes/Heroines
			34	太空行走 Space Walk

续表

主题展区	序号	展示单元	展品序号	展品名称
奔向月球	10	"嫦娥"系列奔月过程	35	嫦娥奔月 Chang'E Flying to the Moon
			36	模拟月球软着陆 Simulation of Lunar Soft Landing
	11	"嫦娥"探月成果	37	嫦娥与玉兔 Chang'E 3 and Yutu
			38	月球科考 Lunar Scientific Investigation
	12	月球探测展望	39	月球仪 Lunar Globe
迈向深空	13	火星探测	40	火星漫步 Walking on Mars
	14	星际旅行	41	太空之旅 Travel to Space

八、团队介绍

本项目由中国科学技术协会、中国航天科技集团公司共建，中国科学技术馆、中国宇航学会共同负责具体实施，中国载人航天工程办公室、中国航天员科研训练中心、国家国防科技工业局高分观测专项办公室、中国科学院国家天文台、中国卫星导航系统管理办公室等多家单位提供支持，充分发挥了社会力量在优化科普资源配置中的重要作用。

项目实施单位中国科学技术馆，由展览设计中心牵头，馆内多个部门配合，加强部门间的沟通与协作以及资产、经费的管理，促成展览设计、教育活动、信息化工作的同步开发。团队成员业务专长覆盖展览展品设计、三维图形设计、机械设计、电控设计及软件设计等多个技术领域。在分管领导隗京花副馆长指导和韩永志主任协调下，组建项目团队成员如下：胡滨（组长）、王二超（副组长）、孙婉莹、魏蕾、范亚楠、毛立强、王晨飞。

九、创新与思考

通过项目的探索与实践，"太空探索"项目摸索出了一套创新的工作方法和机制。

（1）顶层谋划，定位清晰。发动社会力量共同参与科普项目建设，展览策划、教育活动、信息化工程同步规划，定位于国家级航天科普窗口和平台的精品展厅。

（2）方案创新，精益求精。按照"坚持问题导向，放眼科技前沿，强化精品意识，提升教育效果"的总体目标，深入分析总结现有展厅经验和问题，多方征求意见，反复修改完善展览设计方案，数易其稿，最终形成方案。

（3）科学预算，巧分标段。对展品组价结构进行科学合理设定，对设备、材料、工艺、人工等方面开展细致的市场调研，研究各科目预算造价合理范围，并根据展品特点划分标段，发挥各企业不同优势，确保展厅最佳质量和效果。

（4）平台搭建，多种功能。设置太空秀场创客空间，配置LED大屏、组合式座椅、设备及作品展示橱窗等设施，作为开展创客活动、航天科普活动等多功能区域，为长远航天科普活动搭建平台。

（5）标准先行，严格把关。根据《常设展览展品设计制作技术要求》，结合项目具体情况进一步细化各项技术参数、规范管理，并针对展品创新度高、技术难度大的特点，对乙方技术设计和生产制作严格把关，确保展品质量。

（6）有序进场，安全施工。组织各施工单位和相关部门紧密配合，制定翔实的展厅封闭方案、值班制度和例会制度、以天为单位制定施工进度计划，制定吊挂安全要求、安装结构和电气消防安全要求，确保各中标企业展品有序进场、安全施工。

（7）信息技术，升华效果。设置中控系统，集成多种信息技术，进一步升华互动展品的精彩效果，实现一键开关机、展品异常自动报警、观众操作数据采集、微信拍照分享、二维码知识扩展、观众点赞等功能，提升观众参观体验和展品管理自动化水平。

（8）沟通协作，共创精品。在展厅建设的各个阶段，遵循"以我为主、多方协调、专家审核"的原则，积极沟通馆内展教中心、展品技术部、网络科普部、后勤保障部、安全保卫部等相关部门和馆外有关单位、专家，征求意见和协调资源，并得到馆内外众多部门和单位的支持，摸索出长效沟通协作机制。

（9）发挥特长，注重培养。坚持以项目锻炼促能力提升，发挥年轻同志的专业优势，通过传、帮、带培养他们的项目经验、工作技巧、方法思路等。经过项目锻炼，许多年轻同志正快速成长为能够独当一面的科普人才。

本项目按照"大联合、大协作"、鼓励社会力量参与科普事业发展的思路，不仅是中国航天科技集团公司作为共建单位参与项目，而且中国载人航天工程办公室、中国航天员科研训练中心、国家国防科技工业局高分观测专项办公室、中国科学院国家天文台、中国卫星导航系统管理办公室等多家单位也积极参与到展厅的建设中，充分发挥了社会力量在优化科普资源配置中的重要作用，着力打造社会化科普工作格局，不断摸索科技创新资源转化为科学普及资源的新机制，为今后展览开发工作探索出新的发展思路。

项目单位：中国科学技术馆
文稿撰写：胡　滨　孙婉莹

二等奖获奖作品

黄土地——天上飞来的家园

展览"黄土地——天上飞来的家园"海报

一、背景意义

　　一条大河穿过黄土地，孕育了最早的华夏文明——黄河流域文明。中华民族根系这片黄土地；黄土地是中华民族的摇篮。黄土蕴含的科学信息，不断丰富着人类的知识宝库；科学家探究黄土的智慧，能够在高远的意境中为人们带来精神享受。

　　黄土地的生成，是我们这个星球最年轻的地学现象之一。中国西北的黄土，几乎与人类同时诞生，一同成长。探究它的成因，有助于追寻真实的人类历史，了解人类文明产生的过程，理性地规划人类未来。

　　主题展区以黄土地这个山西省本土特征为切入点，用全新的视角认识三晋大地与人类文明和科学技术的关系，凸显山西省在世界文明史与科技史中的重要位置，充分展现一个富有科学精神、充满人文气息的和谐山西省。

二、设计思路

展览以"黄土地——天上飞来的家园"为主题，面向社会公众，引导参观者从亲切的家园理解浩瀚的宇宙，在参观展览过程中探索自然史与文明史相衔接、宇宙与家园相衔接的奥秘，在互动展项中体验科学智慧对人类活动的意义。

三、设计原则

展览不再按照自然科学与工程技术自身的体系设计展项，而是按照人类活动的逻辑设计科学知识的内容，努力使科学思想融入人们的思维习惯。展览遵循自然史与文明史相衔接、宇宙与家园相衔接、人人都能找到兴趣点的原则设计。

四、展览框架

展览一共4个部分：第一部分是背景，第二部分是黄土地上的人类活动，第三部分是黄土的科学内涵，第四部分是黄土地上诞生的文明。展览框架如图1所示。

框架图：

黄土家园展区
- 背景
  - 001 远古的绿色山西
  - 002 青藏高原隆起造就了黄土高原
- 黄土地上的人类活动
  - 003 黄土地上古代人类活动
  - 004 黄土地上的远古农耕
  - 005 得天独厚的生存空间
  - 006 在黄土地上打深井取水
  - 007 陶器：人类制造的第一种新材料
  - 008 黄土与青铜时代
- 黄土的科学内涵
  - 009 飞行的黄土
  - 010 黄土依偎沙漠
  - 011 午城黄土揭开古气候秘密
  - 012 深海沉积物研究印证黄土研究结论
  - 013 黄土记录着太阳系微妙变化
  - 014 怎样知道黄土的年龄
  - 015 黄土告诉我们地球的化学成分
  - 016 伟大的探索
- 黄土地上诞生的文明
  - 017 世界黄土有多少
  - 018 黄土地上的人文瑰宝
  - 019 黄土高原造就了黄河
  - 020 产生在黄土地上的哲学——中国古代自然观

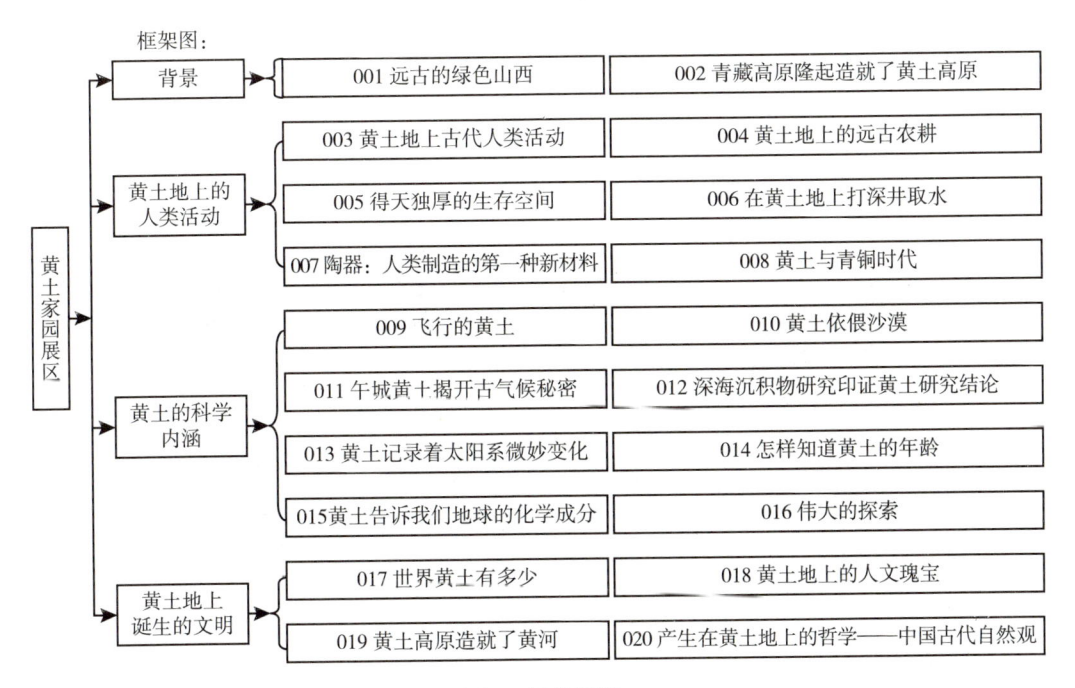

图1 展览框架

五、内容概述

展览展厅面积 666.75m²，共计展品数量 20 件。展厅鸟瞰如图 2 所示。

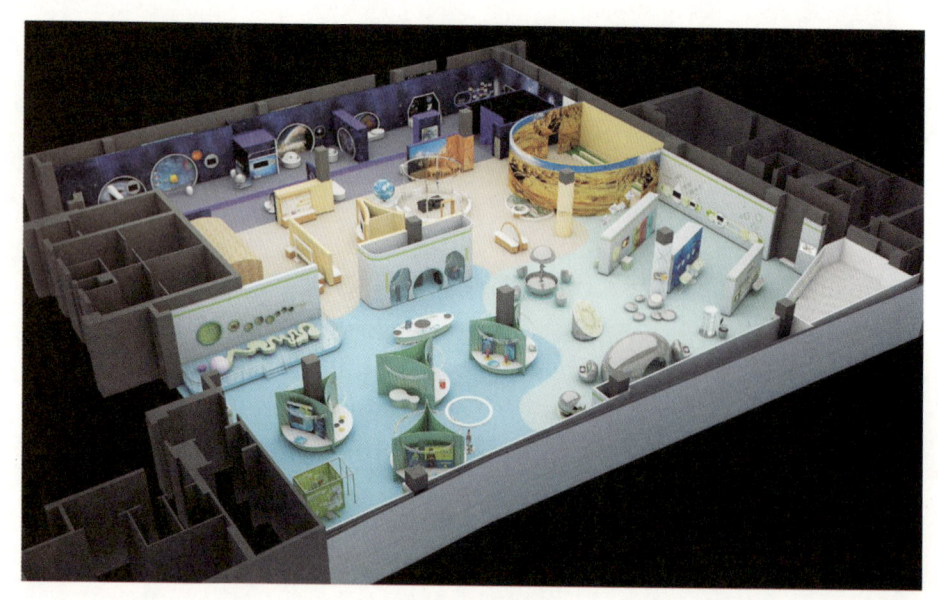

图 2　展厅鸟瞰

六、环境设计

展览布展总体使用泥土黄独立的色彩，配合相应色彩的展项设计，力求使展厅主题效果更加突出。展厅 3D 效果如图 3 所示。

图 3　展厅 3D 效果

七、展品构成

展品构成如表 1 所示。

表 1　展品构成

展品编号	展品名称
RZ02-001	远古的绿色山西
RZ02-002	青藏高原隆起造就了黄土高原
RZ02-003	黄土地上的古代人类活动
RZ02-004	黄土地上的远古农耕
RZ02-005	得天独厚的生存空间
RZ02-006	在黄土地上打深井取水
RZ02-007	陶器：人类制造的第一种新材料
RZ02-008	黄土与青铜时代
RZ02-009	飞行的黄土
RZ02-010	黄土依偎沙漠
RZ02-011	午城黄土揭开古气候秘密
RZ02-012	深海沉积物研究印证黄土研究结论
RZ02-013	黄土记录着太阳系微妙变化
RZ02-014	怎样知道黄土的年龄
RZ02-015	黄土告诉我们地球的化学成分
RZ02-016	伟大的探索
RZ02-017	世界黄土有多少
RZ02-018	黄土地上的人文瑰宝
RZ02-019	黄土高原造就了黄河
RZ02-020	产生在黄土地上的哲学——中国古代自然观

展品 1：远古的绿色山西

本展品作为整个展区的开篇，展示了黄土高原的过去。展品用多媒体手段表现山西省地质外貌形成过程；用立体景窗表现远古山西的绿色生态；图文板展示地球大陆漂移图，突出展示山西省地理位置的变化。

展品 2：青藏高原隆起造就了黄土高原

青藏高原的形成，改变了亚欧大陆的地形和气候，影响了大气环流特别是对流层中下段大气活动规律，改变了水气运行轨迹，导致了黄土高原的形成。展品由素模沙盘投影、电视和图文板组成。观众按下按钮,观看投影,再配合大气活动示意图及电视,了解青藏高原隆起如何造就了黄土高原。

展品3:黄土地上的古代人类活动

山西省是华夏文明起源的中心区域之一。展品按时间顺序介绍了山西的西侯度遗址、丁村遗址、陶寺遗址、水洞沟遗址及黄土地上的古代人类活动。展品效果如图4所示。

图4 "黄土地上的古代人类活动"3D效果

展品4:黄土地上的远古农耕

黄土的土层深厚,疏松多孔,通气性和耕性良好,有利于原始条件下的农业生产。展品由互动体验、粟的模型、多媒体和图文组成。

展品5:得天独厚的生存空间

展品由天平、积木、多媒体及图文组成。观众观看图文板和多媒体,了解世界上各种窑洞,窑洞与穴居、巢居对比以及窑洞的物理环境和力学结构。观众可以用天平称黄土,通过其他土壤和黄土称量对比,说明黄土结构松散,干黄土的微孔隙中充满空气。黄土和岩石的砌块模型均有玻璃外罩保护,以确保模型的安全性和完整性。还可以通过拼搭拱形积木窑洞,了解拱形建筑结构来源。展品效果如图5所示。

展品6:在黄土地上打深井取水

展品由灯带、辘轳、多媒体和图文板组成。灯带模拟打深井取土的过程,并设置辘轳让观众体验深井取水过程。水桶内置有显示器,多媒体演示黄土地打井、开凿盐井和石油开采之间的关系。展品图文板展示黄土地上打深井技术;观众可以摇动辘轳,体验深井取水。

图 5 "得天独厚的生存空间"3D 效果

展品 7：陶器：人类制造的第一种新材料

黄土细微颗粒提供了制造陶器的理想材料。展品由显微镜观察、互动多媒体、陶器模型及图文板组成，展示古人类制作陶器的过程，人类制造的第一种新材料——陶器，表现古人类的智慧。观众可以通过互动手柄选择 100℃、300℃、500℃三个不同的温度，了解煮食的好处；可以通过显微镜观察陶器硅酸盐结构。

展品 8：黄土与青铜时代

展品由实物展示和多媒体两部分组成，展示了侯马陶范、春秋战国时期山西制造的青铜器典型器物复制品，以及陶范制作青铜器的制作过程、液态生铁冶炼技术。

展品 9：飞行的黄土

展品由互动展示、多媒体及图文板组成。互动模拟展示配合多媒体及图文板详细解释了黄土沙尘粒子在湍流作用下的真实运动过程，以及沙尘暴的相关知识。

观众按动启动按钮并选择风速和风向，风扇开始转动，吹起黄土，可以观察到黄土在展台内的飞行状态；然后观看"黄土粒旅行记"详细了解黄土沙尘粒子在湍流作用下的真实运动过程。展品效果如图 6 所示。

展品 10：黄土依偎沙漠

展品由沙盘及图文板组成，展示了戈壁、沙漠与黄土的空间关系，砂黄土、黄土、黏黄土的不同，典型地貌，颗粒与粉尘搬运等科学知识。沙盘展示戈壁、沙漠与黄土的空间关系，图文板展示戈壁、沙漠、黄土的分布特点和运行规律。

展品 11：午城黄土揭开古气候秘密

展品由显微镜、土样、背景喷绘、电视、滑轨、多媒体等组成。图文喷绘展示午城黄土剖面；电视安装在滑轨上，观众可以推动滑轨，与午城黄土剖面背景喷绘对位触发电视播放相应多媒体，了解黄土与古土壤交叠过程；显微镜连接显示器，观众通过显微镜可以观测土样转盘中不同的土样，也可以在显示器上看到土样标本。

图6 "飞行的黄土"3D效果

展品12：深海沉积物研究印证黄土研究结论

记录古气候秘密的三本"天书"为深海沉积物氧同位素 ^{18}O 的相对比例、极地冰芯所包含的大气氧分子 ^{18}O 的相对比例、黄土—古土壤交叠的物理特征。展品由多媒体、互动灯柱及图文板组成。多媒体演示 ^{18}O 与古气候变化，互动灯柱展示了随着温度变化 ^{17}O、^{18}O 比例的变化，以图文板展示深海沉积物和极低冰芯的不易得。

展品13：黄土记录着太阳系微妙变化

展品由地球模型的电动陀螺、多媒体、图文板组成，展示了天文现象导致地球温度变化，地球绕太阳公转、地球自转轴倾斜、地球自转轴周期性摆动、"进动"等科学知识。

展品14：怎样知道黄土的年龄

展品由地球磁场模型、模拟地磁互动装置、LED灯带、多媒体组成，演示了地球磁场极性倒转、古地磁场倒置时间序列、地磁纪年知识及地磁知识等科学知识。展项中带有标注的LED灯带展示古地磁场倒置时间序列，图文板展示地磁纪年知识，多媒体演示地磁知识。

展品15：黄土告诉我们地球的化学成分

黄土中化学元素成分与地壳化学元素成分相近。展品对地壳中的化学元素、太阳系中的化学元素以及宇宙中的化学元素进行介绍，并对克拉克值进行说明，从而使人们了解地球极为重要的信息，并了解元素周期表。展品效果如图7所示。

展品16：伟大的探索

山西省午城是山西人的骄傲，也是华夏子孙的骄傲——午城黄土是一颗为国际学术界称誉的第四纪地质学的"金钉子"。那里的黄土剖面，保存着青藏高原急剧隆升后，更

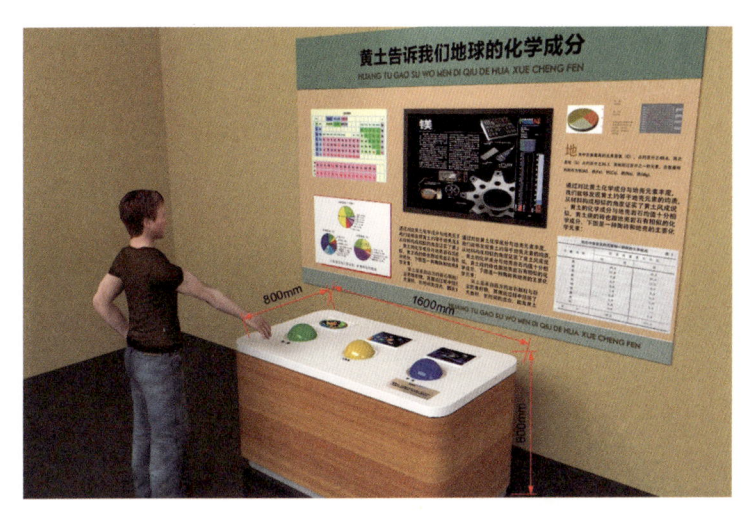

图 7 "黄土告诉我们地球的化学成分"3D 效果

古老的古土壤和古代气候多次旋回的信息。展品包括刘东升的"新风成说"、地球第三极科学观、考查路线、现场照片、著作手稿、视频、音频资料等,为观众介绍刘东升在世界地质学界的重要地位,以及为世界地质学界做出的巨大贡献;重点突出刘东生对科学、对人类的贡献,并用中国科学院地质研究所的展览对内容进行丰富。

展品 17:世界黄土有多少

展品展示世界黄土分布,展示沙尘暴卫星图片以及世界上最早的黄泥板文字和突尼斯古代黄土建筑遗存,向观众详细介绍世界黄土面积、每个地区黄土的特点、黄土地周围相关的地理环境以及黄土地上的文明。展品由大型地球仪表现黄土的分布,海洋空旷部分作为图文板,标注黄土分布信息及标出黄土地附近的人口分布密集的城市;用多媒体演示沙尘暴卫星图片、世界上最早的黄泥板文字和突尼斯古代黄土建筑遗存。

展品 18:黄土地上的人文瑰宝

展品展示了黄土地上的人文瑰宝,如元代巨幅壁画《药师佛及侍卫菩萨群像》、北魏孝文帝礼佛图、《双飞天》等。展品用喷绘形式展示中国元代巨幅壁画《药师佛及侍卫菩萨群像》;用浮雕形式展示中国洛阳龙门石窟宾阳洞北魏孝文帝礼佛图和中国洛阳龙门石窟唐代浅浮雕《双飞天》。

展品 19:黄土高原造就了黄河

展品展示了黄河河道多次改道变迁图及华北平原的形成,介绍了地上悬河的相关知识;展品对黄土高原进行了详细介绍,并对水流侵蚀下沟壑纵横的黄土地貌进行展示。展品用沙盘+灯带,展示黄河河道多次改道变迁,沙盘中用灯带展示黄河流动的过程,用投影展示黄河改道和下游的平原形成;用模型展示地上悬河;用图文板展示黄土高原相关知识;用多媒体演示水流侵蚀下沟壑纵横的黄土地貌照片。

展品 20：产生在黄土地上的哲学——中国古代自然观

展品由图文板、实物复制品模型以及多媒体视频进行展示，向观众介绍中、西方古代自然观的形成与区别，展示赵孟頫手书老子《道德经》片段，讲述"文王拘而演周易"的故事。

八、团队介绍

该项目团队由山西省科学技术馆的工作人员组成，专业涵盖包装设计、汉语言文学、博物馆学等。团队成员见表2。

表2 项目团队成员

姓名	职务	在展览项目中承担工作
路建宏	馆长	主要负责人
李广林	副研究馆员	项目组长
仝鲜梅	展教中心主任	项目副组长
边晓岚	人力资源部门主任	项目组成员

九、创新及思考

一条大河穿过黄土地，孕育了最早的华夏文明——黄河流域文明。该主题展区以黄土地这个山西省的本土特征为切入点，用全新的视角认识三晋大地与人类文明和科学技术的关系，凸显山西省在世界文明史与科技史中的重要位置，充分展现了一个富有科学精神、充满人文气息的和谐山西省。

该展览按照人类活动的逻辑设计科学知识的内容，在人文背景中展开科学知识与科学思想，努力使科学思想融入人们的思维习惯，以此为逻辑展示山西的黄土与中华文明的联系，是学术探索与公众理解科学事业融合的新途径。

项目单位：山西省科学技术馆

文稿撰写人：张晓肖

WE

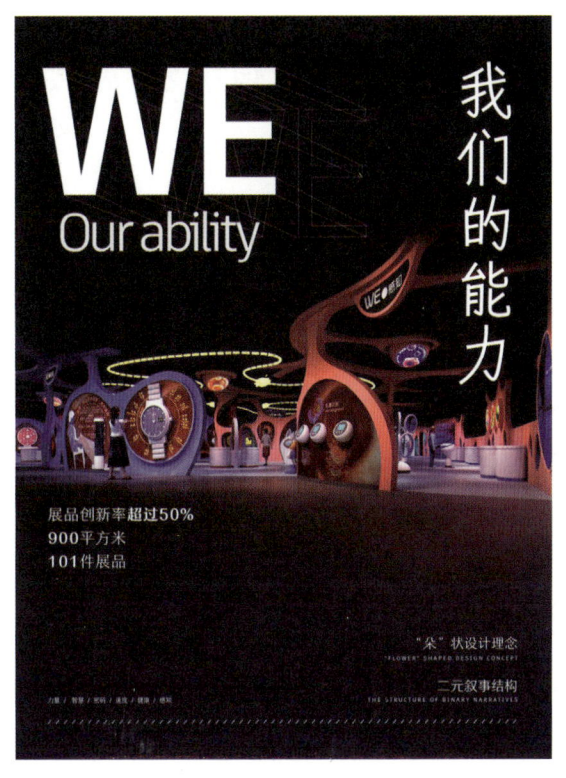

展览"WE"海报

一、背景意义

大脑、四肢、器官、骨骼、神经、肌肉……人的身体是世界上最奇妙的"机器",由成千上万个相互配合的零件组合而成,有着令人惊叹的精密而复杂的结构。人每时每刻都在创造着奇迹。

人体构造之精妙、效率之高超、消耗之低微,最精巧的机器人也不能与之相比。人脑是一部最奇妙的机器,和手结合,使人成为万物之灵。人的心脏像一部水泵,通过压力将血液注入循环系统。血液是生命的河流,沿着9万多千米长的血管永不停息地流动着。人体内的呼吸系统很像一个风箱,膈膜向下压,胸腔壁随之向外扩张,使空气流进,填补因体积变大后出现的真空。人体的呼吸系统和血液循环系统有很强的适应性,可以随着人的运动量变化而变化。人体还是一座复杂的"工厂",能够把原料加工成能量和身体所需的各种"建筑材料"。消化系统是这座奇特工厂的主要车间，不知疲倦地工作着。人体所需要的物质，除氧是从呼吸中获得，其他都必须从食品中提取。我们要了解人体，就需要把自己想象成一座庞大、功能齐全的工厂。

每个人都拥有自己的身体，每一个人体都是自然界高水准的杰作，每一个人体都是那么的妙趣横生；然而，这样精妙的人体，我们却不一定了解它的奥秘。了解人体，就是了解自我。身体对每个人来说都意义重大。人们必须正确地使用它，它才会更好地工作。如果身体使用不当，则会埋下很多健康隐患，带来很多健康问题。怎样才算正确地使用我们的身体呢？当然要先了解它。了解人体，满足身体的需要，才能使身体各大组织充分发挥作用，维持身体平衡。

二、设计思路

一个展区设计，切入点起着至关重要的作用。在展区设计策划的前置研究中，我们调研了国内外很多科技馆的同类展厅，发现大多数的做法是以教科书中人体的八大生理系统为基础，而人体结构极其复杂，各个系统或器官之间相互独立又密切相关。做成展览的时候，我们发现复杂的医学知识并不能成为吸引观众的"卖点"，这就需要我们寻找一种有趣的展览角度来吸引观众。

设计团队从人体引入，以"我们的能力"为潜台词，展现人体的神奇和人类对自身以及生存环境的认识。

一般来说，科技馆展区设计有两种常用的手法：主题展开式和学科式。我们想尝试一种完全不同的设计思路——"朵设计"的新提法。

● 展区的展览内容跨越学科分界，涵盖多领域科学知识，注重表现人文和社会，不是简单的学科划分。

● 从概念和形式上俯瞰整个展区，展区主题是主干，每个分主题一朵朵但自成小体系。它们之间没有主题展开式那样的递进或者故事线关系，却依赖于主干，不偏离展区主题。这样的概念设计涵盖的面更大，可以涉及与人类相关的很多知识和活动。

1. 受众分析

本展览主要面向中小学生和对人体科学知识有兴趣的普通公众。

2. 指导依据

《生命密码——哈维的人体探险队》《奇妙的人体百科》《人体科学实验》《百大人体探秘》《趣味人体手册》《30秒探索神秘的大脑》《人体的奥秘》《什么组成我？》《人体与大脑》。

3. 主题思想

展览主题——我们的能力：生命科学有5个重要的科学概念，分别是生命系统的构成层次，生命体内物质和能量的转换，生命活动的调节，生命的延续和进化，人、健康与环境。在这样的理论支撑下，WE展区采用按生理功能来划分展览内容结构，并由此形成了展区的主题"我们的能力"，表达了"人体生理结构与功能的统一和不断进化"这一科学概念和以此为核心的教学目标。因此，我们把展区的名称定为"WE"，确定了以"我们的能力"为主题。我们每个人有哪些能力？这是一个可以引起公众兴趣的话题。让观众通过对自己能力的惊叹，了解精妙的人体。

4. 教育目标

（1）知识与技能目标：了解基础的人体科学知识。

（2）过程与方法目标：能够正确对待观察、研究中不完善的认识，善于在反复观察、研究中完善认识。认识人体的各个不同部分在进行各种生命活动的时候不是孤立的，而是互相密切配合、协同工作的。

（3）情感、态度、价值观目标：对探究自己的身体感兴趣，能感受人体构造的精巧与和谐之美；意识到随着人类科技的进步，我们对自己身体的了解越来越充分；认识到良好的生活习惯对身体健康的重要性。

三、设计原则

在设计中，我们希望这个展览能够脱离传统的按照人体器官、系统来进行划分的结构桎梏，能在生命科学的理论支撑下，按照生理功能来规划展览架构。在展览设计中，我们遵循以下原则：

（1）展品设计注重原创。

（2）注重展项与教育活动的结合。

（3）重视展览中的延展内容设计，使图文内容不再是展区的陪衬，而成为知识的延展和补充。

四、展览框架

WE展区的取名来自"我们……"，从命名开始就力图将人体展区从八大系统的传统思路中跳出，是我馆展区改造迄今为止最为大胆和创新的一次尝试。展览框架如图1所示。

展览首次尝试运用二元叙事结构来构建脉络：以主题"我们的能力"为主线，设计了智慧、力量、密码、速度、感知、

图 1　展览框架

健康6个分主题；以体验自己身体的各项生理功能及其与生理结构的关系作为暗线，让观众在参观中对展览的整个主题产生联想和认知：我们每天都在使用自己的身体，却未曾想过，这看似普通的身体在漫长的进化中曾发生过怎样的改变？隐藏着多少令人叹为观止的谜题？

五、内容概述

WE展览设置6个展区，分别为智慧、力量、密码、速度、感知、健康。如图2所示。

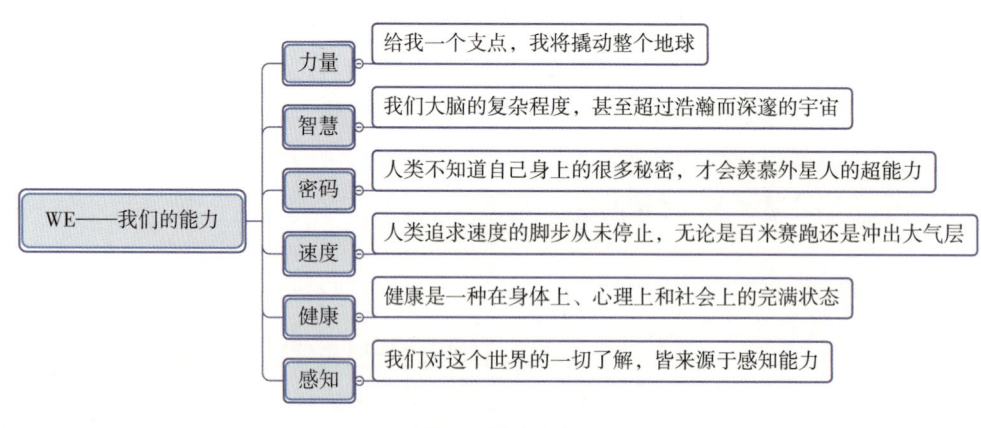

图2 展区内容

六、环境设计

WE展区展览面积900m^2，设置了99件展品。布展设计采用开放式多展墙网状结构，将整个展区分为6个区域，每个区域之间可以通过展墙自然形成的通道自由来往。为方便观众参观，展区为观众设计了主参观线，观众也可根据自己需求不受这条参观线限制，在互通有无的空间内进行自主参观。鸟瞰WE展区，南侧用色为蓝紫色，北侧用色为红色，分别代表人体的静脉和动脉，中间有标志性展项"神经元"盘旋展厅110m^2；众多弧形展墙和展台均采用细胞状的椭圆形，这些形状和色彩元素无不暗喻着生命科学的奥秘。在展馆层高受限的建筑条件下，布展效果夺人眼球。同时，展区内弧形墙较多，墙面延展图文内容近3万字，在有限的空间内获取最大的信息量。在WE展区，每一件展品根据各自不同的特点都安排有相关的图文展示，既注重严谨的科学精神，更兼有浓厚的人文情怀。展区布局和效果如图3至图5所示。

第二章　常设展览项目获奖作品

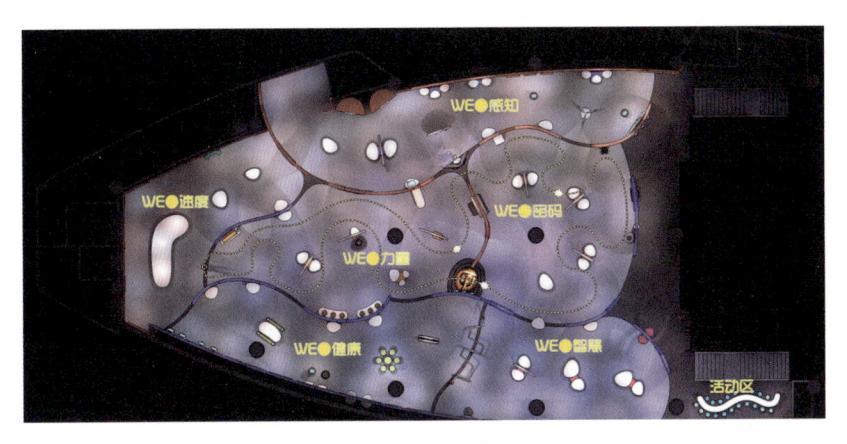

图 3　展区平面

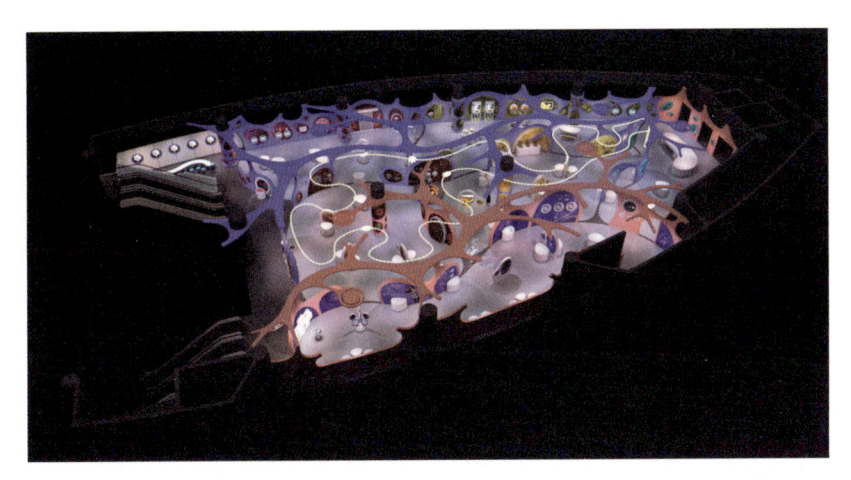

图 4　展区鸟瞰

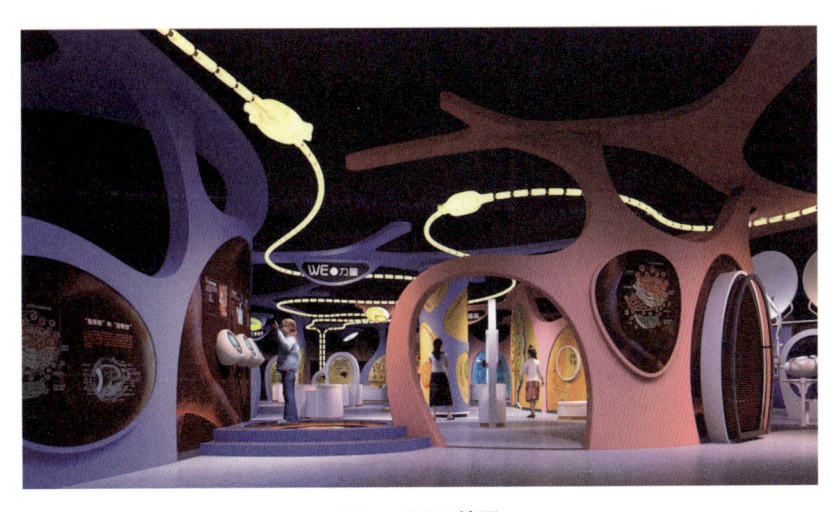

图 5　展区效果

七、展品构成

展品构成如表 1 所示。

表 1 展品构成

分主题	序号	展品名称	分主题	序号	展品名称
展区一：力量	展品 1	骨骼和肌肉拼装	展区二：智慧	展品 1	大脑的重量
	展品 2	如何搬重物		展品 2	大脑拼装
	展品 3	柔韧性测试（站）		展品 3	颅神经
	展品 4	柔韧性测试（坐）		展品 4	保持平衡
	展品 5	摸果子		展品 5	平衡测试
	展品 6	握力		展品 6	判断与经验
	展品 7	心脏的力量		展品 7	条件反射
	展品 8	关节（1）		展品 8	颜色字
	展品 9	关节（2）		展品 9	脑力测试 1
	展品 10	纤毛的力量		展品 10	脑力测试 2
	展品 11	掰手腕		展品 11	脑力测试 3
	展品 12	感受心跳		展品 12	脑力测试 4
	展品 13	牙齿（牙齿互动）		展品 13	一笔画
	展品 14	牙齿（牙齿的咬合力）		展品 14	追踪挑战
	展品 15	牙齿（牙齿的种类和硬度）		展品 15	镜像协调
	展品 16	有力的心脏（摩尔条纹）		展品 16	搭积木
展区三：密码	展品 1	血型		展品 17	协调能力
	展品 2	对称的脸		展品 18	大块和小块
	展品 3	人体含水量		展品 19	脑电波对抗
	展品 4	人体导电	展区四：速度	展品 1	挥手测速
	展品 5	听人体的声音		展品 2	神经元
	展品 6	人体生物特征识别（指纹）		展品 3	消化工厂
	展品 7	人体生物特征识别（虹膜）		展品 4	拍蘑菇
	展品 8	人体生物特征识别（人脸）		展品 5	吹风测速
	展品 9	生物钟		展品 6	时间去哪儿
	展品 10	情绪的传染性		展品 7	坠落的棒子
	展品 11	细胞的寿命	展区五：健康	展品 1	科学餐桌
	展品 12	绘制体型		展品 2	生活健康与习惯
	展品 13	肠子的长度		展品 3	抑郁和强迫
	展品 14	输血与秘密		展品 4	脊椎（模型）
	展品 15	人体黄金分割		展品 5	脊椎（拼装）
	展品 16	腺体的自白		展品 6	脊椎（手动脊椎）

续表

分主题	序号	展品名称	分主题	序号	展品名称
展区六：感知	展品 1	声音为什么升高	展区五：健康	展品 7	脊椎（手动腰椎间盘）
	展品 2	听左耳、听右耳		展品 8	循环系统冲浪
	展品 3	贝纳姆转盘		展品 9	体重与健康
	展品 4	双耳效应		展品 10	X线看骨骼（大卫）
	展品 5	视野挑战		展品 11	X线看骨骼（维纳斯）
	展品 6	表情机器人		展品 12	体温
	展品 7	皮肤面积		展品 13	运动与健康
	展品 8	表情识别		展品 14	配眼镜
	展品 9	听觉测试		展品 15	上呼吸道解密
	展品 10	非注意盲视		展品 16	血糖的秘密
	展品 11	多项视觉测试		展品 17	看得见的声波
	展品 12	听小骨		展品 18	乐音与噪声
	展品 13	知冷知热		展品 19	人体层层看
	展品 14	头骨听声		展品 20	高原反应
	展品 15	耳郭的作用		展品 21	气息的长度
	展品 16	天鹅绒触觉		展品 22	频闪与影响
	展品 17	盲文			
	展品 18	不同部位的触觉			
	展品 19	辨别表情			

八、团队介绍

合肥市科技馆历来注重团队建设，展区更新改造工作常抓不懈，重视展品的自主研发，创意设计了大量创新型展品，锻造了一支有创新思想、有创新能力的研发队伍。在多年的展区更新改造实践中，合肥市科技馆展品研发团队提出了"以我为主"的工作思路，更注重由我们自己提出创意、标准和要求，再向展品制作厂家定制。在长期的展品更新过程中，合肥市科技馆展品研发部不断加大自主研发、开拓创新的工作力度，经过多年的摸索和锻炼，研发水平和能力进一步提高，已逐渐成长为一支思想创新、屡获佳绩的优秀团队。

九、创新与思考

该展览的主题具备较大的兼容性，各个分主题思想一致，但彼此之间又相对并列和独立，这样的做法，使今后的展区全面或局部改造可繁可简。

整个展览具有以下特点：

一是让原创展品开花。WE 展区的展品创新率超过 50%，其中包括原始创新、集成创新、引进消化再吸收创新等，这样的创新率来自比较自由和开放的设计空间。我们不再顾忌传统主题展开式中的一个知识点因为难以转化为创新展品而改变故事线。哪里需要一个创新展品，就地创意一个，如果难以落地，只要知识点偏离不大，立刻可以删掉再来，展品选择余地极宽泛。例如，神经元、消化工场、勇闯高原、大型一笔画、判断与经验、黄金分割、气息的长度、多项视觉测试、盲文、瞳孔心理学等，这些创新展品为各自分主题应运而生，毫不唐突。该展区诸多创新展品已在业内被广泛复制借鉴。

二是让经典展品留下。由于高度的兼容性，WE 展区可以不露声色地容纳诸多经典展品："平衡测定""掰手腕""感受心跳""画五角星""视野测试""柔韧性测试""人体含水量""骨骼拼装"等。这些经典展品被打散分布在各个分主题，与其他展品相得益彰，保证了足够的知识点，也保证了整个展区的展品数量。

三是让部分展品跨界。因为摆脱了链式设计，让每个分主题在自己的空间可以自由发挥，派生了一部分"跨界"展品。例如"人体导电"，本来是一件电学展区的展品，放在这里却可以说人体的导电性，安全电压应该是多少伏特；"表情机器人"本来是信息科技的展品，放在人体展区可以模拟观众做出的表情，了解人的面部肌肉群；传统的针幕展品在这里制作成卵形，叫作"绘制体型"；"盲文""瞳孔心理学""挥手测速""吹风测速"等，都是这样被重新包装后穿越到人体展区。

我们还大量运用连体展台的设计方案，将内容相关的 2～3 件展品设置在一组两连体和三连体组合展台上，既表现了知识点的关联性，也减少了展品的占地面积，大大增加了展区内的展品数量。

该展览目前已被国内多家科技馆复制借鉴，其中的创新展品"勇闯高原"曾于 2018 年在第一届全国科技馆展览展品大赛上获得展品类二等奖，在首届中国国际科普作品大赛上获得科普展品组二等奖。

项目单位：合肥市科技馆

文稿撰写人：袁　媛

三等奖获奖作品

广东省食品药品科普体验馆

一、背景意义

食品药品安全事关民生福祉、公众健康、国家形象，是重大的民生问题、经济问题和政治问题。

为贯彻落实党的十八届五中全会提出的"创新、协调、绿色、开放、共享"五大发展理念，落实习近平总书记在中共中央政治局第二十三次集体学习时提出的"用最严谨的标准、最严格的监管、最严厉的处罚、最严肃的问责，加快建立科学完善的食品药品安全治理体系"和 2016 年 5 月 30 日"科技三会"提出的"科技创新、科学普及是实现创新发展的两翼，要把科学普及放在与科技创新同等重要的位置"指示，提高公众对食品药品安全的认识，提升公众科学素养和生活幸福感度，广东科学中心集各方之力创办了广东省食品药品科普体验馆。

展览旨在使公众亲身感受、了解食品药品领域的历史和现状、技术原理、先进科技及监管理念，从而提高公众的饮食用药安全意识和科学素养，营造"人人关心关注、人人参与支持食品药品安全监管"的良好社会共治氛围。食品药品监管部门和科技部门携手合作、履职尽责、服务社会，是贴近民生的重要举措，体现了党和政府对加强食品药品监管和科技工作的高度重视和坚强决心。

二、设计思路

1. 受众分析

食品药品直接关系每一个人的身体健康和生命安全，关系经济健康发展与社会和谐稳定，是最大的民生和最基本的公共安全，是人民群众普遍关心的。因此，该体验展的受众群体为社会公众。

2. 指导依据

体验展为省级重大民生科普工程。我们力争打造全国领先、世界一流、主题突出、权威专业的食品药品科学领域公益科普体验展，建成食品药品科普宣传窗口和教育基地，并逐步培育成食品药品安全和科技组织开展食品药品安全和科技交流的平台。建成后的展览，将在以下几方面发挥重要作用。

（1）宣传窗口：成为营造良好食品药品安全舆论氛围和社会环境的宣传窗口，实现宣传能力有新提高、宣传载体有新拓展、宣传成效有新进步。

（2）教育基地：成为普及食品药品科普知识，开展食品药品科普教育的基地，提高公众饮食用药安全意识和科学素养。

（3）示范平台：成为国内以互动体验方式，向公众开展食品药品科普教育的示范点，在业界发挥良好的示范作用，并逐步培育成为食品药品安全和科技组织开展食品药品安全和科技交流的平台。

3. 主题思想

体验馆以食品药品科普为主题，围绕"科学、健康、安全、文明"理念，精选贴近民生的知识点、关键词或大事件，将知识传播、思维启迪、趣味游览等融为一体，以声、光、电等高科技手段和互动体验等方式，提高社会公众对食品药品的科学认知。

4. 教育目标

展览让观众通过参与形式多样的互动体验，收获食品药品安全科学知识，认知食品药品在提升生活质量和促进公众健康的作用，提升公众科学素养和生活幸福感，营造食品药品安全社会共治的良好格局。

三、设计原则

展览内容和形式遵循以下设计原则。

（1）科学性：紧密依靠"四品一械"（即食品、药品、保健食品、化妆品、医疗器械）不同科学领域专家团队，提供展示知识点素材，开展多媒体和图文板展示科学内容创作和审查，为展览内容提供有力学术支撑。

（2）互动性：采用机电、新媒体、人工智能、仿真等展示技术进行交互设计，开展线上线下融合教育，激发公众的好奇心，引导其探究学习。

（3）教育性：适应不同层次观众的需求设计科学内容，普及"四品一械"的科学知识，并采用全互动、沉浸式的情景体验教育方式，充分调动观众身心参观学习，提升教育效果。

（4）创新性：实现食品药品不同行业领域科技与文化的跨界融合及全新演绎，拓宽科技馆主题内容的广度，同时，运用现代科普教育理念，设计、研发大量原创性互动展品，以达到展示形式的原创性和新颖性。

（5）开放性：展览引入国际顶尖设计团队参与设计，通过精心策划和倾心打造，带来先进的展示设计理念、新颖的展示技术手段，提升展览的整体水平。

四、展览框架

展览紧扣食品药品科普主题，以"四品一械"为经线，以"四品一械"所涵盖的时间和空间为纬线，展示了食品药品的历史发展、科学原理和安全监管等知识。

展览内容结构如图1所示。

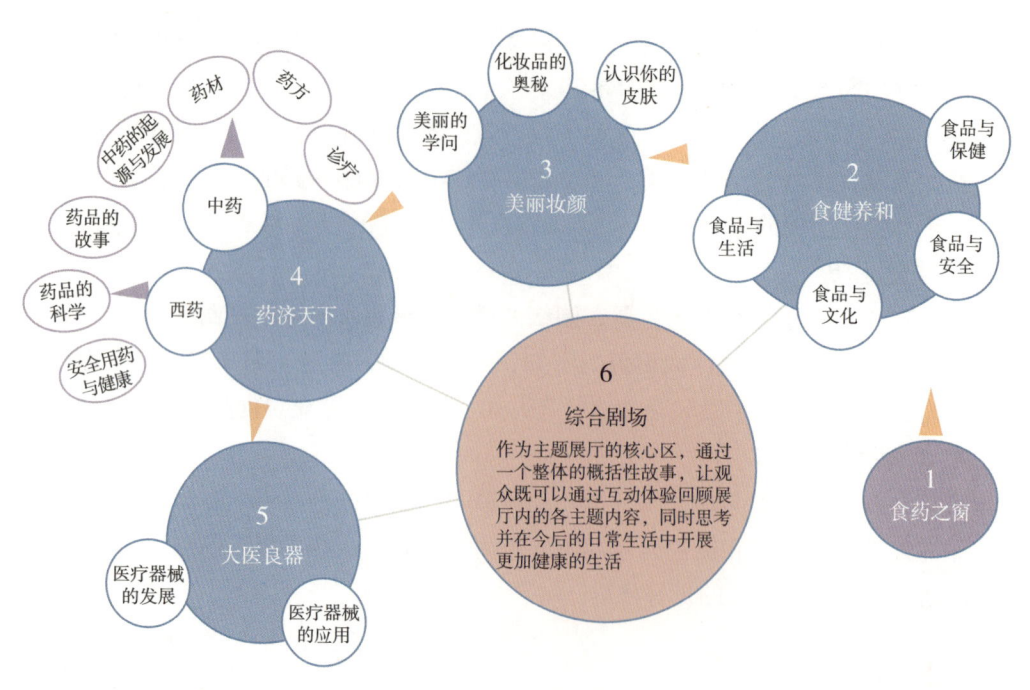

图 1 展览内容结构

五、内容概述

本展览共有 4 个主题展区：食健养和、美丽妆颜、药济天下、大医良器，并设序厅和剧场各 1 个，展品共 108 件，其中互动展品 100%。

序厅：食药之窗

由 4 组形似"冰凌窗格"的大型多媒体及互动体验组成，寓意观众犹如透过四扇"窗户"，去了解"四品一械"领域的历史起源、行业发展、技术进步、安全监管，以及与生活的密切关系，从而理解"四品一械"对人类健康的保障作用，以及加强社会共治，共同守护食药安全的重大意义。展区立面如图 2 所示。

主题展区一：食健养和

食品能提供人体所需的营养素和能量，满足人体的营养需要，还能满足人对食物

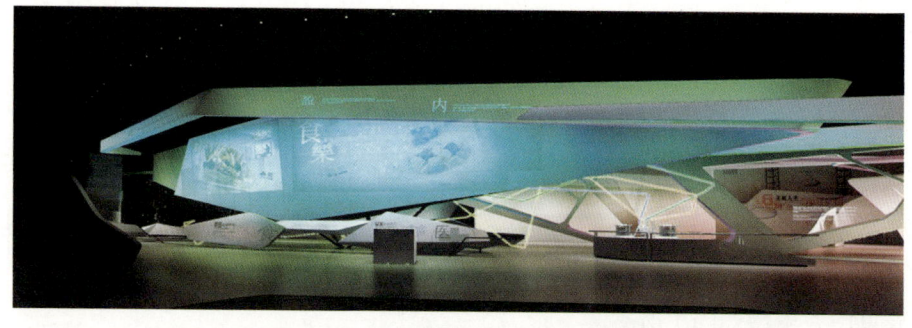

图 2 "序厅-食药之窗"展区立面图

色、香、味、形和质地的要求。

食健养和展区，以食品的起源与发展为经，以食品与科学、健康和安全为纬，分为食品与生活、食品与文化、食品与安全、食品与保健 4 个板块，探讨了我们生活中与食品息息相关的热议话题，从而提高公众对食品的科学认知和安全饮食的意识。

主题展区二：美丽妆颜

爱美之心人皆有之，化妆品是和每一个人都密切相关的日用消费品。

美丽妆颜展区，通过设置活泼生动的展项，让观众在轻松愉快的氛围中了解化妆品，达到科学选择化妆品、正确使用化妆品、安全消费化妆品的教育目的。

主题展区三：药济天下

健康生活是生命的保证，是人类追求的永恒主题，也是社会文明发展的重要标志。健康离不开药品，药品与人体健康息息相关。

药济天下展区，以"药品"为主线，以"安全"为核心，通过设置充满趣味的互动展项和体验活动，让观众了解药品发展历史、药物研发过程、药品作用机理、科学用药常识等知识，理解药品安全管理与健康的关系，体会药品在保障人类健康方面的巨大作用，从而引导观众感受生命的真谛，增强关爱健康的意识。

主题展区四：大医良器

医疗器械对保障公众身体健康和生命安全、改善生活质量具有重要作用。医疗器械种类多，跨度大，涵盖了小到棉签、创可贴，大到核磁共振仪等各种类型的诊疗设备等。

大医良器展区，从医疗器械的发展和应用两个方面，通过展示医疗器械发展的历史和技术进步的历程，以及介绍其在保障人类健康方面的应用，来提高大众对医疗器械的科学认知。

综合剧场

本剧场展示的是一个以"食品药品"为主题的互动体验剧场，初衷是想通过让观众体验一场具有超强沉浸感的视觉享受，从而宣传健康生活的重要性，以及食品药品在保障和促进人类健康的作用和影响。

主影片是通过一部约 10 分钟的影片，讲述一部有关食品药品题材的故事。在观看主影片之前，采用全国首创的双向幻影的技术设立知识对战暖场环节。该环节采用虚拟主持人，与观众进行热烈互动；观众与幻影节目进行有趣的交互问答，内容为有关食品药品的相关问答知识；通过追光及喷气设备对观众答题情况进行奖惩。有趣的暖场互动为后续观看影片进行气氛烘托及情感铺垫。

六、环境设计

本展览展出面积 3500m^2，展线长 280m，展品共 108 项。

展览以科技与艺术的完美融合，提炼"合手"形态作为空间组织形式，寓意"共同守护"和"小以见大，枝叶关情"的空间意念。展览以"食健养和、美丽妆颜、药剂天下、大医良器"四大内容内联交互，增强空间维度，优化展览节奏，将密集跳跃的内容点连成一体，展示以人本为中心、里外相辅的生命健康平衡维度。如图3、图4所示。

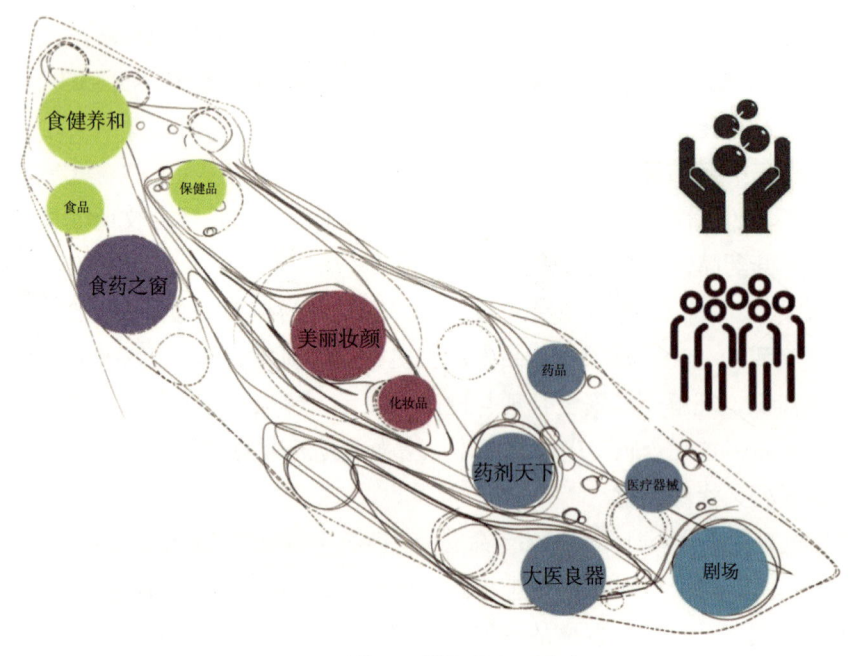

图 3 "共同守护"的空间意念

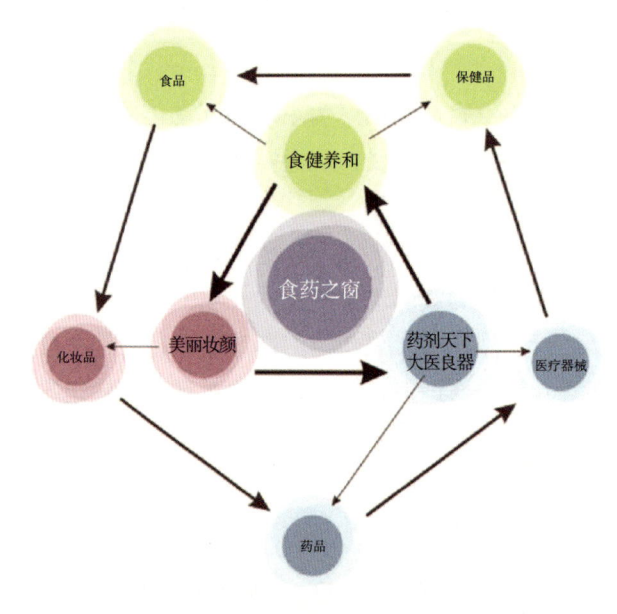

图 4 人体健康平衡维度、内容空间融合构建

展区采取的是多维开放、点状展示布局，打破刻板无趣的展览方式，使科普内容多维呈现。布展设计中整合展品、图文、场景等多种元素，在展示节奏上充分考虑人流的聚集和疏散。人流动线安排流畅，既引导观众按内容线索参观，又可自由参观，具有很强的自由度和交互性。

各展区以色彩加以区分，例如，"食健养和"展区用绿色，"美丽妆颜"展区用粉色，"药济天下"展区用浅灰色，"大医良器"展区用蓝色，既突出了展览主题，又增加了展厅色彩，让视觉感受丰富多样。如图5所示。

图5 不同分区颜色运用

展览形式设计与展示内容一体化，做到高度匹配和协调。例如，以美食厨房、巨大炒锅与诗酒茶甘等场景，诠释源远流长的中华饮食文化；设置艺术化的风筒、梳子、口红、花瓣雨，营造绚丽、时尚的化妆品空间；以高柜长卷、筋络星辰、望闻问切诊台表达中药的博大精深；设置医学殿堂和架满镌刻上千种西药名的试管，寓意西药研究与发展之艰。

七、展品构成

展览共设108件展品，其中创新展品87件，比例达80%，包含24件原始创新展品，63件集成创新展品。展览展品构成见表1。

表 1　展品构成

展区	分主题	展品序号	展品名称
序厅	食药之窗	1	食健养和 – 膳食搭配
		2	美丽妆颜 – 模拟上妆
		3	药济天下 – 虚拟治疗
		4	大医良器 – 人工心脏
食健养和	食品与生活	5	巨大炒锅
		6	对话火锅
		7	模拟烹饪
		8	冰箱不是食物"保险箱"
		9	测试食品油、盐、糖含量
		10	调味艺术
		11	美味餐桌
	食品与生活	12	中华美食
		13	佳肴寄思语
		14	太空食品
	食品与文化	15	食物的演变
		16	餐具的演变
		17	食物的传播
		18	酒与酒器
		19	闻香识酒
		20	白酒的酿造
		21	茶叶大观园
		22	茶的制作
	食品与安全	23	从餐桌到农田
		24	食物中的毒素
		25	食物中的隐患
		26	微生物的污染追踪
		27	农残检测与清除
		28	食品防腐的奥秘
		29	食品加工工艺
		30	冰激凌与食品添加剂
		31	食品的非法添加
		32	小小执法员
	食品与保健	33	药食同源
		34	营养素
		35	膳食宝塔
		36	食物竞赛
		37	饮水量知多少
		38	饮料

续表

展区	分主题	展品序号	展品名称
食健养和	食品与保健	39	不同人群的保健食品
		40	保健食品与增加骨密度
		41	保健食品与缓解视疲劳
		42	特殊职业与保健食品
美丽妆颜	认识你的肌肤	43	认识你的皮肤
		44	美容镜
		45	发质检测
	化妆品的奥秘	46	魅力口红
		47	水乳交融
		48	探寻芬芳之旅
		49	牙膏的学问
	美丽的学问	50	色感妆容
		51	彩妆的演变
		52	挑战古代化妆
		53	美丽秀发
		54	卸妆
		55	拜拜痘痘
		56	衰老与护肤
		57	防晒护肤品
药济天下	中药	58	药物的起源
		59	中药的故事
		60	中西药交流
		61	中医诊治
		62	照方抓药
		63	道地药材
		64	传统中药制作
		65	中药配伍禁忌
		66	药材真伪辨别
	西药——药品的故事	67	青霉素的发现
		68	青蒿素的发现
		69	阿司匹林的发现
		70	胰岛素的发现
	西药——药品的科学	71	药物的人体旅行
		72	走近药品生产线
		73	新药的研发
		74	降压药的机理

续表

展区	分主题	展品序号	展品名称
药济天下	西药——安全用药与健康	75	处方药和非处方药
		76	药品的作用与副作用
		77	读懂药品说明书
		78	家庭小药箱
		79	抗生素耐药性
		80	特殊药品管理
大医良器	医疗器械的发展	81	中国古代医疗工具
		82	近代西方医疗器械
		83	中国早期的医疗器械
		84	医疗器械的进步
		85	听诊器
		86	显微镜
		87	注射器
		88	腹腔镜手术
	医疗器械的应用	89	CT 扫描
		90	超声波检查
		91	内窥镜检查
		92	人体的影像检查
		93	血型分析仪
		94	生化分析仪
		95	心脏起搏器
		96	心脏支架
		97	机器人手术
		98	基因检测技术及器械
大医良器	医疗器械的应用	99	健康小站—身高体重测试
		100	健康小站—听力测试
		101	健康小站—心电图检查
		102	健康小站—血压测试
		103	健康小站—体能测试
		104	健康小站—色盲检测
		105	急救站
		106	重症监护室
		107	手术室
综合剧场	剧场 A	108	安安剧场
	剧场 B		食药知识大对战

八、团队介绍

该项目团队由广东科学中心研究设计部的业务骨干组成。业务专长涵盖展览策划与设计、项目工程实施管理、教育活动开发与实施、教育及文创品开发等。主要团队人员见表2。

表2 项目团队成员

序号	姓名	职称	在展览项目中承担工作
1	邱银忠	高级工程师	主持展览策划、设计和实施管理
2	郭羽丰	高级工程师	展览策划、设计及实施管理
3	梁皑莹	研究员	展览策划、设计及实施管理
4	李锋	高级工程师	策展、布展设计及实施管理
5	林军	高级工程师	展览设计及实施管理
6	吴夏灵	助理研究员	展览设计及实施管理
7	张娜	副研究员	展览设计及实施管理
8	张伊晨	助理工程师	展览设计及实施管理
9	宋婧	助理研究员	展览设计及实施管理
10	邹新伟	高级工程师	展览策划和研究
11	黄亚萍	高级工程师	展览策划和研究
12	姚强	高级工程师	展览设计及实施管理
13	张文山	高级工程师	展览策划和研究
14	史海兵	工程师	展览设计及实施管理
15	陈彦彬	工程师	展览设计及实施管理
16	姚以鹏	工程师	展览设计及实施管理

九、创新与思考

1. 创新点

（1）国内外首个大型食品药品领域科普体验馆。体验馆展示面积为3500m^2，共设有108件展项，展示规模在同类题材内容中居首，彰显示范引领作用。

（2）展示内容实现跨界融合、协同创新。展览内容涵盖食品、药品、保健食品、化妆品、医疗器械5个领域，实现不同行业科技、历史、文化的跨界融合及重新演绎，有效拓展了展示知识内容的深度和广度。

（3）重视展示技术创新，自主知识产权成果丰硕。应用新兴技术进行展示创新，申请各类专利62项，已获得21项正式授权，发表学术论文2篇。

（4）展品原创度高。展览创新展品87件，比例达80%，包含24件原始创新展品，63件集成创新展品。如剧场"食药知识大对战"，采用国内首个双面幻影成像和4D剧场体验装置，让观众通过虚拟主持人引导，组队开展知识抢答体验；展项"药物的人体旅行"，采用国内首个多曲面立体投影装置，生动形象地演示了药物在人体内的作用及代谢机理。

（5）展示手法重视探究式教育理念。展览打破传统展陈方式，通过采用生动有趣的全互动、沉浸式体验方式，有效地将观众的学习方式由传统被动接受知识转变为主动探究知识，让观众通过参与探究性的体验活动走近科学，在主动探索和学习中了解食品药品科学和安全监管知识，从而全面体现"做中学"的教育理念，真正做到知行合一。

2. 体会及建议

（1）需加强科普创作协同创新。要切实发挥科技馆作为科普展览开发主阵地、主导者和结合点的独特作用，打破行业、地域、部门的界限，充分集聚兄弟科技馆、高校、科研院所、科普企业创新资源，从"广度"和"深度"上加大协同创新力度，有效提高协同创新的能力、效率和效果。

（2）需加强展览知识产权保护。展览设计制作过程凝聚了创作人员的大量心血，建议在整个行业层面，对知识产权保护进行综合规划，要加强对展项外观造型、展品结构、控制系统、制造方法、电子图像、设计图纸、计算机软件的全方位保护。只有加强对创新成果和原创展品展项的知识产权保护，才能在行业内形成重视创新的氛围，从而促进展览项目研发和创新水平的提升。

项目单位：广东科学中心

文稿撰写人：郭羽丰

沈阳科学宫常设展览科学探索展区

一、背景意义

沈阳科学宫于2000年开馆，是辽沈地区较大的科普教育基地、全国青少年科技教育基地及全国青少年校外活动示范基地。多年来，科学宫组织了丰富多彩、独具特色的科普展览活动，举办了多项青少年科技创新竞赛，承办了多项临时科普展览等活动，受到了市民和青少年的喜爱和赞许。但随着时间的流逝，展品老化、损坏，以及展品数量和展厅面积无法承载更多观众、参观人数受限、展品展示内容局限性等问题逐渐显现，因此，为了更好地服务观众，满足大众对科普知识的需求，展厅改造势在必行。于是，沈阳科学宫在2015年启动了对展馆的全面升级改造工作，对展馆环艺及展品进行全部更新，不仅增加了展览面积及展品数量，更丰富了科普知识，扩大了展示范围。新馆于2018年10月17日以崭新的面貌重新开放，总面积15300m^2，展品近400件（套），共分为3层：一层是科学探索展区；二层是宇宙探秘和人体奥秘展区；三层是信息技术展区。

二、设计思路

1. 受众分析

科学探索展区针对青少年及以上人群打造一个探索科学的空间，让观众从被动接受知识转变为主动学习知识，使学习过程变得不再单一、枯燥，以生动活泼、形式多样的科普体验活动加强科学精神、科学思想和科学方法的普及教育。

2. 指导依据

习近平总书记指出，学要带着问题学，做要针对问题改；古人云"学贵有疑，小疑则小进，大疑则大进"。"疑"是人类打开宇宙大门的金钥匙。培根曾说"多问的人将多得"。科技馆传播的是关于问题的学问。我们在这里可以学习如何发现问题，提出问题，解决问题。

3. 主题思想

展区的主题思想是：问题是学习的动力。通过"问题岛"的创新理念，展现新时代的科普传播形式。

4. 教育目标

展区通过16个"问题岛"的形式，打破学科的界限，融合了各学科内容，结合科学教育的大概念，以展品展示内容来回答"问题岛"的问题，为观众建立对科学、技术、工程、艺术和数学等学科的关联。从观众感兴趣并与他们生活相关的话题开始，逐步进展到掌握科学大概念。不仅要展示科学技术，更要展示人类的科学探索精神，展示科学发现对人类社会的巨大推动作用。

三、设计原则

在沈阳科学宫，通过"怎样讲"的策划形成沈阳科学宫传播科学的个性。结合现代科学教育的最新理念，围绕"科学大概念"组织教学内容，从观众感兴趣并与他们生活相关的话题开始，逐步进展到掌握科学大概念。重视展览内容的质量，以"探究式学习方法"为原则，为观众提供可以深入探究的机会。关注不同学科，不同技术的相互关联，鼓励观众从不同的角度去观察发现，为观众创造联想的触发点。重视展教活动设计，紧密围绕展览、展品以及学校课程开展教育活动，以此保持科学宫的持久活力。用新的视角审视传统展品，创新展品组合方式，深度挖掘展品内涵，拓展相关链接，从而帮助观众建立新的认知。

四、展览框架

科学探索展区分为北展区和南展区，其中的展示内容涵盖了物理（电磁学、力学、声光）、化学和数学的内容，共16个问题岛，197件展品。

北展区有7个问题岛，以声、光、电磁为主要展示内容：牛顿让光出了彩？波是怎么回事？吸引还是排斥？谁抓住了闪电？失聪的贝多芬如何作曲？你相信自己的眼睛吗？你在镜子里看到了什么？

南展区有9个问题岛，以力学、化学及数学为主要展示内容：能量都去哪了？物体是如何运动的？数学如何表达？伽利略如何发现摆的奥秘？门捷列夫的问号？为什么会偏？流体压力从哪来？如何寻找重心？阿基米德真的能撬起地球？

通过"问题岛"使观众在寻找答案的过程中，体验各学科之间的交叉关系，提高观众的发散思维和激发观众对科学的探索兴趣。展览框架如图1所示。

五、内容概述

科学探索展区展览面积为4600m^2，展品数量共197件。展示内容包含物理、化学及数学。展区整体采用"工业风"的设计风格，多以问号造型打造"问题岛"外观形象。向观众传达以问题为导向，激发观众对知识的好奇心及探索欲望。科学探索展区分为南、北两个展区，其中北展区以声、光、电磁为主要展示内容，南展区以力学、化学及数学为主要展示内容。

北展区展品以成组的方式呈现给观众，化零为整，从而构成展品之间的逻辑关

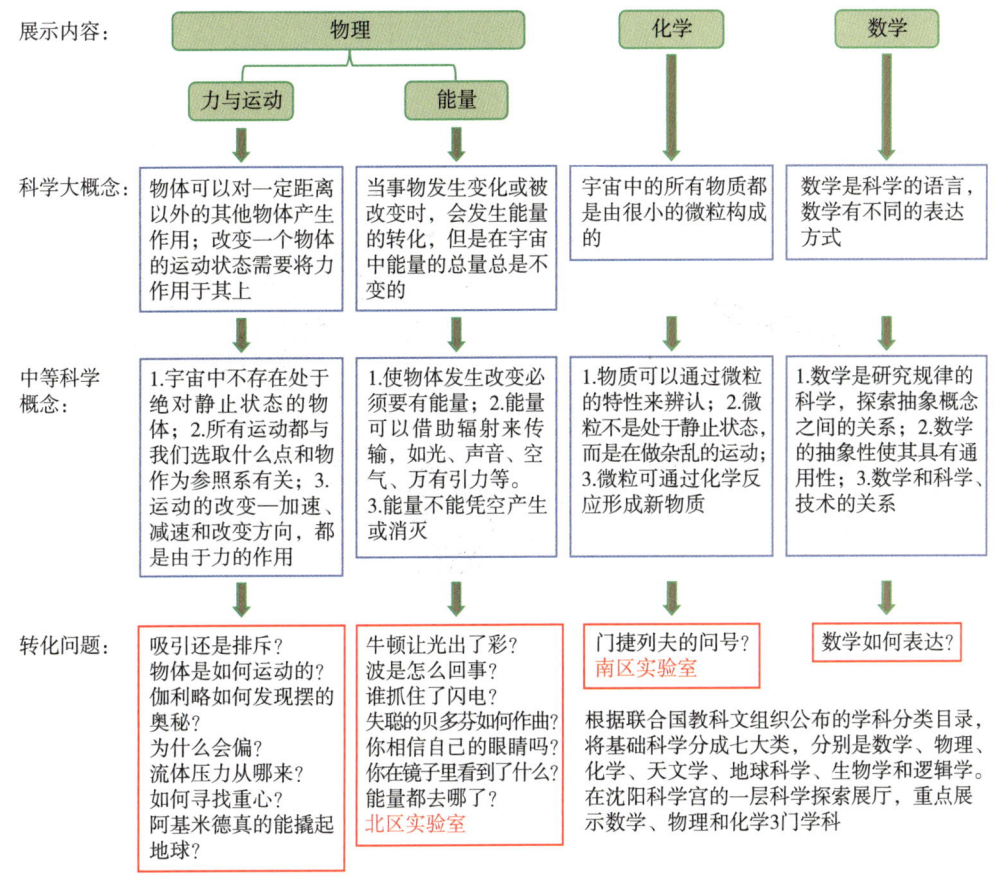

图 1 展览框架布局

展示内容：	物理		化学	数学
	力与运动	能量		
科学大概念：	物体可以对一定距离以外的其他物体产生作用；改变一个物体的运动状态需要将力作用于其上	当事物发生变化或被改变时，会发生能量的转化，但是在宇宙中能量的总量总是不变的	宇宙中的所有物质都是由很小的微粒构成的	数学是科学的语言，数学有不同的表达方式
中等科学概念：	1.宇宙中不存在处于绝对静止状态的物体；2.所有运动都与我们选取什么点和物作为参照系有关；3.运动的改变—加速、减速和改变方向，都是由于力的作用	1.使物体发生改变必须要有能量；2.能量可以借助辐射来传输，如光、声音、空气、万有引力等。3.能量不能凭空产生或消灭	1.物质可以通过微粒的特性来辨认；2.微粒不是处于静止状态，而是在做杂乱的运动；3.微粒可通过化学反应形成新物质	1.数学是研究规律的科学，探索抽象概念之间的关系；2.数学的抽象性使其具有通用性；3.数学和科学、技术的关系
转化问题：	吸引还是排斥？物体是如何运动的？伽利略如何发现摆的奥秘？为什么会偏？流体压力从哪来？如何寻找重心？阿基米德真的能撬起地球？	牛顿让光出了彩？波是怎么回事？谁抓住了闪电？失聪的贝多芬如何作曲？你相信自己的眼睛吗？你在镜子里看到了什么？能量都去哪了？ 北区实验室	门捷列夫的问号？ 南区实验室	数学如何表达？

根据联合国教科文组织公布的学科分类目录，将基础科学分成七大类，分别是数学、物理、化学、天文学、地球科学、生物学和逻辑学。在沈阳科学宫的一层科学探索展厅，重点展示数学、物理和化学3门学科

联，为观众提供探索的深度。展区明暗环境相结合，优化了展品的展示效果。黑白色调的整体环境营造出科学所代表的冷静、理性和思考的整体参观环境。彩色的展品成为展厅的亮点和核心，更成为观众的指引，让观众直达目标。此外，本展区采用了集装箱的外观设计，体现了现代工业的符号，代表着一种交流和沟通。

南展区采用不增加隔墙设计，保证展厅的通透性，观众的视线可以在展厅中穿越，保持持续的参观兴趣。网孔板装饰及全国首创的冲孔式网板台体的设计象征着信息的传递，是科技馆科技传播功能的体现。本展区整体色调以"黑白灰"为基础，将不同颜色运用到不同造型设计的"问题岛"中做点缀，形成了独特的撞色设计。

六、环境设计

科学探索展区整体采用"工业风"的设计风格，首次采用问号造型的"问题岛"外观形象。展品以成组的方式呈现给观众，化零为整，从而构成展品之间的逻辑关联，为观众提供探索的深度。环艺以黑白灰为主色调，为观众带来的是大气、简约、单纯

的视觉享受和安静的参观心理，黑白灰色调也是永不过时的色彩，辅以展品带来的色彩效果，给观众带来一场视觉盛宴。展区鸟瞰效果如图2所示。

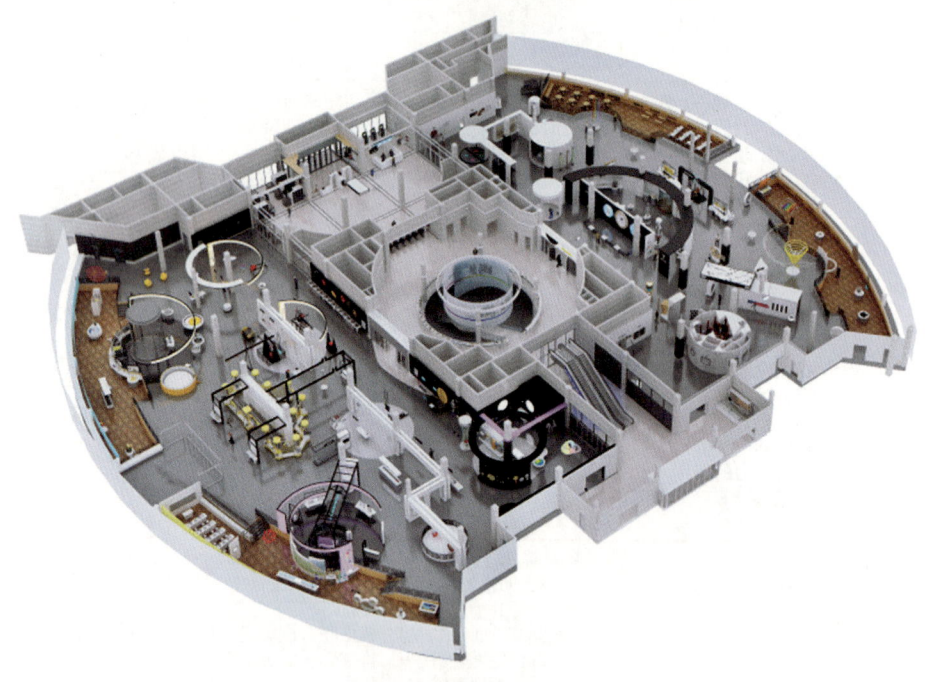

图2　展区鸟瞰效果

七、展品构成

展品构成如表1所示。

表1　展品构成

展区	序号	问题岛名称	展品序号	展品名称
中厅		标志性展品	1	什么是科学
北展区	1	牛顿让光出了彩？	2	光的色散
			3	牛顿色盘
			4	光的加色
			5	立方光
			6	滤射光
			7	光的彩虹
			8	光岛
			9	光路可见吗？

续表

展区	序号	问题岛名称	展品序号	展品名称
北展区	2	波是怎么回事？	10	波动墙
			11	波
			12	正弦波
			13	横波
			14	纵波
			15	波的干涉和衍射
			16	多普勒效应
			17	声驻波
			18	运动波形
			19	小孔成像
			20	杨氏双缝干涉实验
			21	穿墙而过
			22	光电效应
			23	阻挡无线电波
	3	吸引还是排斥？	24	无形的力
			25	柔性磁铁
			26	磁干扰摆
			27	飘浮的磁铁
			28	磁桥
			29	磁力线
			30	铁粉、铁砂、磁流体
			31	生活中的居里点？
			32	磁力转盘
			33	跳舞的磁粉
			34	移动的磁铁

续表

展区	序号	问题岛名称	展品序号	展品名称
北展区	4	谁抓住了闪电？	35	静电
			36	静电滚球
			37	弯曲的水流
			38	怒发冲冠
			39	尖端放电
			40	雅各布天梯
			41	特斯拉线圈
			42	手蓄电池
			43	连接电路
			44	节奏鼓
			45	辉光盘
			46	小磁针为什么会偏转？
			47	为什么下降这么慢？
			48	跳跃环
			49	电磁加速器
			50	哥伦布蛋
			51	电机如何发电？
			52	发电机和电动机原理
			53	交直流之争
			54	灯泡也能悬起来？
			55	电磁秋千
	5	失聪的贝多芬如何作曲？	56	传声管
			57	听回声
			58	悄悄话
			59	骨传声
			60	共振环

续表

展区	序号	问题岛名称	展品序号	展品名称
北展区	5	失聪的贝多芬如何作曲？	61	空中音乐
			62	气流音乐转盘
			63	旋转的音乐
			64	水琴
			65	高斯乐耳
			66	雨桌
	6	你相信自己的眼睛吗？	67	光栅动画
			68	光环艺
			69	倒流的水滴
			70	队列行进
			71	图像是怎么形成的？
			72	畸变小屋
			73	空间变形透视
			74	你能看见物体吗？
			75	你在不可能图形中
			76	眼见不一定为实（展项组）
			77	铅笔消失之谜
	7	你在镜子里看到了什么？	78	镜子迷宫
			79	消失的身体
			80	天生一对
			81	全反
			82	背面
			83	万丈深渊
			84	六角亭
			85	画面为什么不变？
			86	光的万花筒
			87	欧普盒子
			88	光学转盘动画

续表

展区	序号	问题岛名称	展品序号	展品名称
北展区	7	你在镜子里看到了什么?	89	凹面镜成像
			90	同自己握手
			91	菲涅尔透镜
			92	水球透镜
			93	电动可变哈哈镜
			94	腾空而起
			95	隐身人
南展区	8	能量都去哪了?	96	永动机可能吗?
			97	牛顿撞球
			98	麦克斯韦轮
			99	过山车
			100	哪个滚得快?
			101	为什么滚得不一样?
			102	跳跳球
			103	热力水车
			104	手摇发电
			105	机械滚球
	9	物体是如何运动的?	106	下落一样快吗?
			107	匀变速直线运动（斜面实验）
			108	哪个下落更快?
			109	小球过圈
			110	掉，不掉?
			111	滑动与摩擦
			112	滚动与轨道
			113	拿不走的椎体
			114	小球还能回到车上吗?
			115	有魔力的绳子
			116	小车往哪边走?
			117	螺旋桨的推力

续表

展区	序号	问题岛名称	展品序号	展品名称
南展区	10	数学如何表达？	118	纽结墙
			119	莫比乌斯带
			120	双曲面
			121	趣味拼图
			122	看得见的数学
			123	画法几何
			124	概率——高尔顿板
			125	余弦定理
			126	圆柱与圆锥
			127	一笔成画
			128	等高线
			129	镜面立方体
			130	捕捉数字
			131	搭建金字塔
			132	数学小桌
			133	方轮车
	11	伽利略如何发现摆的奥秘？	134	伽利略的时钟摆
			135	可变长的摆
			136	钉板摆
			137	蛇形摆
			138	趣味摆线
			139	共振摆
			140	影响摆的因素
			141	混沌摆
			142	四线摆
			143	摆的轨迹
			144	普氏摆

续表

展区	序号	问题岛名称	展品序号	展品名称
南展区	12	门捷列夫的问号?	145	生活中的元素
			146	如何创造新物质?
			147	分子是怎样组成的?
			148	分子是怎么运动的?——布朗运动
			149	同素异形体
			150	惰性气体
			151	如何让小球弹跳起来?
			152	化学工具箱
			153	如何做化学实验?
			154	密信
			155	稀土元素
	13	为什么会偏?	156	龙卷风
			157	漩涡
			158	水流为什么会偏?
			159	转盘
			160	科里奥利力
			161	离心力
			162	光迹傅科摆
	14	流体压力从哪来?	163	真空是"空"的吗?
			164	马德堡半球实验
			165	发射小球
			166	空气炮
			167	球往哪边跑?
			168	气流投篮
			169	小球能悬浮吗?
			170	盘子可以吸住吗?
			171	机翼的升力
			172	逆风行船
			173	液体的压强从哪来?
			174	缓慢的气泡

续表

展区	序号	问题岛名称	展品序号	展品名称
南展区	15	如何寻找重心？	175	如何保持平衡？
			176	寻找平衡点
			177	倒还是不倒
			178	重力井
			179	搭积木
			180	为什么滚得不一样？
			181	锥体上滚
			182	高空自行车
			183	重心有什么用？
			184	几何动艺
			185	陀螺椅
	16	阿基米德真的能撬起地球？	186	如何拉起重物？
			187	比扭力
			188	支点不同，用力不同？
			189	哪一个更省力？
			190	齿轮传动
			191	汽车换挡
			192	机械传动
			193	铿锵锣鼓
			194	雨刮器
			195	车窗
			196	轮子能立起来吗？
			197	角动量守恒

八、团队介绍

科学探索展区改造项目团队成员由沈阳科学宫展品技术部的业务骨干组成，负责展馆展厅的概念设计、初步设计、深化设计及展厅建设等相关工作。团队人员见表2。

表 2　项目团队成员

姓　名	职务	在展览项目中承担工作
刘志军	部长	项目负责人
顾　娜	项目策划研发负责人	科学探索展区项目策划及研发相关工作
丁　杨		科学探索展区项目研发相关工作
高　雯	研发工程师	科学探索展区项目研发相关工作
赵　健	网络技术工程师	智能化控制及展品技术相关工作
王彦新		展馆网络智能化控制及 APP 相关工作
曹立新	研发工程师	展品技术相关工作
李方昭	研发工程师	展品技术相关工作
赵凤山	机械技术工程师	展品技术相关工作
刘　军	电气电子工程师	展品技术相关工作

九、创新与思考

沈阳科学宫于 2000 年 6 月建成开放。2015 年，沈阳科学宫开始了历时 3 年的全面升级改造工作，新馆于 2018 年 10 月 17 日正式面向社会免费开放。

自 2015 年以来，我们团队经历了科学探索展区的概念设计、初步设计及深化设计展厅建设三个阶段。从项目立项开始，我们到多个科技馆实地考察、交流学习，包括中国科学技术馆、黑龙江省科学技术馆、吉林省科学技术馆、合肥科技馆、武汉科学技术馆等，学习各馆建设管理及运营情况等相关经验。在概念设计阶段，我们经过一段时间的研究、交流及论证，确立了我馆改造项目的建设目标及主题设置等基本内容，为改造项目指引了方向。

在明确概念设计思路的基础上，我们开始进入初步设计阶段，经过团队认真讨论及研究，确定了最终的设计思路及展示效果，即以创新的理念，展现新时代的科普传播形式，将学科知识分类转化为"问题岛"，以展品作为探索答案的媒介，让观众化身为"小小科学家"，对"问题岛"进行探索，激发观众对科学的学习欲望，提高观众的发散思维及思考问题的能力。科学探索展区整体采用"工业风"的设计风格，首次采用问号造型打造"问题岛"外观形象。在展台的设计中，首次采用了冲孔式网板台体，即符合我馆要求的工业风格的形象设计，又解决了展品设备的散热问题，将美观与实用性完美结合。

在深化设计及展厅建设阶段，我们从图纸到材料，以认真负责的态度，努力排查其中的设计缺陷、安全隐患、展示效果及运行维护等方面的问题，对展品制作过程进行了三次检查，将发现的问题随时进行解决；在展厅建设阶段，我们各司其职，对改造工作的全过程进行监督管理,为开馆后的正常运行提供保障。

开馆以来,我馆受到沈阳市民的广泛关注,客流量明显增多,科学探索展区成为全馆最受欢迎的展区。当然,在开馆后,随着一段时间的运行,参观量的不断增加,展品在运行过程中也暴露了一些问题,如安全问题、材质损耗等,对此,我们与展品的制作单位进行了多次的展品优化及安全隐患的整改工作,将问题逐一解决,给观众提供一个安全、便捷、舒适、高效的参观体验。

项目单位:沈阳市公共文化服务中心(沈阳市文化演艺中心)

沈阳科学宫

文稿撰写人:刘志军　顾　娜

问问大海展览

一、背景意义

党的十九大报告中指出:"坚持陆海统筹,加快建设海洋强国。"我国是一个陆海兼备的发展中大国,建设海洋强国是全面建设社会主义现代化强国的重要组成部分。科技馆作为科普教育场所,应响应国家政策,向社会公众推介海洋科学知识,普及公众的海洋国土意识,增强全民族海洋意识。本展览旨在展示海洋生态科学、中国"海洋强国战略"及海洋探索成就;满足公众对海洋整体的认知需求,树立民族自豪感;使公众能感受海洋、探究海洋,用科学家的精神和科学文化引导公众,树立科技报国信念。

1. 国家层面

2020年,《全国海洋经济发展"十三五"规划》中提出,海洋是我国经济社会发展重要的战略空间,是孕育新产业、引领新增长的重要领域,在国家经济社会发展全局中的地位和作用日益突出,规划目标是形成陆海统筹、人海和谐的海洋发展新格局。

2. 社会层面

基于深海进入、深海探索、深海开发的三步走战略,以科学技术的创新突破为重要实现手段,推进海洋产业化的优化升级。科技发展与经济发展全面展开,各种面向海洋研究、海洋探索和海洋开发的社会行业项目亟待向更深远更高阶的层次迈进。

3. 公众层面

从国家战略部署到社会行业的应用,有关海洋的科学知识实际上与公众息息相关,海洋经济的推进演化以及和海洋生态的平衡发展,包括人海和谐新格局的构造都需要公众的积极配合。无论是科学人才的培养还是生活方式的推进等方面,公众对海洋发展有认知需求和认知必要。

面向公众的海洋科普,存在以下现象:公众对海洋整体的认知程度不平衡;海洋意识不明确;知识内容、实现技术以及实际应用三者关系上存在认知脱节;对我国海洋战略的部署以及海洋科技的应用存在盲点。

二、设计思路

1. 教育目标

本展览作为国内首个采用"问题导向"的探究式海洋展厅,核心思想在于探究式学习。探究式学习作为非正式教育模式，通过发现问题、分析问题、科学假设、实验验证、提出结论到解决问题的思维路径，激发公众在展览中的探秘兴趣。

本展览以公众为发问主体，强调主动探究，通过展品设计、布展的文字标识与提问造型，有目的地引导公众在展览参观和展品操作中提高解决问题能力及动手能力，并在探究过程中体会和学习科学方法；以"对话海洋"的认知交互方式让公众认识海洋、感受海洋、聆听海洋。

2. 主题设计

本展览以"问问大海"为标题，以对公众进行高品质海洋主题科普，满足公众对于海洋的探索求知欲为目标，以问题为导向，从为什么、怎么样、如何做3个层面对海洋发问，逐层解析展览的主题脉络。

本展览以国家海洋战略为基础，大国重器为依托，将国家层面、社会层面以及公众层面紧密结合成有机整体，演绎深海探索的重要背景和意义，从感受深海风光、探秘海洋生物、强化国土意识，体验深海探测技术并延伸到科学家精神和工程师精神，激发公众的共情力和求知欲，建立科学思维观。

三、设计原则

1. 以"问题导向"的探究方式将问题的分层剖析作为展陈主题脉络

本展览通过探式的思考方式进行方案整体规划，通过问题分层和逻辑梳理，在广度和深度上对各个主题进行剖析，以"问问大海"为标题，设置四个一级问题为主题，从一级问题剖析递进到二级问题再到三级问题，最后达到解决问题。每个一级问题都有2~3个展项来进行阐释，同时2~3个二级问题又共同来支撑一级问题，在整体上形成一个发问的环境氛围，引导公众带着思考求知的态度进行展览的参观体验与展品的动手操作。

2. 利用若干件展项共同诠释一级问题，对问题进行剖析、探究和拓展

"入海难于上青天，海洋到底有多深？"这个一级问题分解对应至"海水压力的威力有多大？"这个二级问题。要认识了解这个问题，展览设置了压力体验、海水压力的威力、深度与压力三个展项。压力体验从体感角度切入，以大气压力模拟海水压力，让公众体验不同强度的海水压力作用在身上的感受；海水压力的威力从视觉体验出发，公众通过观察与对比不同深度下同一物体被压缩至不同程度的形态，定量定性地了解到海水深度和压力之间的关系，同时提出这些海水压力的威力如此巨大，到底与哪些因素有关，使观众带着问题进行深度与压力的展品体验环节。通过控制变量的实验对比，一步步揭开谜题，同时以实验激发公众的创造性思维，探索海水压力还与哪些因素有关。人类要实现深海探险应如何克服海水压力的阻碍，深海鱼是如何承受如此巨大的海水压力等问题，通过以上过程，结合展品探究与多感官体验，就能够达到更深

层次的教育目标。

3. 将布展作为主题诠释的有力支撑，加强展项内容之间的逻辑连贯性

布展当中会设置相关的内容，同时这些内容一方面是对邻近展项内容或形式的补充拓展，更重要的是布展内容之间也是逻辑关联的，有主次之分，能够引导公众的参观动线和思考动线，辅助公众更加明确地有规划地进行体验。另一方面布展和展项相对分离，能够提升布展展示空间，通过布展加强展项内容之间的逻辑连贯性，形成探究思维引导式的布展氛围营造，打造出一个沉浸式的"海洋氛围"和"问题氛围"。

4. 利用多媒体与互动结合的展示方式，坚持知识性、互动性、趣味性设计原则

就展品设计而言，依据需传递的科学知识体系特点融合"机电互动""多媒体互动"等多种形式，展示"可见、可变、可触、可听"的展品，给予观众奇妙有趣的多感官互动体验，使观众在实际操作展品的过程中，带着问题出发，观察展品现象，引发深度思考，最后得出结论，收获展品所蕴含的科学知识，切身体验"像科学家一样探究科学"的探究过程。

四、展览框架

本展览以"问问大海"为标题，以"问题导向式"为展示形式，设置4个公众喜闻乐见的问题作为脉络主题展开分析，通过提出问题、分析问题、解决问题，以若干件展品围绕一个问题从不同角度展开分析方式来表达。展览框架具体如图1所示。

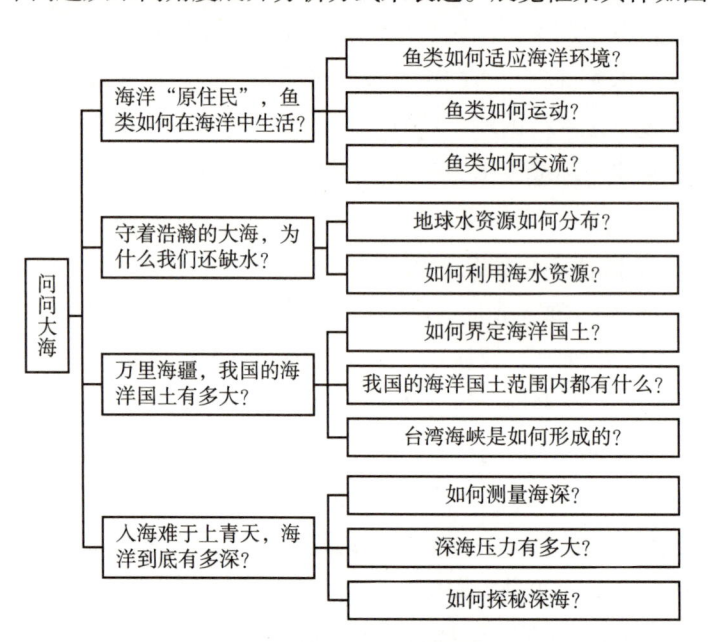

图1 "问问大海"展览框架

五、内容概述

主题1：海洋"原住民"，鱼类如何在海洋中生活？

此主题将从鱼如何在海洋中生存与鱼如何认知世界这两部分去探究地球上最古老的生物之一，展示了鱼的呼吸、运动、构造、交流、辨识方向等内容，揭示了鱼类生存背后蕴含的现代科学。

主题2：守着浩瀚的大海，为什么我们还缺水？

此主题将从水的重要性及海水的有效利用两部分解析人类为何仍面临严重的缺水危机，展示了水资源的分布、海水的成分、应用、特性等内容，具体以实验探究的形式分析海水有效利用所遇到的技术难题。

主题3：万里海疆，我国的海洋国土有多大？

此主题通过将海洋国土的划分方法、我国海区、海峡及相关岛屿等知识进行串联梳理，展示了我国海洋国土的战略地位、重要性及开发意义，旨在加强公众的海洋国土意识。

主题4：入海难于上青天，海洋到底有多深？

此主题通过分析海洋之深、水压之大的问题，重点探究深潜设备是如何应对海水阻碍从而进入并观测海底世界的，展示了近代海洋科技的发展历程，最后在与海洋的互动对话中引发公众对海洋的思考。

六、环境设计

本展览以人与海洋的双向对话空间为设计原则，通过场景式和沉浸式的氛围营造、海洋元素布展以及海洋知识点延展进行展览环境设计。展览展示面积1600m²，展品总数44件，展览整体以蓝色色调为主，融合浪花、海洋生物模型、海洋生物活体养殖等元素进行细节展示。展览的四级中心问题即子主题以不同颜色、不同底纹区分，子主题下分设核心展品、普通展品及辅助展品，充分利用墙面布展立面空间，以墙面翻版、图文展板形式，展示有关海洋的辅助性、延展性内容。如图2、图3所示。

七、展品构成

本展览基于探究式导览的一级问题，划分为四个主题，各主题对应三级问题分设核心展品、普通展品及辅助展品。展品选择以科学问题为出发点，注重展品现象的多感官体验，结合多媒体展示、机电与机械互动进行展品创新。展品清单见**表1**。

图2 "问问大海"展区平面

主题一：
海洋"原住民"
鱼类如何在海洋中生活？

主题二：
守着浩瀚的大海，
为什么我们还缺水？

主题三：
万里海疆，
我国的海洋国土有多大？

主题四：
入海难于上青天，
海洋到底有多深？

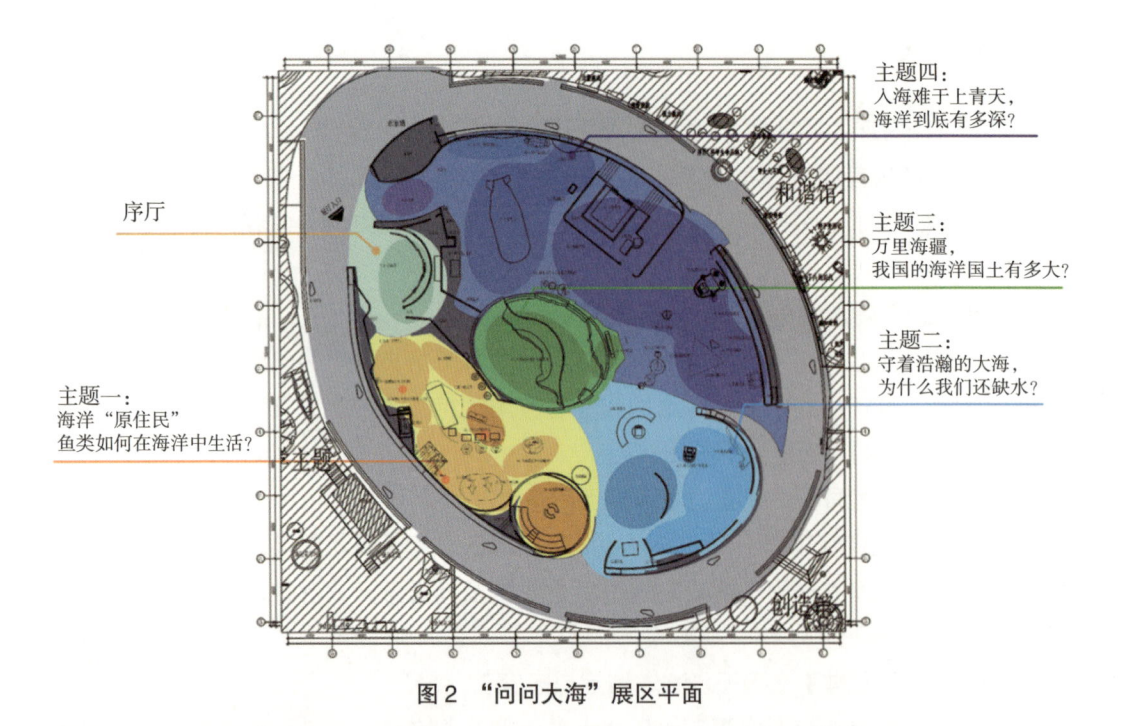

序厅

图3 "问问大海"展区效果

表 1　展品构成

展区主题	展项名（共44件）	展品类型
序厅	问题展示墙	静态展品
茫茫大海，鱼类如何在海洋中生活？	1. 海水中的氧气	互动展品、原始创新
	2. 鱼鳃如何工作？	互动展品、原始创新
	3. 鲨鱼如何应对海水压力变化？	互动展品、原始创新
	4. 食物链	互动展品、原始创新
	5. 猜猜谁游得快？	互动展品、原始创新
	6. 流线型	互动展品、行业已有
	7. 鱼的爆发力来自哪里？	互动展品、原始创新
	8. "鳍"开得胜	互动展品、原始创新
	9. 鱼体解剖	互动展品、行业已有
	10. 鱼眼中的世界	互动展品、行业已有
	11. 听听海洋的声音	互动展品、原始创新
	12. 鱼的那些事儿	静态展品、原始创新
	13. 海底世界	互动展品、行业已有
守着浩瀚的大海，为什么我们还缺水？	14. 地球上有多少水？	静态展品、集成创新
	15. 渗透作用	互动展品、原始创新
	16. 海水有哪些成分？	互动展品、行业已有
	17. 海水为什么不易结冰？	互动展品、行业已有
	18. 为什么海水不能喝？	互动展品、集成创新
	19. 海水的应用	互动展品、原始创新
	20. 海水淡化	互动展品、原始创新
	21. 模拟冲浪	互动展品、行业已有
万里海疆，我国的海洋国土有多大？	22. 万里海疆－我国的海洋国土	互动展品、集成创新
	23. 海洋国土	互动展品、原始创新
入海难于上青天，海洋到底有多深？	24. 测距原理	互动展品、原始创新
	25. 结绳测海深	互动展品、原始创新

续表

展区主题	展项名（共44件）	展品类型
入海难于上青天，海洋到底有多深？	26. 声波测海深	互动展品、原始创新
	27. 遥感测海深	互动展品、原始创新
	28. 海底地形测绘	互动展品、原始创新
	29. 深度与压力	互动展品、行业已有
	30. 海水压力的威力	静态展品、行业已有
	31. 压力体验	互动展品、集成创新
	32. 上升的气环	互动展品、行业已有
	33. 海水为什么看起来是蓝色的？	互动展品、集成创新
	34. 深海电梯	互动展品、集成创新
	35. 蛟龙号	静态展品、行业已有
	36. 水声通信技术	互动展品、原始创新
	37. 981 钻井平台	互动展品、集成创新
	38. 探海格局	互动展品、集成创新
	39. 雪龙号	静态展品、行业已有
	40. 海底资源	互动展品、集成创新
	41. 热液生态系统	静态展品、行业已有
	42. 海洋，我想对你说……	互动展品、集成创新
	43. 企鹅	静态展品、行业已有
	44. 南极石	静态展品、行业已有

八、团队介绍

本项目团队由厦门科技馆管理有限公司总办、保障技术部、建设研发部的 8 名业务骨干组成，业务专长涵盖展览创意策划、创新展品研发、IP 孵化及建设、项目监理、技术咨询、科普场馆建设等，团队人员有：项目创意总监郁红萍、项目技术总监吴毅、项目负责人李有宝、技术总负责人荣成、展品技术与实施落地负责人黄连灯、布展技术与实施负责人白广华、展品技术工程师林俊楠、内容策划黄玉环。

九、创新及思考

（一）展览创新

1. "问题导向"展览模式创新

"问题导向"展览模式的核心思想为探究式学习，探究式学习倡导公众的主动参与，公众通过发现问题、分析问题、提出假设、实验验证、得出结论到解决问题的探索过程，掌握解决问题的方法和技能。所谓"问题导入"的方式，即提出问题、分析问题，最后到解决问题。"问题导入"的展览模式为国内首创，因而是对现有海洋科普内容和科普形式的补充和完善。

2. 展馆内设置活体养殖的展示亮点

此次"问问大海"展览在布展环境中，融入海洋生物活体展示内容，兼具观赏性与互动性，也提升了整体氛围营造。此外，馆内鱼缸通过模拟光线、水流、水温等，模拟鱼类的真实生活场景，展示出不同的生物在特定环境下独特的生活习性。鱼缸内以生态平衡原则筛选生物，设置多种生态平衡系统，向观众展示海洋生物的物种多样性与生物共生关系等知识。以此为基础，我们在自主开发特色海洋研学课程中，增添以海洋生物为依托的生命科学课程内容，提高了展教活动的丰富度，以此激发小朋友们对海洋的兴趣，更好地传递展览和展品背后蕴含的科学知识和科学方法。

3. 采用智能循环水系统，提高生物存活率

设置活体生态系统的最大问题在于如何做好后期的管养维护，"问问大海"展览的活体生态系统采用智能循环水室内水生维生系统，结合先进物联网技术，拥有水质实时在线监测、自动预调节等功能，自动维持氨氮、亚硝酸盐、硝酸盐、磷酸盐平衡，时刻保持水质稳定，提高生物存活率。循环水系统自动运行，无需人工介入，水质标准可达到夏威夷海水标准。相较传统水族馆高昂的维护成本，本循环水系统后期维护成本极低，除每周一次例行维护以外，平时仅需1名无需具备水族专业技能的兼职工作人员即可完成馆内所有生态系统的日常维护保养工作。

（二）各方反馈

1. 观众反馈

据观察，自展览开放以来，观众整体参观滞留时间明显增长，其中单件展品的体验互动时间明显增长，活体养殖箱、万里海疆、鳍开得胜、上升的气环、深海电梯等展品更是成为观众热门体验展品，高峰时期时出现排队体验现象。反映出展览整体对于观众的吸引力增强，观众对于展品的参与体验热情大大提高。

2. 行业反馈

2020 年 10 月 21 日，厦门科技馆组织科技行业专家对海洋馆改造项目进行竣工验收评审。专家组评审意见认为，"问题导向"的探究式展览模式，成为国内海洋展厅展陈方式的首创，展区在空间利用上更为有效合理，注重布展与展品展示内容的结合，延展知识点表现形式采用多种互动形式，并在灯光照度、音效、色彩选择、装饰材料等方面运用恰当，使得改造后的海洋馆展区更加活泼大气，主题鲜明。展品具有科学性、安全稳定性、互动性以及观赏性。在之后的同行业交流与参观当中，"问问大海"展厅也收获了业内同行的高度关注，获得了一致好评。

整体而言，"问问大海"作为国内首个采用"问题导向"的探究式海洋展厅，其策展模式为国内科技馆的展览策划提供了一种新的思路。在整体的问题导览呈现中，如何将问题与布展环境更加充分融合是此次展览落地中较大的挑战，希望在未来能够出现更加深度融合的布展环境设计，实现展览内核深化与视觉效果提升。

项目单位：厦门科技馆管理有限公司

文稿撰写人：黄玉环

优秀奖获奖作品

辽宁省科技馆工业摇篮展厅

一、背景意义

辽宁省作为老工业基地,是共和国工业的摇篮。工业也因此作为辽宁省的名片被国人知晓。本展厅结合地域特点,以工业为载体,通过三次工业革命和工业组成元素的介绍,将观众带入工业的视角内,并通过对辽宁省能源、原材料、装备制造业等领域的成果展示,介绍对国家的突出贡献,从而激发公众对工业的喜爱,投身到工业建设中来,延续辽宁省工业的辉煌。

二、设计思路

辽宁省作为中华民族和中华文明的发源地之一,也是共和国重要的工业基地,为中国工业及各方面建设作出了巨大的贡献。与此同时,辽宁省也拥有众多产业工人,以工业为切入点,更能产生共鸣,唤起观众的兴趣点。三次工业革命是世界公认的工业技术革新的重要历史节点。辽宁省在石油炼化、炼钢冶金等资源领域,在盾构机、鼓风机等装备制造业,在歼击机等国防项目上,都具有重要地位。因此,工业摇篮展厅分为"工业长廊""长子风采"两个主要分主题,让观众在场馆中沉浸式的互动参观,了解三次工业革命的历史,了解辽宁在工业领域的突出成就,唤起观众对家乡成就的认同感,提升观众对工业的关注度、兴趣度,并能够投身到工业发展当中来。

为了将抽象的概念具体化,展厅应用了三层递进方式,力求将工业的含义进行详细阐述,能够将概念讲透,能够拉近距离,能够理解为工业服务的可行性。展厅分别应用从古代到现代的时间递进、从简单到复杂的结构递进、从世界到辽宁的空间递进方式,对工业以及辽宁工业进行多角度介绍。

三、设计原则

工业摇篮展厅符合辽宁省科学技术馆的设计原则,坚持综合性、创新性、特色性有机统一的原则。

综合性:在展示内容上尽量涵盖各学科,注重基础知识、应用技术、社会生活、前沿科学、高新技术的有机结合;注重展示形式与教育活动的有机结合,成为一个培养创新能力的科普场馆。

创新性：一是坚持主题式创新模式，把握顶层设计，改变以展项为主的设计模式，提高创新起点；二是展示内容上有创新，设置新的展区及主题，开发新展项；三是在传统展项上创新展示形式，优化展项结构。

特色性：主题特色鲜明，凸显辽宁特色，力求与国内其他科技馆有差异性；展项设计独特，注重质量。

在坚持以上三原则的同时，也根据自身展厅特点，细化了三个细则。

（1）充分尊重历史事实，对三次工业革命中的重要节点进行展示，最大限度还原当时的发明物，并以生动的互动形式对其运行方式及科学原理进行介绍。

（2）增加环境烘托，增加观众的被代入感，缩短观众与展项的时间和空间距离。提升展项尺寸，让观众置身其中，提升沉浸感受。让观众从历史时间节点上感悟各项发明物的伟大，同时也减少其他展项对观众的干扰。

（3）提升展项互动性、趣味性，拉近观众与工业的距离，提升观众的参与度，更大程度地唤起观众对展项的喜爱，对工业的喜爱。

四、展览框架

本展厅由序厅、工业长廊、长子风采、尾声四部分构成。具体框架如图1所示。

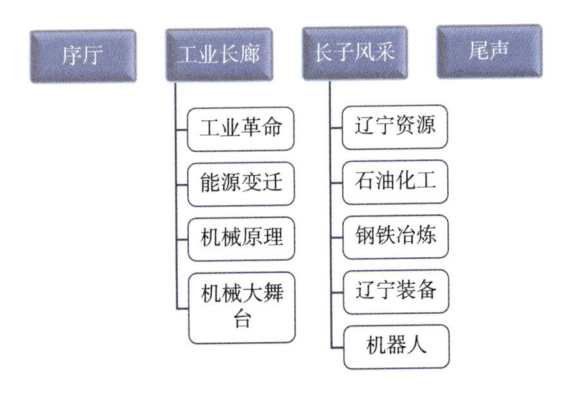

图1　展览框架

五、内容概述

本展览面积 2100 ㎡，展品数量 87 件，通过四个部分将工业发展及辽宁省在工业上的成就进行展示。

1. 序厅

序厅以抽象的辽宁省地图剪影为背景，点缀齿轮等典型工业元素，并配以深红色的主色调，使观众置身时代长河，感受辽宁省在工业领域的深厚底蕴和辉煌过去。在中间布置展厅第一件展品"航母出航"，通过对国人的骄傲——"辽宁"舰的模型展示，表现辽宁省在今日的激烈竞争中仍拥有一席之地。同时"辽宁"舰向上扬起的甲板象征着辽宁省在老工业基地振兴中必将再续辉煌。通过回望过去、展望将来的两个角度，唤起观众对辽宁省在工业领域能力和成绩的认可，带着这份心情移步向前，继续参观展厅。

2. 工业长廊

工业长廊以三次工业革命为故事线，通过典型的发明物为主要展示对象，带领观众重温工业革命给我们工作和生活带来的种种便利。同时，介绍能源的变迁，从最初的人力、畜力发展到风能水能，甚至是发展到今天的可持续能源，让观众对现代工业发展的成绩有宏观的印象。最后通过对基础传动方式及各种机床的介绍，带领观众了解组成工业的基础元素，使观众从微观角度认识工业。

3. 长子风采

着重介绍辽宁省作为共和国的长子，对中国的工业基础建设做出了不可磨灭的贡献。首先通过辽宁省资源分布等展项的展示，介绍辽宁省资源分布情况以及在中国建设中的巨大贡献。随后通过石油炼化、钢铁冶炼两个展项组，介绍辽宁省在能源供给、工业基础上的贡献。最后通过盾构机、鼓风机等装备制造业产品的展示，让观众更直观地了解辽宁在工业领域的贡献及竞争力。

4. 尾声

尾声部分仅有一件展品"工业与你"，让观众在结束整个展厅参观的时候，能够驻足思考，思考自己与工业之间的关系，思考工业为我们提供了哪些便利，思考我能为工业做哪些贡献。通过这一系列的思考，唤起观众对工业领域、对家乡的热爱，从而唤起更多的人投身到工业建设当中来。

六、环境设计

展厅层高 9m，展示有效使用高度为 6.5m，6.5m 以上为设备层，做喷黑处理。

同一区域统一展柜及说明牌样式，规范整体风格。应用玻璃夹胶夹透明说明牌、玻璃丝网印等形式降低视线阻隔，提升展厅通透度。针对超重展品，预置钢板进行重力分散，并设置观测孔观察楼板沉降情况。

"工业摇篮"展厅一方面要对三次工业革命进行回顾和总结，另一方面要对辽宁省现有工业成就和工业储备能力进行展示。因此不仅要烘托历史气息，也要营造与时俱进的现代气息。

"序厅"和"工业长廊"主题大量应用巨型浮雕以及浓重的砖红色背景，在突出工业革命时代意义的同时，营造出浓厚的历史气息。在"长子风采"主题区域点缀现代工厂的行架造型，营造出车间的氛围，使观众仿佛置身于工厂，仿佛参观工厂里的一件件重型装备，具有很好的代入感。同时用鲜红色取代之前的砖红色，营造更加轻松的氛围，通过色彩的变化，唤起观众对工业的热爱、对家乡的热爱。在机器人区域，通过在地面铺设内有LED灯带的玻璃面板，营造出明快简洁的现代气息，甚至是未来气息，提升科技感，增加好感度。在尾声部分，再次将环境色彩色调调暗，让观众能够冷静下，驻足回想，感受工业和自身的关系，缩短工业与自身的距离。布展效果如图2所示。

图2　布展鸟瞰效果

七、展品构成

展品构成如表1所示。

表1　展品构成

展区	序号	展品序号	展品名称
序厅		1	航母出航
工业长廊	1	2	工业长廊
	2	3	中国古代高炉
	3	4	瓦特蒸汽机
	4	5	纺织工厂
	5	6	蒸汽机车
	6	7	发电机
	7	8	内燃机
	8	9	电动机
	9	10	福特汽车生产线
	10	11	早期计算机
	11	12	快速成型技术
	12	13	人力和畜力

续表

展区	序号	展品序号	展品名称
工业长廊	13	14	水能、风能
	14	15	煤的能量
	15	16	核能的力量
	16	17	可持续的世界能源
	17	18	带传动
	18	19	链传动
	19	20	蜗杆传动
	20	21	齿轮传动
	21	22	轮系传动
	22	23	螺旋传动
	23	24	凸轮传动
	24	25	连杆传动
	25	26	棘轮传动
	26	27	联轴器
	27	28	手动工具
	28	29	电动工具
	29	30	气动工具
	30	31	机械测量工具
	31	32	磨料磨具
	32	33	妙用千斤顶
	33	34	焊接机
	34	35	图纸绘制的标准化
	35	36	冲压机
	36	37	车床
	37	38	刨床
	38	39	铣床
	39	40	钻床
	40	41	镗床
	41	42	磨床
	42	43	我的加工厂
长子风采	1	44	辽宁工业成果
	2	45	院士墙
	3	46	辽宁资源分布
	4	47	能源支柱
	5	48	金属支柱
	6	49	非金属支柱
	7	50	石油勘探
	8	51	钻井
	9	52	石油开采

续表

展区	序号	展品序号	展品名称
长子风采	10	53	石油炼化
	11	54	石油产品
	12	55	化学工厂
	13	56	近距离观察金属
	14	57	铁的科学
	15	58	高炉技术
	16	59	转炉技术
	17	60	连续铸造
	18	61	产品展示
	19	62	神舟号剧场
	20	63	潜水艇
	21	64	船舶制造
	22	65	歼击机
	23	66	飞机制造技术
	24	67	歼击机飞行员
	25	68	歼击机家族
	26	69	工程机械体验
	27	70	盾构机
	28	71	鼓风机
	29	72	变压器
	30	73	电网工程
	31	74	新型燃料电池
	32	75	新材料墙
	33	76	机器人——机械中的君主
	34	77	迎宾机器人
	35	78	自动引导车
	36	79	机械臂
	37	80	巡检机器人
	38	81	舞剑机器人
	39	82	攀爬机器人
	40	83	搜救机器人
	41	84	画家机器人
	42	85	魔方机器人
	43	86	营救机器人
尾声		87	工业与你

八、团队介绍

该项目具体工作人员共6人，全部来自辽宁省科学技术馆展览教育部，业务专长涵盖展览展品设计、工艺美术设计、装备制造技术、教育活动策划实施等专业。团队成员见表2。

表2 项目团队成员

姓名	职务	在展览项目中承担工作
王元立	省科协副主席	主持省科技馆建设
张英群	馆长	作为馆长主持展厅建设
赵清华	副馆长	作为展品副馆长主持展厅建设
吴立平	业务主管/高级工艺美术师	作为展教部部长参与工业摇篮厅建设工作
马骞	业务主管/高级工程师	作为该展厅的具体负责人全面具体负责展厅的展品及布展工作
高月	业务主管/副研究员	协助展厅设计

在"工业摇篮"展厅设计、建设过程中，辽宁省科协、辽宁省科技馆领导高度重视，全程参与，对每一件展品的原理及展示形式进行讨论，很好地保证了展览的顺利进行。同时，为了集思广益，能够将辽宁省工业的过去、现状更好地呈现给观众，我馆先后聘请了东北大学、北京科学咨询中心、荷兰北极光等展览领域专家团队，参与到大纲制定、初设方案设计的工作中来。

九、创新与思考

"工业摇篮"展厅为地方特色展厅，在业内可借鉴资源较少，展品原创性高，同时涉及领域范围广，对设计团队的人员素质要求高。为了保证设计质量，避免出现纰漏，我团队本着集思广益、精益求精的思想，与有经验的团队合作，并在省内开展充分调研，确保设计方案的合理性、科学性。在制作阶段，充分尊重初设方案，尽可能地实现方案的落地。最终将初设的方案最大限度地呈现给观众。具体的经验点总结如下。

1. 充分的初步设计

（1）选准角度，提高认可度。在前期选择角度的过程中，我团队进行了充分的论证。综合考虑了观众接受度、展项落地可实现性等多方面因素，并在确定方向之初投入大量精力，先后与东北大学、北京科学咨询中心的专业团队合作，最终确定以工业作为展示的方向，并详细制定了展品大纲。

（2）提高站位，立足国际性。我团队为了提高站位，立足国际性，聘请世界级设计团队荷兰北极光公司，对展览的环境氛围、展厅布局、展示样式等进行全方位设计。为了保障国际设计的纯粹性，要求设计团队首席设计师必须在国外独立完成，不能受到国内的设计思维的干扰，力求设计风格与世界接轨，在中国达到耳目一新的展示效果。

（3）强化深度，确保可行性。我团队创新性地要求初步设计深度要达到深化设计的要求，要求初步设计公司提供的展品结构图、原理图、三视图以及爆炸图、剖面图，几乎达到可以直接读图制作展品的深度，这在国内是第一次。我团队通过这样的方式，使展项在初设阶段就对可实现性进行了论证，为后期展品制作顺利落地提供了可靠的保证。

（4）充分调研，确保权威性。为了确保权威性，我团队利用一切可以利用的资源，调研省内知名企业，召集行业专家开展论坛交流，群策群力，对方案提出专业的指导意见，为工业摇篮方案的制订贡献力量，也保证了展示内容的严肃性和科学性。

2. 制作服从设计方案

我团队提前制作预案，在加深初设设计深度的同时，还促成初设公司和展品制作、布展公司的交底工作，要求制作方针对初设方案提出具体问题，通过讨论确定解决方案。一旦达成共识，布展公司和展品制作公司必须按照初设方案执行。如果提出技术要求无法满足，按照违约处理。通过这种方法，极大地保证了展品的落地性。

3. 特殊展项问题的解决

工业摇篮展厅的展品中，有几件超大超重的特殊展品。例如神舟号剧场，是一辆由中车大连机车车辆有限公司提供的沈阳地铁一号线真实车厢。展项总重在7吨以上，超出设计展厅承载只有$600kg/m^2$的标准，因此带来了两个问题：一是如何将展品从地面运送到展厅指定位置，二是如何满足建筑的承重要求。为此我们开展专题调研，制定展项进场方案，最终通过破拆玻璃幕墙，将展项吊装到指定位置。同时我们选择靠近承重梁的位置放置展品，并铺设钢板进行应力分散，使7吨多的重量分散到更大的面积上。为了保证绝对安全，我们设置了沉降观测点，经过半年的观测，符合设计要求，不存在安全隐患。

4. 不足与建议

地方特色展厅，对于任何一个科技馆都是一块难啃的骨头。不仅要考虑区域特色，还要对可实现性进行论证。在科技馆的建设史上，有过很多失败的教训。建议要展开充分讨论，对制订的方案要进行具体深入的可行性分析，保证设计的展项可以落地，适当地可以进行原型实验，避免走弯路，避免失败。

特色展厅的展品，大多数为原创展品，在设计过程中很难考虑周全。工业摇篮展厅有几件展品的耐久度差了一些，摇杆的轴承容易出现坏损的情况。所以建议进行充分的论证，多做原型实验，在注重科学性、趣味性的同时，要把耐久度考虑进去，提升安全性。

同时，地方特色展厅还要保持与时俱进，在科技高速发展的今天，地方特色也在不断发生转移。因此，地方特色展厅要不断更新，保持前沿性，保持对观众持续的吸引力。

项目单位：辽宁省科学技术馆

文稿撰写人：王元立　张英群　赵清华

吴立平　马　骞　高　月

数　学

一、背景意义

数学源自人类早期的生产活动，是一切科学之母。所有科学类别的现象都要使用数学公式来表达，所有科学的推理都要使用严谨的数学逻辑，所有科学的采样分析都要采用数学的量化与计算。

数学在中国历史悠久，作为基础学科，是搭建其他学科的桥梁。但其本身的抽象性，导致很多人对数学"望而生畏"，但是数学学科的特征又表现传播科学知识、教授科学方法以及弘扬科学精神，意义重大。山西省科学技术馆数学展厅设置了数十个新颖独特、有趣而美观的互动展项以及十万字以上的墙面图文，让参观者有机会在玩耍中感知数学之美和数学之趣，同时领略整个数学的发展史。

二、设计思路

数学可谓是人类探索的最古老的科学之一。数学的源头可以追溯到距今5万年以前的石器时代，那时的人类已经开始简单的数字加法运算。纵观历史，人类利用数学在解释抽象概念和解决理论问题上做出了很大的贡献，也取得了很高的成就。数学中的逻辑思维是人类生活和科学探索中所需要的最基本的思考活动。著名数学家华罗庚曾说："就数学本身而言，是壮丽多彩、千姿百态、引人入胜的……"。

因此，要改变数学在大众心目中"严肃"的印象，本展厅将让游客进入一个有趣的数学世界，探讨数学的历史、数学的实际运用和数学的趣味，开始一场奇趣的数学探秘之旅。

三、设计原则

在展品设计时，遵循以下原则：

观众至上原则。充分考虑展品服务对象，简单明了，体现人文关怀精神。

科学性原则。展示内容和手段符合科学精神，体现科学本质。

互动性原则。充分发挥"探究性学习"的媒介作用，架起人与科学之间的理解桥梁。

安全性原则。全面考虑展品可能造成的伤害，尽可能消除所有安全隐患。

四、展览框架

展厅分为数学之史、数学之趣、数学之美三个展区。

主动线：感受数学历史 ➡ 体验数学趣味 ➡ 发现数学之美。

1. 数学之史分区

主要讲述数学在各个时期的发展，以电子长卷的形式展现。为使空间层次丰富，在顶面设置悬挂展项"柏拉图与正多面体"，在墙面展示"莫尔光栅"等。

2. 数学之趣分区

在展示内容上分为6部分展示，6部分为并列关系，展项按照内容板块布置。如图1所示。

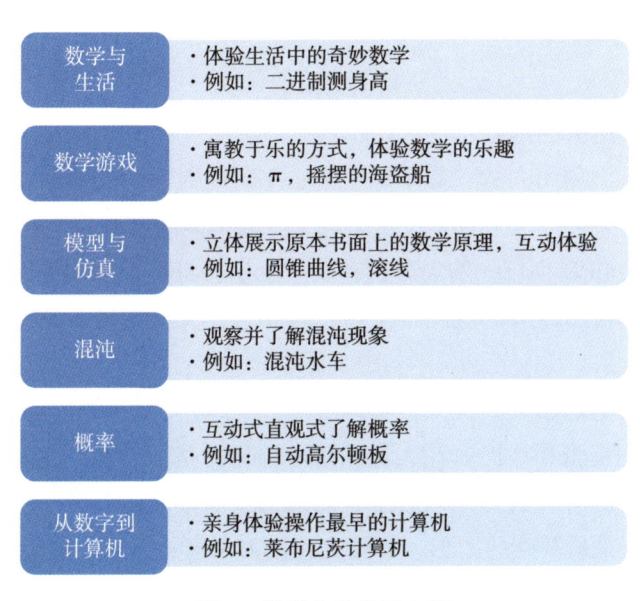

数学与生活	·体验生活中的奇妙数学 ·例如：二进制测身高
数学游戏	·寓教于乐的方式，体验数学的乐趣 ·例如：π，摇摆的海盗船
模型与仿真	·立体展示原本书面上的数学原理，互动体验 ·例如：圆锥曲线，滚线
混沌	·观察并了解混沌现象 ·例如：混沌水车
概率	·互动式直观式了解概率 ·例如：自动高尔顿板
从数字到计算机	·亲身体验操作最早的计算机 ·例如：莱布尼茨计算机

图1　数学之趣分区内容

3. 数学之美分区

在展示内容上分为3部分展现。3部分为并列关系，展项按照内容板块布置。如图2所示。

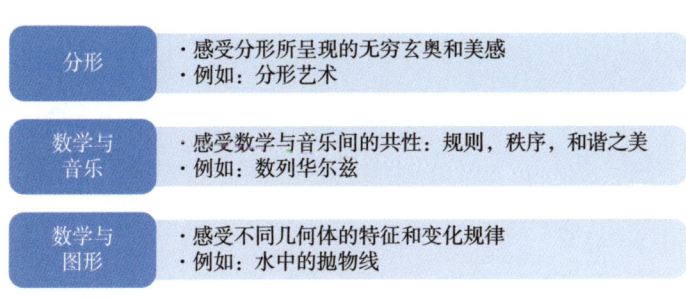

分形	·感受分形所呈现的无穷玄奥和美感 ·例如：分形艺术
数学与音乐	·感受数学与音乐间的共性：规则，秩序，和谐之美 ·例如：数列华尔兹
数学与图形	·感受不同几何体的特征和变化规律 ·例如：水中的抛物线

图2　数学之美分区内容

五、内容概述

　　数学展区展厅面积 650m^2，展项共 38 件。全展厅所有互动展项均兼备数学之美、数学之趣、数学之史三方面的要素，并各有侧重。知识面涉及进制转换、有理数、无理数、代数数、超越数、黄金比例、著名数列、混沌学、三角函数、立体几何、非欧几里得几何学、抛物线、悬链线、数学分形、随机数列等。天顶艺术装置中的 36 个数学家格言、墙面图文中的 22 位数学伟人介绍、36 个经典数学应用，以及人类历史和数学发展史对照表，都极大地拓展了全馆的知识面，不仅开创了国内科普领域的先河，在世界范围内也拥有先进性。

六、环境设计

设计要素一：时空的延伸

　　欧洲近代宇宙学创始人的"数学即宇宙、宇宙即数学"的论断给了设计师最基本的空间设计灵感。结合山西省科学技术馆地下一楼挑高的空间特色，将天棚作暗处理；再辅以两种颜色的 LED 小灯，均匀分散在展厅上空，将整个空间的时间维度和空间维度都无限延伸到宇宙的尽头。既高雅又略带神秘感，大大增强了整个展区的视觉冲击力和吸引力。

设计要素二：七巧板

　　布展中的墙面造型和地面拼花大量采用七巧板的基本形态，尤其是等腰直角三角形（同时由最简单的有理数和无理数围合而成的最简单几何图形）拼花，时刻提醒着数学爱好者，即便是最基础的图形，都蕴含着极为深邃的探索空间。

设计要素三：思想之光

　　展区重点照明全部由包裹着著名数学家名言的艺术灯具组成。每一盏灯都是指引人类数学发展的箴言。该装置简洁明快又非常耀眼，不仅会给数学爱好者带来深思，普通参观者也会受到启迪。

　　整个展厅由"数学之史"进入，穿越"数学之趣"，从"数学之美"离开展厅。如图 3、图 4 所示。

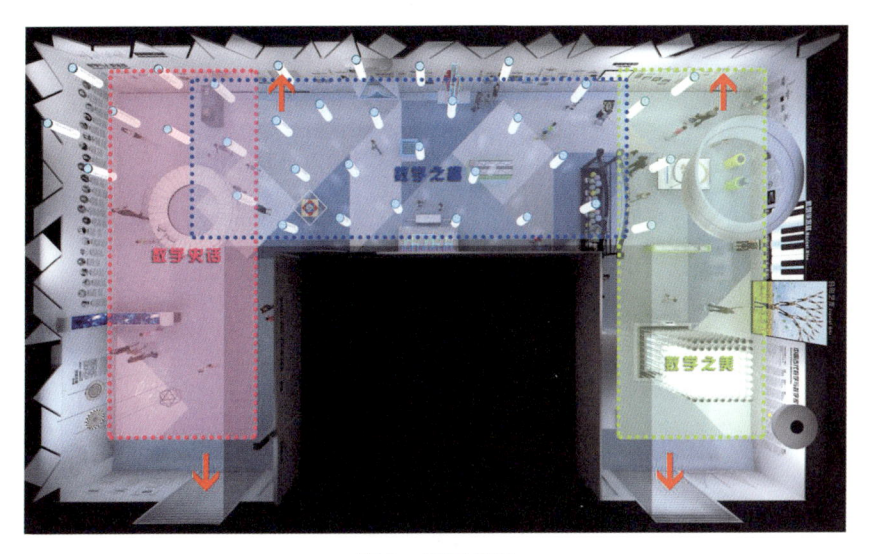

图 3　展区分布

图 4　数学之史 3D 效果

七、展品构成

展品构成如表 1 所示。

表 1　展品构成

展区	展品序号	展品名称
数学之史	1	莫尔光栅
	2	数学史话千里长卷
	3	22 位数学家

续表

展区	展品序号	展品名称
数学之史	4	数学与人类活动
	5	数学——文明历程/历史大事件简表
	6	柏拉图与正多面体
	7	动态视差立体画
	8	二进制时钟
	9	中国古代数学与数学家
数学之趣	10	方轮车
	11	莱布尼兹计算机
	12	正交十字磨
	13	摇摆海盗船
	14	$\sqrt{2}$
	15	设计幻方
	16	滚线
	17	二进制测身高
	18	正弦曲线
	19	圆锥曲线
	20	抛物线计算器
	21	自动高尔顿板
	22	橡子车辊
	23	圆周率与生日
	24	混沌水车
	25	混沌摆
	26	斐波那契的兔子
	27	最速降线
	28	圆的十七等分
	29	滚出直线
	30	拱桥与悬链线
数学之美	31	莫比乌斯环
	32	水中抛物面\水中抛物线
	33	维特鲁威人
	34	数列华尔兹
	35	分形艺术
	36	美丽肥皂膜
	37	三球一绳
	38	乘法阵列

八、团队介绍

　　该项目团队成员由山西省科学技术馆负责人、展览教育中心主任、副主任等多人组成，专业涵盖包装设计、汉语言文学、博物馆学等。团队成员见表2。

表2　项目团队成员

姓名	职务	在展览项目中承担工作
路建宏	馆长	主要负责人
李广林	副研究馆员	项目负责人
李俊玲	副高级工程师	小组组长
荣凌燕	副高级工程师	小组成员
杨三芳	副研究馆员	小组成员

项目单位：山西省科学技术馆

文稿撰写人：石　琪　杨建兴

人与健康

一、背景意义

通过对国内外科技馆生命科学内容展示状况的分析，根据生命科学的研究特点、观众的认知需求，创新设计"人与健康"展区。本展区提出了结合生命科学研究趋势的内容设计；基于生命科学研究特点的展示方式；赋予启发性的展示艺术、展品的知识铺垫和引导。

二、设计思路

1. 受众分析

本展览面向社会公众，以大、中、小学生为主要对象。作为一个公益性质的科普场地，能够尽量扩大参与面，从而扩大影响面。

2. 指导依据

本展览以科学发展观为指导，以《全民科学素质行动计划纲要》为统领，以"人与健康"为主题，以激发科学兴趣、启迪科学观念为教育目的，以情境认知与学习理论为展教思想基础，面向公众特别是在青少年中普及科学知识，传播科学思想、倡导科学方法，弘扬科学精神，培养科技人才，提高公众科学文化素质。

3. 主题思想

本展览围绕"以人为主线，以健康为核心"的主题思想进行规划设计，主要展示人体、健康、基因遗传等有关生命科学的知识，让公众对人体和健康有更深入的了解，珍爱生命，善待身体，健康生活。

4. 教育目标

本展览按人体器官、系统划分展览内容，以此传递"健康是生命的保证，是人类追求的永恒主题，也是社会文明发展的重要标志"及其相关科学概念，并由此形成展区的主题"人与健康"，表达了"人的健康和长寿主要取决于自己的生活方式，并与遗传因素、环境因素、医疗保健等密切相关"这一科学概念和以此为核心的教育目标。

三、设计原则

展品采取继承与创新相结合的设计思路，从启发性入手，充分挖掘展品的启迪作用，多种表现形式相结合，为观众营造体验科学、参与科学实践的情境，使观众受到科学精神、思想和方法的熏陶，体验探索和发现的快乐，由此，激发观众对科学的兴趣，启迪创新意识。

四、展览框架

展区按照"人体科学""八大系统""感知""健康生活""体质测试"五个分主题展开策划。展览框架如图 1 所示。

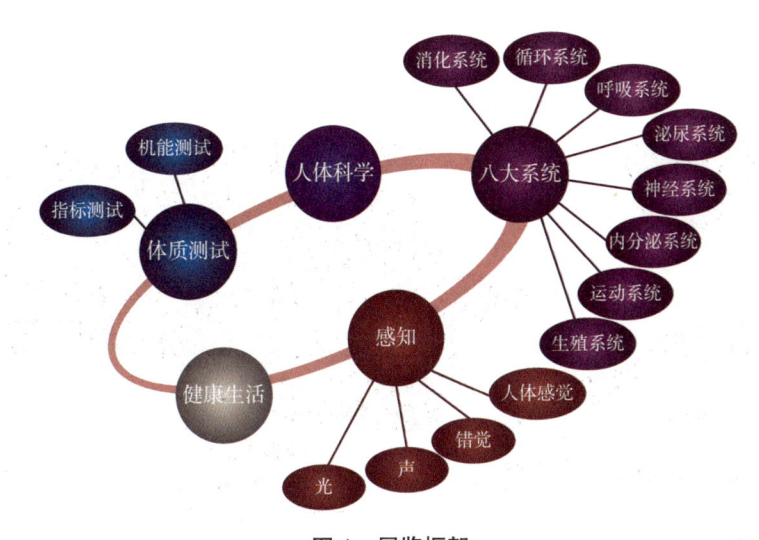

图 1　展览框架

五、内容概述

"人体科学"展示关于人类生命的演化、遗传，人体构成等内容；"八大系统"展示消化、循环等八个系统相关知识；"感知"展示关于人通过感知器官"眼"和"耳"来了解声、光以及人体 5 种感觉；"健康生活"展示心理及饮食健康等相关知识；"体质测试"展示指标测试和机能测试等项目。通过对人体构造、人体基因、人体五感以及人体健康等内容的展示，让观众对人类的生命及发展有更深入的理解，引发观众对生命科学的兴趣，让观众了解人类生命宏观的规律和微观的机制，了解身体的功能和潜能，了解如何更健康地生活，思考生命的本质及其规律，培养珍爱生命、爱护身体的观念。

六、环境设计

展区面积为 2500m², 展品 102 件套。色彩运用上,我们着力色调的运用,颜色成为演绎主题的重要元素。3 个展区均采用中性的不饱和色为主色调,给人亲近、和谐之感。造型设计上,抽象的艺术造型的大量使用,增强了展区的整体性,与展区主体的密切关系贯穿场馆设计的始终,并且观众从这种设计框架中能够切身感受到各展区之间的密切关系。在灯光上,尽可能采用节能照明设备,并合理利用各类灯光的特性,增强营造展区的特性,做到节能、低碳、环保。在材料上,尽可能选取环保材料。布展设计风格保持简约和现代感,同时布展与展品进行统一整体化设计,力求做到分区明确、功能合理、布置紧凑、充分利用空间,与展品的内容、形式相适应,做到简洁、大气。通过有效串联,将各自分区独立的场馆过渡自然,融合为一体,弥补不足。布展效果如图 2 所示。

图 2　布展效果

七、展品构成

展品构成如表 1 所示。

表 1　展品构成

展区	分主题展区	展品序号	展品名称
人体科学		1	生命数据林
		2	人类的进化
		3	细胞工厂
		4	DNA 的旋律
		5	基因树
		6	透明人体
		7	人体拼装
		8	青春早知道
		9	人体知识剧场
八大系统	消化系统	1	消化系统构成
		2	消化系统
		3	牙齿
		4	肠
	循环系统	1	循环系统构成
		2	心脏
		3	人体血液量及心脏每日泵血量
	呼吸系统	1	呼吸系统构成
		2	肺
	泌尿系统	1	泌尿系统构成
		2	泌尿系统
		3	尿液的形成
	神经系统	1	神经系统构成
		2	大脑构成
		3	神经元
	内分泌系统	1	内分泌系统构成
	运动系统	1	运动系统构成
		2	骨骼及肌肉运动
		3	关节
		4	肌肉
	生殖系统	1	生殖系统构成
		2	孕育的过程
		3	男女生理特征

续表

展区	分主题展区	展品序号	展品名称
感知	人体感觉	1	眼睛
		2	眼睛成像
		3	近视、远视与散光的形成
		4	耳朵
		5	耳听八方
		6	舌
		7	鼻子
		8	冷热不分
		9	触摸的感觉
	错觉	1	视错觉墙面画一组
		2	视错觉多媒体
		3	畸变小屋
		4	滚筒
		5	梦境
		6	保持平衡
		7	动景转盘一组
		8	错觉转盘
		9	悬浮的水滴
		10	不可能的魔方
		11	奇怪的椅子
		12	视错觉柱
		13	三维错觉画
		14	3D 立体画
		15	莫尔条纹变幻
	声	1	声波 - 纵向波
		2	声波 - 横向波
		3	声驻波
		4	看得见的声波
		5	声音三要素
		6	共振环
		7	会跳舞的沙子
		8	听回音

续表

展区	分主题展区	展品序号	展品名称
感知	声	9	管道乐器
		10	传声管
		11	天籁之音
		12	聚音亭
		13	声聚焦
		14	音乐墙
		15	吹孔听音
		16	八音盒
		17	声音延迟
		18	乐音与噪音
		19	吸音板与隔音板
		20	交响乐队
		21	声音大炮
		22	双耳效应
		23	气体发声
		24	音乐桌
		25	奇妙的牛角
	光	1	光是什么
		2	光导墙
		3	设计光路
		4	小孔成像
		5	消失的棒子
		6	衍射
		7	蝴蝶变色
		8	颜色配合
		9	彩色的桌子
		10	万花筒
		11	七彩螺旋化
		12	海市蜃楼（看得见，摸不着）
		13	窥视无穷
		14	爸爸的鼻子

续表

展区	分主题展区	展品序号	展品名称
感知	光	15	旋转镜像
		16	腾空而起
		17	万丈深渊
		18	镜墙
		19	甩绳
		20	潜望镜
		21	投篮歪手
健康生活		1	各抒己见
		2	表情识别
		3	信任与笑容
		4	变革膳食指南
		5	吸烟有害健康
体质测试	指标测试	1	心跳指标
		2	血压指标
		3	血氧指标
		4	身体质量指数
		5	足弓测试
		6	眼睛测试
	机能测试	1	视野挑战
		2	眼手挑战
		3	追踪挑战
		4	反应时间
		5	镜像协调
		6	记忆力测试
		7	运动心理测试
		8	台阶测试
		9	握力测试
		10	弹跳测试
		11	力量挑战
		12	你可以坚持多久
		13	柔韧测试
		14	平衡测试
		15	燕式平衡
		16	如猫着地

八、团队介绍

该项目团队成员由黑龙江省科学技术馆相关领导及展品研发部人员组成，业务专长涵盖展览展品设计、教育活动开发与实施、教育及文创产品开发等。团队成员见表2。

表2　项目团队成员

主创人员	职责分工
德晓龙	项目负责人
刘昕东	负责创意，提出展览设计的理念与形式
邵　芳	负责项目中声光区域方案策划、展品设计、资料搜集、整理校对等
刘　娜	负责展区资料收集整理、方案策划设计、八大系统展品制作验收工作
李　鹏	负责项目中感知区域的方案策划、资料收集整理工作
李芳萱	策划前期展品设计方案及展示形式，跟踪施工进度，督促技术人员按时完成相关技术任务
窦煦东	对布展施工进行管理，对项目展品、布展的验收工作
姚盛年	负责展品、布展施工图纸的审核，施工资料的收集整理，进场材料进行复核等工作

九、创新与思考

在展区的改造思路上，我们认为，生命科学与人类生存、人民健康、经济建设和社会发展有着密切关系，是当今全球范围内最受关注的基础自然科学，符合当今的社会热点和大众的科普需求。但在国内相关展览馆的调研中，该方面内容理论性较强，难于展示。基于此，规划设计"人与健康"主题展区，以探索生命的奥秘为主题思想，展现生命的基本规律和探索过程，使观众认识自己的生理结构，引发观众对生命健康的思考，帮助青少年从小开始探索与认识生命的意义。下面，从本展区展品及展示创新方面谈几点想法。

1. 展品集成创新，借鉴先进的创新理念

（1）调研与展品创新相结合。在展区设计过程中，我们以多种形式进行调研，如调查问卷、社会热点分析、走访高校、与相关专业专家交流等，确定展品创新必须坚持"以人为主线，以健康为核心"的原则，并围绕其展开。

（2）学习发达国家先进的创新思维。借鉴国内外发达国家先进的展品制作经验，进行创新设计。国外的展示方式，展览形式，科学性、知识性、艺术性、趣味性等方面都非常值得我们借鉴，比如日本的探索中心、德国菲诺科学中心等。

2. 展品原始创新，头脑风暴方式激发创新点

工作小组人员头脑风暴，在正常融洽和不受任何限制的气氛中以会议形式进行讨论、座谈，打破常规，积极思考，畅所欲言，充分发表看法。在展品创新设计中也采用这种形式，并贯穿展品创新的各个方面。

3. 摒弃固有思维，寻求展示设计新思路

（1）展示模式从"学科中心"到"课题中心"。整个展区以"主题展开式"的设计方式，从时间的线索和自然进化的线索构成内容展示的故事线、知识链。同时从五大方面：人体科学、人体八大系统、体能测试、健康生活以及感知体验来表达主题思想。五个主题彼此独立又不失联系。

（2）创新理念从"以展品为中心"到"以人为本"。展品创新设计中始终坚持"以人为本"为基本原则，站在观众的角度去理解他们的需求，让设计者与公众产生"情感共鸣"，强调珍爱生命、善待身体、健康生活。

（3）表现形式从"单一化"到"多样化"。综合运用可现代视觉艺术、立体模型、多媒体、机电一体化技术、仿真技术、虚拟现实技术等诸多手段，同时融入科普剧场、图文板、静态模型等实体载体的展示方法，通过静态展示、动态展示、视觉、听觉、动手参与、思想互动等方式进行创新，把"情境教育+过程教育+体验教育+教育活动"等方式完整的串联起来。

4. 展项选择多元，多类型并存

在展区的展项设置方面，我们通过系统的研究和设计，将科学与娱乐、科学与艺术、科学与人文进行多元化有机结合。通过设计人类生命的演化、遗传，消化、循环等八大系统相关知识了解人体构成；通过感知器官眼睛和耳朵来了解声、光以及人体五种感觉；通过指标测试和机能测试等项目，让公众动手参与和实践。在每个主题展区都设置了核心展项，来突出本展区的主题思想。

5. 布展环境创新设计有效烘托主题

在展区的规划设计中，为了更好地表现人、生命、健康的主题，我们在空间布局、环境造型的创意上颇费心思。生命学中，无论是细胞、粒子还是其他物质，最基本的形态都为曲线型，所以我们用一种"印象抽象化"的表现形式将整个展区用曲线线条串联起来，使公众置身其中，感受生命的存在，并在展台造型上也取用细胞的一个切面来表现，紧扣主题。同时，利用墙面造型、吊顶造型与展品相结合的手法，达到身临其境的展示效果。

6. 色彩、灯光创新，表现主题化

色彩与人们的情感意识是相互关联的，在视觉印象中比形态更具感染力。我们在展区中大量运用红色系，我们认为，红色与生命息息相关，容易引起观众的共鸣。同时在声光展区自然过渡到灰黑色，符合展区展品特点的同时，对整个展区起到色彩协

调的作用。在灯光设计方面利用垂直照明、水平照明、方向性照明的混合光照模式配以 LED 灯带、灯箱等光源，使展厅空间增加层次感，并与环境形成明暗、强弱、虚实和光影相互交织的立体色阶，构成环境色与展品色彩交相呼应的景深效果。

7. 利用馆企合作技术指导

"馆企合作，以我为主"，企业利用自身优势在一些特殊领域获得优质的资源，在展品的开发研制以及创新方面提供理论指导。

8. 展品创新中融入先进的教育理念

在展品设计过程中，运用"从基于展品的探究式教育活动设计反推展品设计"的思路，设计过程中融入做中学、探究式学习、建构主义理论、STEM 等教育理念，增加展品的科学性、知识性、趣味性、体验性特点。

9. 组建高素质的展品研发人才队伍，营造良好的创新氛围

展品研发人员的创新意识和专业能力，关系到展品创新的效果和质量。目前，我馆 7 名展品研发人员，均为设计研发相关专业，并且我们十分注重人才队伍的建设和培养，多次派人员赴国内外进行学习、交流。他们所接触的先进展品设计理念和研发经验，将不断提升其自主设计能力和专业素质。

项目单位：黑龙江省科学技术馆

文稿撰写人：窦煦东　刘　娜　姚盛平

数学与力学

一、背景意义

力学与数学两个学科相辅相成。它们既是自然科学各门学科的共同基础，也是人类认识自然界的有力工具，更是现代工程技术的基础。与数学相比，力学的现象较为直观，因此，我们选取力学中的重要知识点以及在力学发展史上的重要实验，将之转化为展品，以直观有趣的方式再现给观众，引导观众探究现象背后的科学原理，从而激发观众探索和学习力学的兴趣与热情，主动掌握科学方法与科学精神。

在人类历史发展和社会生活中，数学发挥着不可替代的作用，是学习和研究现代科学技术必不可少的基本工具。数学认知能力的发展是人类探究和解决问题的后盾，从微观到宏观，从基本粒子到地球和宇宙，所有的探究都离不开数学。因此，数学已经成为全国各科技馆的重要展示内容之一。

数学是抽象的，注重逻辑推理，而科技馆面向公众的科普展品更强调直观与互动。与能观察到明显现象的物理、化学类展品相比，数学类展品的研发创新面临很大难度。因此，国内科技馆界所选用的数学类展品多为成熟展品，其中一部分展品原型出自国外科技馆，一部分展品由著名数学家陈省身在20世纪末指导天津科技馆研发完成。由国内科技工作者独立设计研发的数学类展品数量稀少。

数学类展品的研发创新，可以丰富科技馆对数学的展示内容，改善科技馆数学类展品的展示形式，改进弥补原有展品设计的缺陷与不足，从而更好地传播数学知识，培养数学研究的科学方法与科学精神，激发青少年探索和学习数学的兴趣与热情。

力学学科在人类历史发展和社会生活中起着很重要的作用。力学是现代科学最早成熟的学科，也为现代各门科学的发展奠定了基础，推动了现代科学的发展，是现代科学的领头羊。力学学科的成熟与发展，大大改变了人类认识世界的进程，也奠定了现代工程的基础。力学是物理学、天文学和许多工程学的基础，机械、建筑、航天器和船舰等的合理设计都必须以经典力学为基本依据。人类在力学理论的指导或支持下取得的工程技术成就不胜枚举。

二、设计思路

"数学与力学"展览位于科技馆常设展厅二楼，于2017年10月更新改造完成。这个展厅改造之前的选题就是"数学、力学与机械"。经过论证以及多方征求观众意见，我们决定保留该展厅的原展区选题，对展品内容进行重新设计制作。

在该展区的设计中，我们首次尝试了展教同步设计的展览设计思路。该展区在原选题方向不变的基础上，以"像科学家一样思考"作为展览的主题。展品的设计中引入了大量的可控变量，尝试引导观众在参与体验中熟悉转化法、比较法、控制变量法等各种科学研究方法。

我们还首次尝试在硬件配置上把展品与教育活动进行有机结合：在创意设计阶段就考虑展品与教育活动的结合；深化设计时，在展项上预留教育活动的接口；生产制作展品时，定制配套的教育活动道具；展品试运行后，根据试运行情况设计制作一批专门用于开展教育活动的桌面活动式展品，为展教中心后期教育活动提供硬件支撑。

1. 受众分析

本展览主要面向中小学生和对数学与力学有兴趣的公众。

2. 指导依据

《数学思维》《数学的意义》《数学教师的趣味教学设计与创新》《趣味力学》《趣味盎然的力学世界》《荣誉物理：力学》。

3. 主题思想

展览主题：像科学家一样思考。

对中国而言，实现创新发展、建设创新型国家，既需要一批有建树的科学家，更应该让越来越多的人具备科学素养，学会"像科学家一样思考"。

对青少年来说，科学是人间最美妙的游戏，不仅带来快乐，而且使他们有能力做许许多多对人类有益的事。年少时，很多人把当科学家作为理想；长大后，人们因科学而丰富知识、增长见识；再后来，有些人攀登上科学的高峰，拓展了人类认识世界的疆界。

科普，不仅是教给公众科学的知识，更重要的是建立不同学科领域之间的联系，然后通过实践掌握科学和工程的方法。

因此，我们将这个展览的主题定为"像科学家一样思考"，在展品的策划上增加可控变量，尽量将展品与教育活动相结合，让观众从展览中能够感受和学习到科学家和工程师们的探索思维和科学的方法。

4. 教育目标

我们希望这个展览能通过让观众现场动手参与实验的探究过程，引领观众仔细观察，认真探究，培养观众的观察能力、思考能力、动手能力、解决问题的能力，塑造优秀的思维探索模式。

（1）知识与技能目标：了解基础的数学与力学知识。

（2）过程与方法目标：熟悉转化法、比较法、控制变量法等各种科学研究方法。

（3）情感、态度、价值观目标：认识到力学与数学既是自然科学各门学科的共同基础，也是人类认识自然界的有力工具，更是现代工程技术的基础。知道科学思维的重要作用，建立不同学科领域之间的联系，能够尝试在生活中、工作中换个角度解决问题。

三、设计原则

数学与力学展品中有不少被视作科技馆界的成熟经典展品，通常一个展品只设置一个变量，演示一个典型现象。行业内很少有对这些展品开展进一步改进和创新的研究。

我们在设计中遵循几个原则，使展览展品在表现形式上对展览展品进行重大的改进和创新，使展品不仅可演示现象，更有利于引导观众开展多种变量条件下的自由探究，真正模拟再现科学家在思考和发现这些数学问题时的思维过程，和展厅现场教育活动更紧密地结合，产生更好更深入的科学传播效果。

（1）选择合适的互动形式，在表现科学问题的逻辑精髓的同时，突出展示形式的直观性、趣味性，并确保展品设计的坚固性、安全性和可维护性。

（2）探索用兼容多种变量和展教结合的理念对经典展品进行改进的方法。

（3）引入灵活小展项的形式，在不增加展台的前提下，增加展品数量，丰富教育活动。

四、展览框架

展览框架如图1所示。

五、内容概述

该展区设置两个板块，分别为"有趣的数学"与"神奇的力学"。

板块一：有趣的数学

数学展区位于二层东北侧，展示的数学内容以贴近生活的几何曲线、概率、分形、混沌数学等为主，避免数学知识的简单罗列和讲授，通过参与互动的方式，启发观众发现身边无处不在的数学，培养自觉运用数学知识的能力，使观众感受数学在人类探索和发现过程中所发挥的巨大作用。在参与各种趣味游戏时，观众能够充分调动逻辑思维和发挥想象力，快乐地享受"精神体操"。

板块二：神奇的力学

力学展区位于展区西南侧，从启发性强、贴近生活、内容生动的角度出发，通过对转动惯量、力矩、涡街、离心力等内容的展示，为观众提供探索宏观物体运动规律的实践情境，使观众受到科学思想和创新精神的启迪，感受科学探索的乐趣。

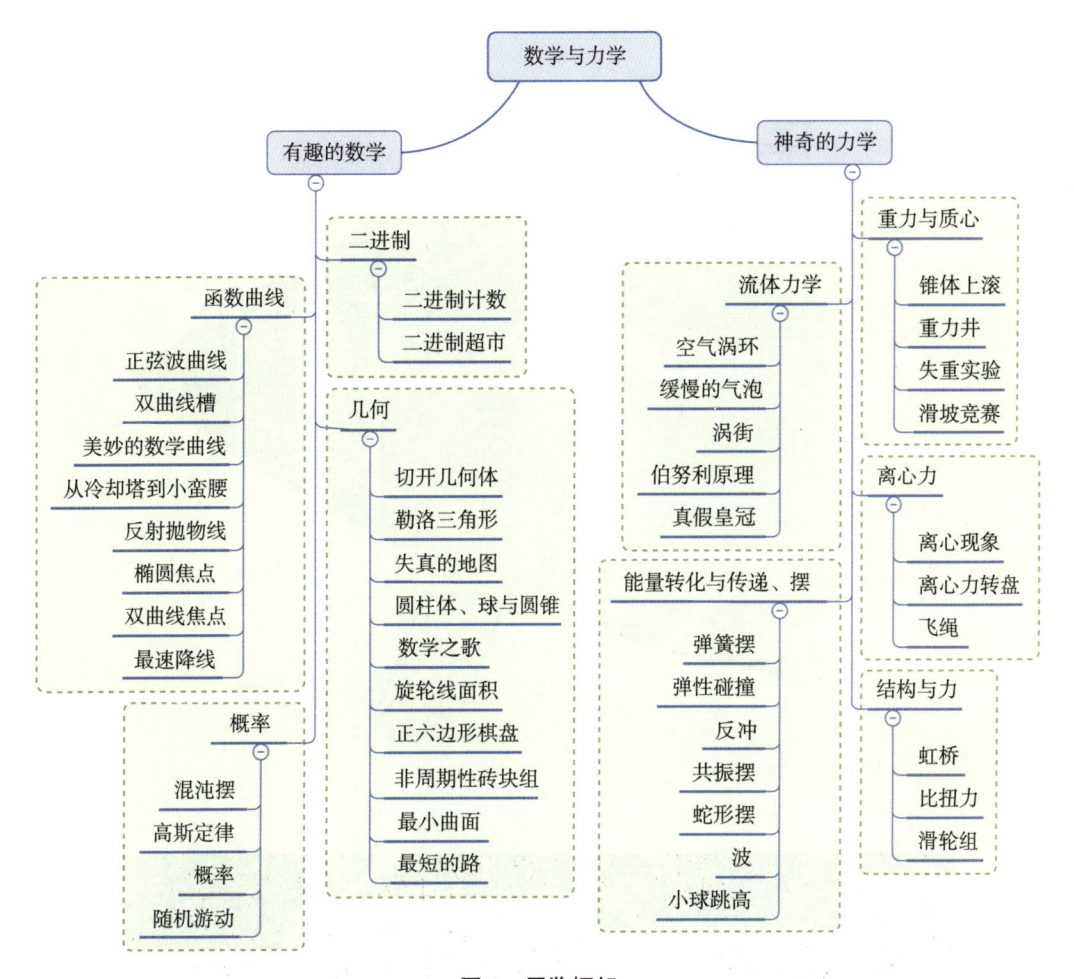

图1　展览框架

六、环境设计

　　该展厅位于常设展厅二楼,约 $400m^2$,设置了46件展品。在布展上,我们将展厅设计为开放式,仅用展品配色与布局来区分其所隶属的选题。这样的设计方案既解决了不同选题的分隔问题,也兼顾了展厅的通透性,缓解了主展厅二楼的参观客流压力。

　　我们运用不同的基础色调对不同分主题展区进行软性划分,让观众知晓自己所处的展区位置和便于寻找适合的体验区域。视觉色彩的整体感觉是简洁、现代。整个展厅采用白色作为主色调,而每一个主题展区将被赋予一种鲜亮的辅色调,不同的色调是展区界限清晰划分的直观标识,使得单独的区域内做到统一,易于识别,便于观众进行展区及篇章内容的定位,更好地从情景环境中融入展区的内容。展厅布置如图2、图3所示。

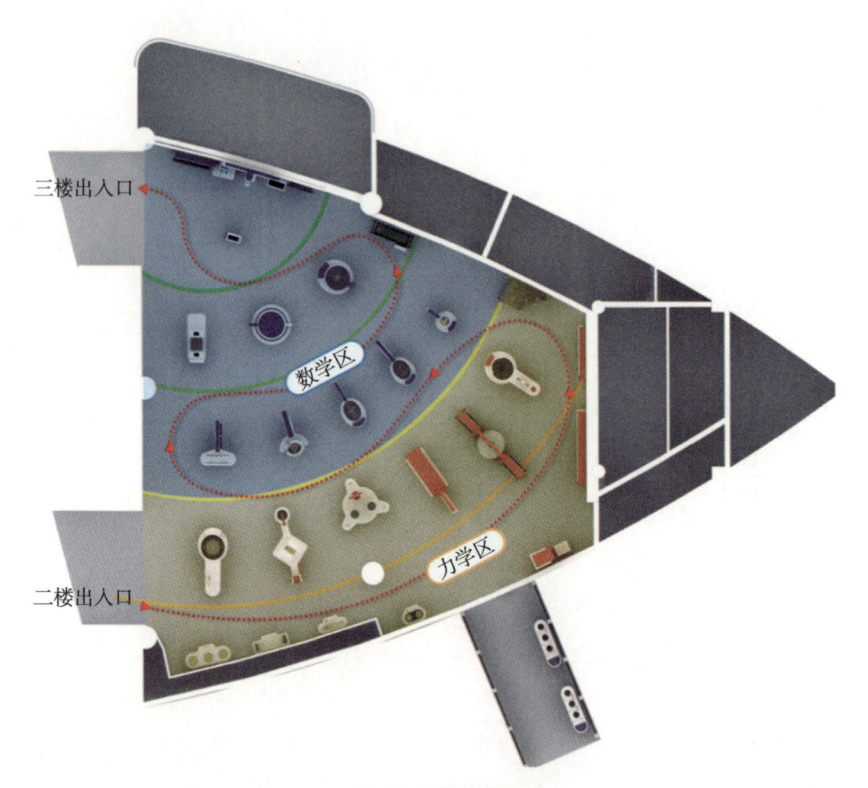

图2　展区平面

图3　展厅效果

七、展品构成

展品构成如表1所示。

表 1　展品构成

分主题	序号	展品名称	分主题	序号	展品名称
主题展区1 有趣的数学	展品 1	正六边形棋盘	主题展区2 神奇的力学	展品 1	密度泡
	展品 2	非周期性砖块组		展品 2	重力井
	展品 3	旋轮线的面积		展品 3	离心现象
	展品 4	圆柱体、球与圆锥		展品 4	弹性碰撞
	展品 5	双曲线焦点		展品 5	空气火箭
	展品 6	最短的路		展品 6	失重实验
	展品 7	美妙的数学曲线		展品 7	锥体上滚
	展品 8	从冷却塔到小蛮腰		展品 8	真假皇冠
	展品 9	二进制超市		展品 9	虹桥
	展品 10	无理数之歌（数学之歌）		展品 10	飞绳
	展品 11	随机游动		展品 11	离心力转盘
	展品 12	失真的地图（最短飞行距离）		展品 12	蛇形摆
	展品 13	切开几何体		展品 13	共振摆
	展品 14	反射抛物面		展品 14	弹簧摆
	展品 15	最速降线		展品 15	滑坡竞赛
	展品 16	双曲线槽		展品 16	波
	展品 17	掉不下去的井盖（勒洛三角形）		展品 17	小球跳高
	展品 18	概率		展品 18	滑轮组
	展品 19	二进制计数		展品 19	比扭力
	展品 20	混沌摆		展品 20	伯努利原理
	展品 21	正弦波曲线		展品 21	上升的空气环
	展品 22	椭圆焦点		展品 22	缓慢的气泡
	展品 23	高斯旋律			
	展品 24	最小曲面			

八、团队介绍

合肥市科技馆注重团队建设，展区更新改造工作常抓不懈，重视展品的自主研发，创意设计了大量创新型展品，锻造了一支有创新思想、有创新能力的研发队伍。在多年的展区更新改造实践中，合肥市科技馆展品研发团队提出了"以我为主"的工作思路，注重由自己提出创意、标准和要求，再向展品制作厂家定制。研发团队在长期的展品更新过程中，不断加大自主研发、开拓创新的工作力度，经过多年的摸索和锻炼，研发水平和能力进一步提高，已逐渐成长为一支思想创新、屡获佳绩的优秀团队。

九、创新与思考

数学与力学展区约 400m^2 展示空间，改造完成后拥有 46 件（套）展品，其中数学展区 24 件（套）展品，力学展区 22 件（套）展品。这 46 件展品均为新增展项，包括成熟展品 15 件，各类创新型展品 31 件（原始创新 13 件，改进创新、集成创新、引进消化吸收后再创新展品 18 件）。该展区曾在 2018 年度的科技馆发展奖评选中获得展览奖，创新展项"锥体上滚"也于同年荣获第一届全国科技馆展览展品大赛展品组一等奖和首届中国国际科普作品大赛科普展品组二等奖。展览中的展品 90% 以上是互动性展项，保证了展品的受欢迎程度。美妙的数学曲线、从冷却塔到小蛮腰、随机游动、二进制超市等创新展项集科学性、观赏性、互动性于一体，投入使用后更是成了该展览的新热点。实际展示中，我们发现，部分创新展项非常适合教育活动的开展，但在没有辅导员参与指导的情况下，青少年观众的兴趣点较多集中在现象上，主动探究的热情尚有欠缺。在后续展览的设计中，我们将注重把反经验反直觉的现象与逐步探究的操作过程相结合。

项目单位：合肥市科技馆

文稿撰写人：袁　媛

第三章 | CHAPTER 3

短期展览项目获奖作品

1

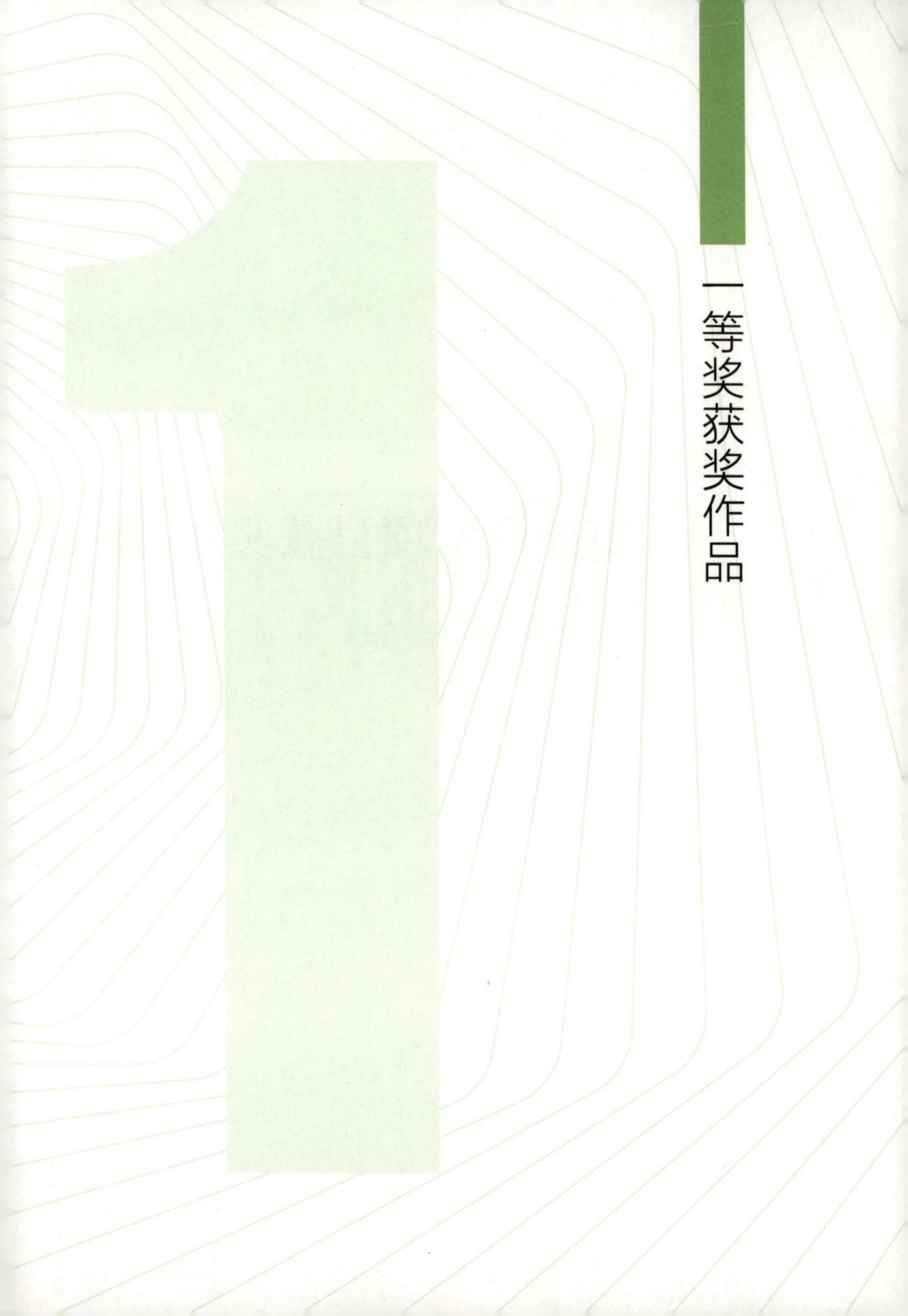

一等奖获奖作品

"做一天马可·波罗：
发现丝绸之路的智慧"主题展览

展览"做一天马可·波罗：发现丝绸之路的智慧"海报

一、背景意义

自习近平总书记于2013年发出建设"一带一路"的合作倡议之后，古老的"丝绸之路"因被赋予新的时代定义而再次成为举世瞩目的焦点。为助力"一带一路"倡议宣传，各种题材的"丝绸之路"展览应运而生。据不完全统计，2013—2018年，国家博物馆、上海博物馆、陕西历史博物馆、中国丝绸博物馆等国内大型博物馆已举办相关题材的展览10余个，2019年度更是一个大爆发时期，全球23个国家和地区共推出上百个丝绸之路展览，其中中国项目占比六成（见《丝绸之路文化遗产年报2019》）。以丝绸之路历史文化为主题的展览成为博物馆经久不衰的策展热点，并呈现出题材多样、深度开发的特点。

为响应国家"一带一路"倡议，向国内公众及"一带一路"沿线国家提供具有中国特色的科普资源，2017年中国科学技术馆策展团队开始策划"一带一路"题材展览，拟通过国际化的展示主题和现代化展览手段，展示中外古代科技沿"一带一路"的传播及对世界文明的影响，以唤起各国人民对古代丝绸之路的历史情感，提升国人的文化自信，增强我国对外科普工作的软实力。

二、设计思路

1. 受众分析

作为面向国内外的巡展，本展览目标观众群主要划分为以下两类。

（1）国内观众：包括科技馆常规观众及对丝绸之路历史有兴趣的观众。

（2）国外观众："一带一路"沿线国家观众及对中国的历史、文化与现状感兴趣的观众。

2. 指导依据

（1）历史维度：丝绸之路是古典全球化时代的贸易、知识、交流体系，为当时的世界带来了繁荣与文明。今日的"一带一路"建设，同样具有打破隔阂，为新的全球化时代营造繁荣与文明的功能。

（2）文化维度：从古代丝绸之路到今天"一带一路"，沿线多彩的文明样式创造了多元的物质与精神文化，彼此了解和文化互尊互信构成了文明交融的基础。

（3）科技维度：历史上，不同地域的人们为解决相似的科技问题，发明了相近的解决手段，并通过丝绸之路交流沟通，共同促进了彼此的科技进步与社会发展。由"一带一路"沿线人民做出的创造发明与劳动成果，共同凝结为丝绸之路的"智慧"。

3. 主题思想

展览通过第一人称视角代入的方式，使观众"化身"古代旅行家，"切身"感受沿陆上丝绸之路和海上丝绸之路传播的古代科技与物质文化，通过展示古代丝绸之路和当代"一带一路"在实现沿线地区科技文化交流、民心相通等方面发挥的作用，阐释"开放包容、互学互鉴"的丝路精神和人类命运共同体理念。

4. 教育目标

（1）彰显沿丝绸之路外传的中国古代科技对人类文明发展产生的重要影响。

（2）探究沿丝绸之路内传的国外古代科技对华夏文化发展的融入。

（3）展现丝绸之路在促进古代各地区科技交流、文化传播、文明交融等方面的重要作用。

（4）展示沿丝绸之路传播交流的古代科技及丝路科学精神对近现代科技发展的启示。

三、设计原则

（1）科学与人文相结合原则：展览内容应在确保知识的科学性、准确性的同时，着力发掘古代科技与物质文明中的文化内涵与人文精神。

（2）突出传播与交流原则：展览应着重展示沿丝绸之路传播、交流的古代科技与物质文化，并展示出科技在传播过程中发生的演变及其对社会产生的影响。

（3）传统与现代相结合原则：展览环境设计通过提取古代东西方文明的精华印记符号，以合理的搭配、布局、设计，将现代展示手段运用其中，用新颖简练的设计语言演绎传统要素，力求营造独特的历史感。

（4）易于巡展原则：展览形式应尽量采用模块化设计，强调轻便、适宜快速安装拆卸和便于运输；展品设计应以技术手段成熟、展示效果精彩、便于小型化、运行稳定为原则；包装箱可与展台一体设计，同时满足运输、拆装、展示和美观等多重需要。

（5）集智众创原则：展览筹备阶段可尽量争取社会资源的支持，加强与相关博物馆、科研院所及企事业单位的合作，鼓励展品捐赠。

四、展览框架

丝绸之路是由无数的"人"开辟并利用的。众多名垂青史的丝路人物的行动和故事可以作为展览的天然故事线，而且，与人有关的故事容易引起观众的参观兴趣。本展览参观动线以《马可·波罗游记》记载的行程为线索，首先引发观众思考丝绸之路的意义；再令观众"化身"古代旅行家，从西方出发，"穿越"陆上丝绸之路，到达古代中国，再通过海上丝绸之路返回西方。最后观众跨越时空"穿越"至现代，感受"一带一路"倡议下形成的新丝绸之路的美好愿景。根据以上故事线提炼出6个分主题，见表1所示。

表1 展览框架

分主题（展区）	展示内容
1. 对异域的想象	丝绸之路两端的东西方文明对异域的想象；马可·波罗生平；丝绸之路动态地图
2. 带什么商品去中国	丝绸之路上向东方流动的科学技术与物质文化
3. 驿站与驿道	中国发达的驿站和驿道系统，陆地交通用到的物品与科技
4. 漫游古代中国	丝绸之路上向西方流动的科学技术与物质文化
5. 海上历险	海上丝绸之路，航海与造船
6. 世界在变	古代丝绸之路对后世的影响，"一带一路"倡议愿景

五、内容概述

展览面积约 2000m², 展品约 70 件。展览划分为 6 个主题单元。

（1）对异域的想象：通过展示身处丝绸之路两端的东西方文明对异域的想象，促使观众思考丝绸之路的意义与作用。

（2）带什么商品去中国：介绍丝绸之路上向东方流动的物质、技术、文化。此展区主要展示西域水果、西域宝石、玻璃、西域药材、西域香料等知识，并穿插古代丝路贸易用到的数学知识。

（3）驿站与驿道：讲述丝绸之路上的陆上交通。在感受古代邮驿系统的高效快捷的同时，了解古代丝路商旅在旅途中使用的马具、驼具、旅程中的道路与桥梁、水源与食物，驿站中使用的桌椅、乐器等物品及其蕴含的技术原理，了解这些事物沿丝路的传播与演变。

（4）漫游古代中国：展示丝绸之路上中国传向西方的物质、技术、文化。了解丝绸（及棉纺织制品）、陶瓷、纸与印刷术的科技原理、工艺流程、传播过程和国际影响。

（5）海上历险：讲述海上丝绸之路上的航海、造船等相关知识。了解海上丝绸之路上的中外海船船型、建造方法、船属具工作原理，天文、地磁地标等导航方式，测时、测深、测距、测速等测量方法，并通过棋类、数学益智玩具进行海上娱乐。

（6）世界在变：展现古代丝绸之路对后世的影响以及"一带一路"倡议愿景。以当代"马可·波罗"的身份踏上新的丝路旅程，见证古老智慧在新兴科技的加持下如何绽放新活力；超越国界的科学领域合作如何增进人类对宇宙的认识；高铁、大飞机、北斗导航等各种创新成果如何为文明之间架设起互联互通的桥梁。

六、环境设计

1. 沉浸式造景

配合故事线进行场景再现，通过装饰性展墙、模型、道具、背景图文等多种要素的相互配合，根据不同单元的主题内容，分别营造了古代威尼斯水城、阿拉伯市集、丝路驿站、中国街巷、泉州海港等场景，构成了一个充满丝路风情的特色展览空间。

2. 空间规划

参观动线按照马可·波罗行进的逻辑设计为单向迂回线路，展项分列于展线两侧和上空。为了营造游览观景的氛围，通过模块化展览墙体将展厅空间划分为六个不同时空的主题单元区域。

3. 标识性段首

通过极具识别性的立体造型，设置各单元段首场景，为观众营造进入下一个展区单元的心理预期。

4. 展墙兼作图文板

科学图表、历史图片、大幅面图画与简洁凝练的文字相配合，既传递了展览信息，又烘托了展览的氛围。

5. 主视觉统一

规范展览视觉的形式，为各个单元设计了不同的视觉元素、标准用色及卡通形象。

6. 灵活布撤展

为适应巡展要求，展墙、展台结构框架均采用了标准化铝型材铰接。展墙表面为写真弹力布，嵌于铝型材边框中，展墙可双面利用，既作隔断，又可用于超大幅面图文展示。展架为模块化产品，二联体、三联体、四联体之间可以相互转化，便于多次拆装。布展效果如图1至图4所示。

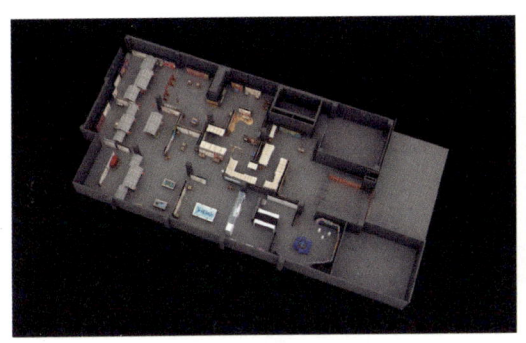

图1　展览鸟瞰

图2　第一展区效果

图3　第四展区效果

图4　第六展区效果

七、展品构成

展品构成分为三大类：实体互动展品，多媒体展品，文物、标本、复制品。其中互动展品数量为38件，占比54.3%。展品构成见表2。

表 2　展品构成

展　区	展项序号	展项名称
我是马可波罗	1	我是马可波罗
	2	对异域的想象
	3	丝绸之路地图
带什么商品去中国	4	这些水果产自哪里
	5	宝石颜色的奥秘
	6	宝石有多硬
	7	宝石如何加工
	8	来自西方的玻璃
	9	如何制造玻璃
	10	中国有玻璃吗
	11	认识西域药材
	12	西方古代药材加工
	13	怎样加工香料
	14	你认识这些香料吗
	15	记数与计算
	16	古代"计算器"
	17	东西方的秤
驿站与驿道	18	丝路客商随身带什么
	19	驼具
	20	马镫
	21	马挽具
	22	丝路上的驿站
	23	中外驿道
	24	元代邮驿制度
	25	坎儿井
	26	中外古桥对比
	27	丝路沿途美食
	28	坐具的变迁
	29	茶马古道
	30	丝路乐器

续表

展 区	展项序号	展项名称
漫游古代中国	31	东西方的锁
	32	丝绸制品
	33	丝绸工艺流程
	34	丝绸技术的传出
	35	东方丝绸的异域风情
	36	丝路沿途服装
	37	传入中国的棉纺织技术
	38	如何辨别丝绸
	39	形形色色的纸
	40	造纸术
	41	造纸工艺
	42	印刷术出现前的"复印"技术
	43	雕版印刷术
	44	活字印刷术
	45	宋元名瓷
	46	瓷器从何而来
	47	制瓷工艺流程
	48	陶器上的文化交融——唐三彩
	49	瓷器上的文化交融——青花瓷
	50	以瓷为媒的商贸与技术交流
	51	中国水力机械
	52	外国水力机械
海上历险	53	船型，船帆，船舵
	54	船体建造技术
	55	天文导航
	56	地磁导航
	57	地文导航
	58	海上计时与测速
	59	郑和下西洋
世界在变	60	无处不在的玻璃
	61	传统中医献给世界的礼物——青蒿素
	62	古代智慧的新生——陶瓷制品
	63	古代智慧的新生——蚕丝制品

续表

展　区	展项序号	展项名称
世界在变	64	古代智慧的新生——信息存取
	65	信息技术的进化
	66	天文仪器大型化
	67	"看见"黑洞
	68	守望丝路的卫星
	69	世界变小了
	70	共绘21世纪丝绸之路

八、团队介绍

该项目团队成员由中国科学技术馆古代科技展览部、网络科普部的业务骨干组成，业务专长涵盖展览策划、展品设计、教育活动开发与实施、网站建设及网络推广等。团队成员见表3。

表3　团队成员构成

姓名	职称	在展览项目中承担工作
赵　洋	研究员	项目组长、项目总策划
张　瑶	研究员	项目副组长展览策划、展项设计
崔希栋	研究员级高级工程师	展览策划指导
陈　康	工程师	展区策划、展项设计
王学志	工程师	展区策划、展项设计
常　铖	讲师	展区策划、展项设计
王　爽	助理研究员	展区策划、展项设计
袁　辉	讲师	文献研究、展项设计、教育活动设计
安　娜	讲师	文献研究、展项设计
戴天心	助教	文献研究、展项设计、教育活动设计
李广进	讲师	文献研究、展项设计、教育活动设计
张文娟	助理研究员	文献研究、展项设计
任贺春	研究员级高级工程师	VR虚拟展览设计指导
吕　西	工程师	VR虚拟展览设计
宋　宁	管理七级	VR虚拟展览设计
李大为	工程师	VR虚拟展览设计

九、创新与思考

1. 展览设计创新

（1）精准聚焦，打造与众不同的"丝绸之路"展。本展览聚焦丝绸之路上的中外科技交流，并由古代丝绸之路延伸到当代"一带一路"，展示丝路传播的古代发明对现代科技的影响，展示中国当代高铁、盾构机、卫星等技术在"一带一路"建设中发挥的重要作用。东西对话，古今呼应，以科技为切入点，阐释"开放包容、互学互鉴"的丝路精神和人类命运共同体理念。

（2）角色代入，以精彩的故事线作为叙事脉络。本展览以《马可·波罗游记》记载的行程为故事线，巧妙采用第一人称视角代入方式，使观众"化身"古代旅行家，"重走"丝绸之路，并"穿越"至现代，感受"一带一路"倡议下形成的新丝绸之路的美好愿景。

（3）情景再现，打造充满丝路风情的展览空间。依靠场景再现式的环境设计，营造古代威尼斯水城、阿拉伯市集、丝路驿站、华夏街巷、泉州海港等场景，构成一个充满丝路风情的特色展览空间，让观众身临其境。

（4）动静相宜、东西对照、古今呼应。动静相宜：展览发挥科技馆的展示优势，在兼顾历史性、科学性的基础上，充分体现展品的互动性和体验感，呈现出科学与文化相结合、传统与现代相结合、动静相宜的创新性展示特色。

东西对照：为形象化地展现丝绸之路在促进古代各地区科技交流、文化传播、文明交融等方面的重要作用，策展团队在典型的丝路科技成果和物质文化方面，都采用了东西对照的展示手法，以期通过直观对比，使观众感受丝绸之路作为"开放之路、创新之路、文明之路"的功能。

古今呼应：以观众熟悉的内容引入，呈现古代科技对现代生活的影响；以"闪回"的方式，呼应前面出现过的展品，展现沿丝绸之路传播的古代科技对近现代科技的影响。

2. 策展机制创新

（1）组建强大专家团队，保障展览学术水平。为了保证展览内容的科学性和权威性，邀请了40余位科技史以及相关专业的专家作为展览学术顾问。他们不仅为展览设计提供学术咨询，还深度参与并指导展品设计，为展览的科学性保驾护航。

（2）集智众创，多渠道获取科技文物，丰富展览底蕴。广泛争取社会资源的支持，鼓励展品借展与捐赠，通过与科研院所及民间收藏家的合作，借展到屠呦呦教授使用过的相关书籍、中国科学家参与黑洞成像研究的电脑设备、民国陇海铁路铁轨、古代玻璃制品、古代与近代杆秤等科技文物，获得民间收藏家的古代玻璃制品文物捐赠一件。这些文物的展出，为展览增添了历史的厚重感和真实感。

（3）突出"大展览"理念，围绕展览开发多种文化产品。在展览研制阶段，积极探索"大展览"的理念与模式。实体展览展出的同时，在中国数字科技馆同步推出了云展览和在线游戏，并与网络公司合作开发线上语音讲解、短视频等；与出版社合作编撰《丝绸之路儿童历史百科绘本》，并同步开发与展览相关的文创产品，力求展览获得宣传效应和社会效益的最大化。

项目单位：中国科学技术馆

文稿撰写人：赵　洋　张　瑶

二等奖获奖作品

鲸奇世界

展览"鲸奇世界"海报

一、背景意义

近年来，随着人类过度开发海洋资源，许多海洋动物也面临着灭绝的危险。世界自然基金会（WWF）正式对全球发出警告，由于世界各国大量捕鱼船频繁在海上作业，现在每天有1000只各种鲸、海豚及其他海洋哺乳动物命丧渔网。2018年11月，首届海洋濒危物种研究与保护亚太国际会议暨第六届海峡两岸及港澳鲸豚研究和保护研讨会在广东汕头大学召开，旨在研究并呼吁社会公众，关注环境变化下海洋多样性保护的挑战和解决方案。

海洋是人类文明进步、可持续发展的资源宝库。展览选题关注海洋濒危动物，从文化、生物学、生态学角度切入，全面展现鲸豚的相关历史文化、演化法则、生存智慧与生存现状，激发公众关爱野生动物和保护海洋环境的意识。

二、设计思路

1. 受众分析

展览主要面向 3 类人群。一是全年龄段科技馆普通观众；二是关注海洋生态保护的专业观众；三是特殊人群观众。展览共有 6 件可触摸、可听、可嗅闻的展项配盲文说明，为视障人士提供专属体验。

2. 主题思想

本展览是一次把鲸豚生物学、生态学及环保理念结合的创新形式科普展览，是将艺术与科学有机结合并升华到新的高度，能够扩大受众覆盖面并起到广泛传播的作用。策展团队计划将此展览在国内主要博物馆进行展出，同时希望能在商业广场、海洋城市联盟、一带一路沿线国家、内陆城市展出，让文化赋能破圈，实现文、商、旅跨界融合，通过不同地区的观众反馈以及人们对鲸豚智慧生存及环保理念的认知进行分析，持续改进展览模式和民众体验。

3. 教育目标

展览通过不同的呈现角度，让公众对人类与鲸之间亘古以来的关联、鲸的演化历程、生理习性、生存智慧，以及鲸的生态保护进行多方位的了解与认知，倡导公众保护海洋、湖泊，为鲸留出生存的空间，呵护水中精灵。

三、设计原则

鲸豚对于公众而言，既熟悉又神秘。展览脉络以问题为导向，通过深度挖掘的 39 个科学问题，启发全龄段观众思考、探究。图文板文字凝练，配以大量精美的科学绘画、解析图、图表等，便于观众理解内容层级和逻辑关系，激发情感共鸣，培养公众爱护野生动物、保护环境的意识。作为可多次使用的巡展，可持续性、空间适应性兼具观赏性，是设计的主要考量因素。自立式、开放性、单体组合的展台展架，灵活、多样组合搭建，可适应任何展示空间。

四、展览框架

展览涉及 13 科 55 种代表性鲸豚（含 2 种淡水豚），包括 3 个区域，对应以下 3 个部分的内容。如图 1 所示。

大鱼传说：从文化角度，展现从公元前 7000 年至今，从科学到文学、艺术等多个领域，鲸豚在人类生产生活中发挥的重要作用，以及为人类文明发展贡献的灵感与启迪。

生存智慧：从生物学角度，讲述鲸豚的演化、解剖特征、感觉意识、社会组织、捕食策略、繁衍育幼等独特生物学特征，解读鲸豚的生命密码。特别是详细梳理了 12 种古鲸的演化历程，在同类展览中未见。

生态保护：从生态学角度，展示鲸豚对于生态系统的重要作用及面临的重大威胁，揭示人类活动对海洋动物生存状况的巨大影响和伤害，呼吁保护海洋环境、合理有序地利用海洋资源。

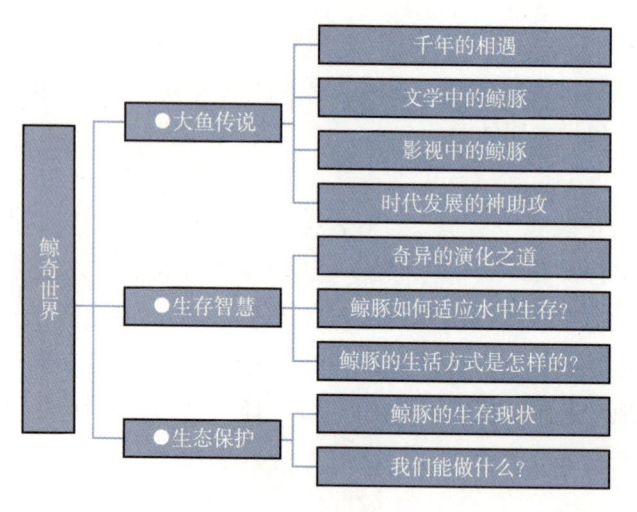

```
                        ┌─ 千年的相遇
              ┌─ 大鱼传说 ─┼─ 文学中的鲸豚
              │          ├─ 影视中的鲸豚
              │          └─ 时代发展的神助攻
              │
              │          ┌─ 奇异的演化之道
    鲸奇世界 ──┼─ 生存智慧 ─┼─ 鲸豚如何适应水中生存？
              │          └─ 鲸豚的生活方式是怎样的？
              │
              └─ 生态保护 ─┬─ 鲸豚的生存现状
                         └─ 我们能做什么？
```

图 1　展览框架

五、内容概述

　　展览以海中巨兽——鲸豚为主题，包括"大鱼传说""生存智慧""生态保护"3个部分。从文化、生物学、生态学角度，呈现人类与鲸豚之间亘古以来的关联，探索鲸豚的演化历程、生理习性与生存智慧，关注鲸豚和海洋环境的保护。参考186篇科研论文，将一手资料进行科普转化。通过14件骨骼和塑化标本、12件1∶1大型鲸豚模型、175幅科学绘画、27幅解析图、12件互动展项、59个音视频、1个大型沉浸式体验展项，体现科学与文化、艺术的有机融合。目前展出3站，展期303天，观众25万人次。配套开发教育活动5项，实施650场，观众8万人次。5G直播7场，新媒体平台短视频20个，手游2款，线上观众338万人次。

六、环境设计

　　展览展示面积1000m^2。根据主题脉络，从科学内容中提炼关键点和亮点，精准选取展示形式，注重艺术表现，强调沉浸式观展体验，其中在核心区域设计了一个14×9×6米的蓝色海立方空间，让观众有置身海底世界的体验感，成为网红打卡点；大尺寸鲸豚标本、1∶1巨幅写真和模型，直观地展现海中巨兽带给观众的震撼；14件骨骼、塑化标本、12件1∶1大型鲸豚模型、175幅科学绘画、27幅解析图、12件互动展项、59个音视频、3个艺术装置，浓缩紧凑。单体自立式展柜便于灵活组合布局，动线隐藏于展柜之间，观众既可按展览主线逐步浏览，也可围绕单元主题深度探

第三章　短期展览项目获奖作品

究。蓝色纱幕、波纹灯、鲸豚叫声、海浪配乐，营造出身临其境的海洋氛围。展览设计效果如图2、图3所示。

图2　展览空间设计

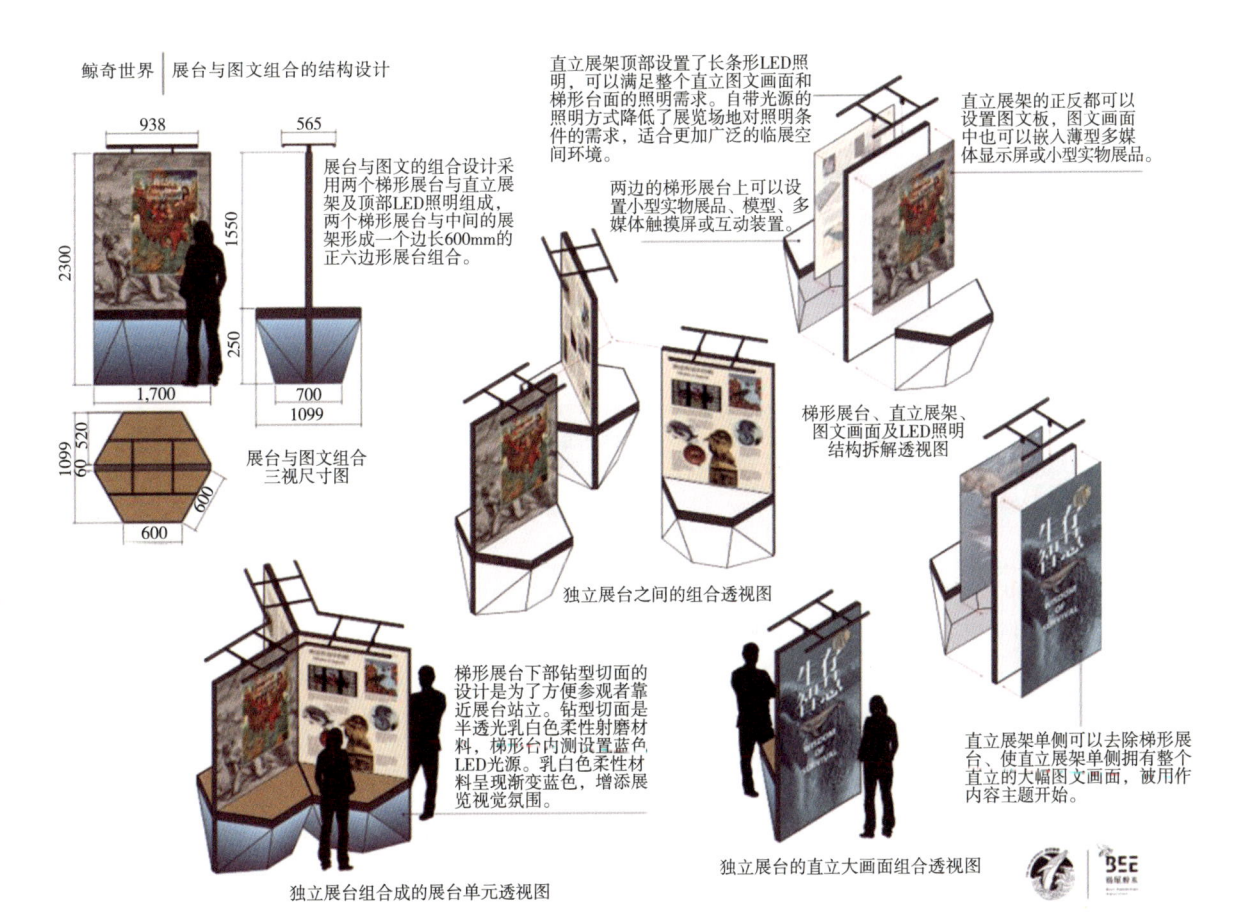

图3　展览形式设计及环境布展设计

七、展品构成

展品构成如表 1 所示。

表 1　展品构成

图文板（90 项）					
大鱼传说	12	生存智慧	44	生态保护	28	盲文说明	6

静态展品（70 项）							
巨幅写真		标本		模型		实物	
鲸豚图谱	1	海豚	1	1∶1 蓝鲸下颌骨拓模	2	龙涎香	1
龙王鲸复原图	1	白鲸	1	1∶1 利维坦古鲸头部	1	束身衣	1
利维坦鲸复原图	1	小鲲鲸胚胎	1	1∶1 蓝鲸心脏	1	圈养虎鲸装置	1
		抹香鲸心脏	1	吐泡泡的白鲸	1	《白鲸》书	2
		鲲鲸胃	1	弓头鲸白鲸秀肌肉	1	螺旋桨	1
		抹香鲸胃	1	白鱀豚母子	1	蓝色纱幕海立方	1
		鲲鲸肺	1	虎鲸	1		
		抹香鲸鼓泡	1	鲸豚小模型	27		
		鲲鲸鲸须	1	1∶1 江豚模型	1		
		抹香鲸肾	1	鲸皮菜	1		
		江豚前鳍	1	河马小模型	1		
		江豚尾鳍	1	雷明顿鲸 3D 打印模型	1		
		蓝鲸下颌骨	2	欧若拉头部 3D 打印模型	1		
				1∶1 鲸豚绢灯	6		
合计	3		14		46		7

动态展品（73 项）							
视频/音频		多媒体互动		机电互动		线上游戏	
影视作品中的鲸	1	海底廊道	1	游泳的海豚	1	鲸豚消消乐	1
发声原理	1	虎鲸母子	1	发声原理	1	探索鲸奇世界	1
虎鲸捕食策略	1	杂交配对猜猜猜	1	心跳对比	1		
日本现代捕鲸业	1	船只噪音的侵害	1	鲸歌嘹亮	1		
海洋之旅	1	科考观鲸船	1	鲸落	1		
你丢的垃圾哪去了	1	鲸奇掠影	1	眼球拼图	1		
鲸落（沙画）	1						
巨兽长颌	1						
二维码讲解音频	35						
鲸豚叫声	16						
合计	59		6		6		2

八、团队介绍

"鲸奇世界"临展由上海科技馆展教中心、后勤管理处 10 余位业务骨干组成项目团队,业务专长涵盖展览展品设计、教育活动开发与实施、文创策划及巡展协调、科学内容把控等。团队成员见表 2。

表 2　团队成员构成

姓名	职务	在展览项目中承担工作
胡玺丹	副处长	项目负责人
王小明	馆长	策划指导
缪文靖	副馆长	策划指导
王俊卿	无	展览设计策划、展项设计及展示设计效果把控
张维赟	馆员	展览科学内容的选取及科学性把控
王毅刚	无	内容策划
仇奕	馆员	设计及项目管理
聂婷华	馆员	教育策划
孙琪琳	馆员	教育策划
包李君	副处长	文创策划及巡展协调
徐呈双	无	内容策划
龚皓	无	项目管理及巡展协调
洪叶瀚	无	项目管理与实施

九、创新与思考

1. 创新点

(1) 跨领域融合:展览将科学、文化、艺术完美结合。从文化的角度切入,呈现人类与鲸之间亘古以来的关联,并用科学的方式阐述不同时期鲸豚的演化、发展与影响,借助艺术装置、仿真场景、沉浸式感官体验,使科学传播和艺术能够联动,凸显展览视觉冲击力。

(2) 跨学科探究:展览创设了生物学与生态学多角度的介绍方式,不仅探索鲸的演化历程、生理习性与生存智慧,同时关注鲸的生态保护,倡导公众保护海洋、湖泊,呵护水中精灵。在传播科学的同时,希望引发更多未来的思考,延展策展所期的发散畅想。

(3) 跨时空呈现:展览打破时空的限制,最大限度地溯源、探究、发现、思考鲸豚的昨天、今天和明天，时间跨度从公元前7000年至今，空间跨度遍布全球7大洲，通过对鲸豚传说、演化发展、生存保护的贯穿演绎，还原一个最真实、全面、精彩的跨时空鲸豚世界。

2. 策展启示

本次展览采用全新策展模式，由企业全额出资设计制作，上海科技馆智力投资并享有完整知识产权，是践行新时代科普"社会化参与""市场化运作"新格局、新思路的一次创新探索。

项目单位：上海科技馆

文稿撰写人：胡玺丹　王俊卿　张维赟

"律动世界"——化学元素周期表专题展

"律动世界——化学元素周期表专题展"展览海报

一、背景意义

1869 年，俄罗斯化学家德米特里·门捷列夫在总结前人经验的基础上，发现元素周期律并编制出元素周期表。元素周期表揭示了化学元素之间的内在联系，使纷繁多样的化学元素构成了完整体系。元素周期表涵盖了人类所能了解的世界的所有基础构成，它的诞生，堪称化学发展史上重要的里程碑。2019 年被联合国确定为"国际化学元素周期表年"。为积极响应国际科学热点话题，致敬门捷列夫发现元素周期表 150 周年，中国科学技术馆策划举办了"律动世界"化学元素周期表专题展。目的不仅在于向公众普及化学元素及元素周期律相关的科技知识，更在于引导公众思考"准确把握规律"在认识和改造世界过程中的意义和作用，提升公众对科学过程、科学方法，以及科学家精神的理解和认同。

二、设计思路

元素周期表背后，隐含的是元素的周期性规律。展览虽缘起于元素周期表，却并不局限于元素周期律，而是采用"规律：认识和改变世界的钥匙"为展览主题，突破传统科技展览策展思维的苑囿，首次探索将科学思想上升至哲学层面进行展示，在展览理念上实现了创新。展览从元素周期表的形成、应用和发展入手组织内容，以科普展品和教育活动为手段，展示各种与化学元素有关的性质和现象，使观众从中领悟元素性质的周期性规律，并从化学元素周期律出发进一步扩展和升华，反映"规律"在自然、社会、思维等诸多方面的作用与意义。

考虑到科技馆观众群体跨越各个年龄阶段，化学元素的概念抽象又难以理解，针对"元素周期表"，展览设置了三个层级的目标。

低龄观众得其形——小学及以下年龄的观众，在家长的带领下，能够认识周期表内的化学元素名称的生僻字，能够跟着展览读、背周期表，或以歌唱的形式唱诵周期表。

初级观众得其意——初中或有一定化学基础的观众，能够了解化学元素的概念、认识周期表内的周期、族等概念，了解周期律的内涵，认识化学元素的丰富而独特的性质。

高级观众得其神——成年或有深厚化学基础的观众，能够理解展览中"规律"的哲学思想，认识周期律是归纳法的体现，感悟量变与质变、结构与性质以及普遍规律等思想。

三、设计原则

内容方面，展览通过具体的知识点、人物、故事、思想或精神表现出来，贴近观众生活，推掉认知门槛，实践"见人、见事、见精神"的展览原则。

"见人"包含两个方面的实践。一方面，"见人"是从观众的日常生活出发，注意选择观众易于接触的内容，选择适当的科学知识点，将其与观众自身连接起来。另一方面，"见人"是指重点展示科学家和科学家故事。其中应涉及探索物质世界本源的东西方先哲、早期术士、近现代化学家的认知、求证、总结过程。同时，需重点着眼中国古代和当代化学家的贡献及对时代的推动意义。

"见事"主要聚焦化学元素周期表和化学元素的故事。梳理元素周期表的前世今生、和人们生产生活有何关系、背后隐含的故事；挖掘科学家能发现元素的原因、方法和逻辑……由这些构成"元素周期表"故事的主要展示内容。

"见精神"主要是对展览主题的升华，实现对"规律"哲学概念的展示。呼应展览主题，重点选择体现规律的内容。

形式方面，突出展览作为"感官作品"的属性，在互动展品策划时，展览坚持的主要原则有以下两方面。

一是优选贴近生活、符合时尚玩法的展示形式，目标是卸掉化学元素抽象晦涩的

"面具"。特别留意考虑低龄观众的认知规律和需求。优选观众喜爱的流行方式，与科学传播结合，重点是做好策划研究，找到适当的切入点并把握合适的尺度。

二是优选稳定、可靠的技术表现手段，保证项目按期完成。以稳字当先，选择经典、稳定的技术手段，果断放弃过于大型的综合展示形式，不执迷于探索性的、试验性的手段，避免拖延研发周期，影响最终效果。

四、展览框架

展览内容策划，主要从普通观众的逻辑出发，按照元素周期表（律）这个事物本身的内在发展逻辑形成展览思路，即为什么有周期律，什么是周期律，周期律有什么用，与其他规律的关系。展览设置四个分主题，分别为"律"有其缘、元素探"律"、"律"以致用、万物归"律"。展览框架如图1所示。

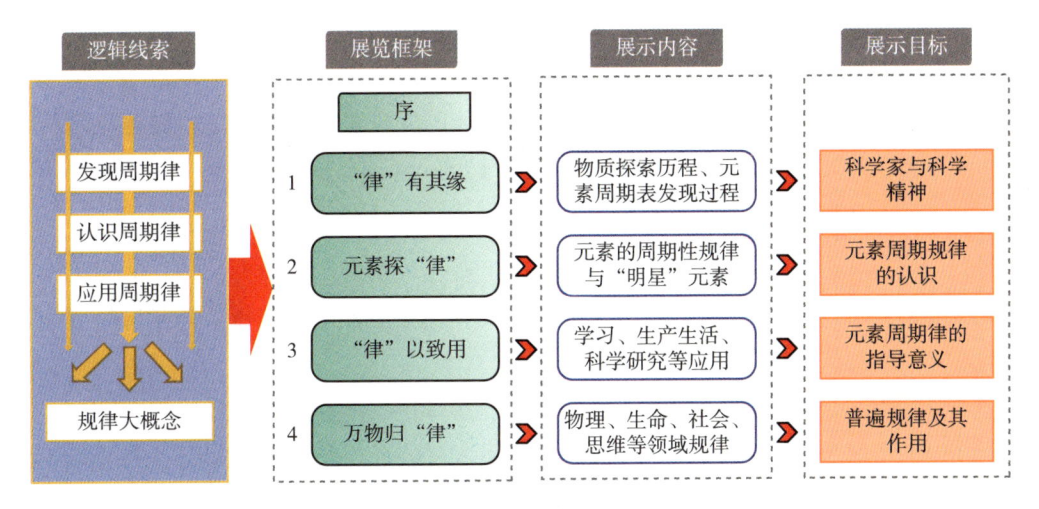

图1 展览框架

五、内容概述

本展览策划展示面积 $1500m^2$，分为序厅及 4 个展区，包含 70 件展项。

1. 序厅

序厅部分，以门捷列夫和化学元素为设计要素，用各种化学元素方块拼成艺术装置门捷列夫的头像，整体呈现门捷列夫与元素周期表的关系，引导观众进入化学、门捷列夫元素周期表规律世界。本部分含展品 1 件。

2. "律"有其缘

本展区通过一些艺术化的形式设计，采用互动投影方式搭建"时间走廊"，用 8 段展示化学历史重要时间节点的互动投影配合互动展项，以时间维度呈现人类发现元素周期律的历史过程。同时，展区设置教育活动区——"门捷列夫的实验室"，以展教活动形式还原历史经典化学实验，突出人类对科学方法的认识与掌握。本展区展示面积 300m^2，共有展品 12 项和 1 个教育活动空间（门捷列夫实验室）。

3. 元素探"律"

本展区主要以元素周期表的规律为核心，介绍元素周期表的族、周期之间的规律，展示与人类密切相关的部分元素的突出性质，展示人类对元素周期律的认识，以及元素名称背后的故事。本展区展示面积 700m^2，共有展品 33 项和 1 个教育活动空间（居里夫人实验室）。

4. "律"以致用

本展区主要从化学学习、生活生产、科学研究三方面展示元素周期规律的应用。本展区展示面积 480m^2，共有互动展品 16 项和 1 个教育活动空间（巴斯夫实验室）。

5. 万物归"律"

本展区通过对物理规律、生命规律、思维规律、社会规律以及数学工具等领域的展示，引导观众对"世界万物存在普遍规律"形成初步概念，并引发思考。展项的遴选侧重于对归纳法的体现，从而与元素周期律的发现过程相呼应。本展区展示面积 180 平方米，共有互动展品 8 项和 1 个教育活动区。

六、环境设计

展览以"线—岛—点"结合形式进行布局和内容展开，并在每一部分进行收束和总结。

展览整体以展架做空间分割，各区门头为绸带拱门造型及圆鼓形段首文字台，入口正对展项为龙骨形通道的"元素时间走廊"，并可透过通道直视"门捷列夫工作室"。各展架以矩形为主，契合元素周期表的视觉特征，个别为弧形边缘，高度统一为 2.4m。展台为侧立面呈五边形的横置柱体造型。展项含落地、上墙、台面三类。展览设计效果如图 2、图 3 所示。

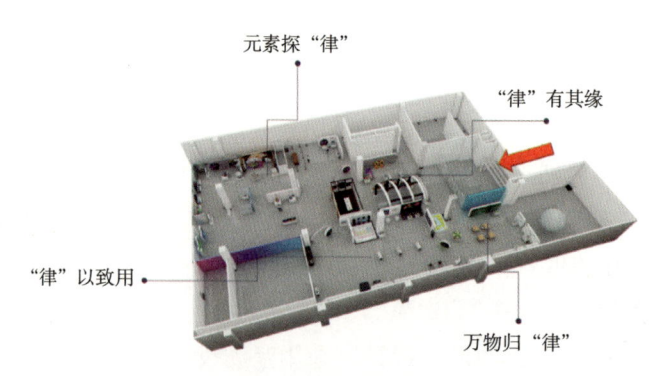

图 2　展览鸟瞰效果

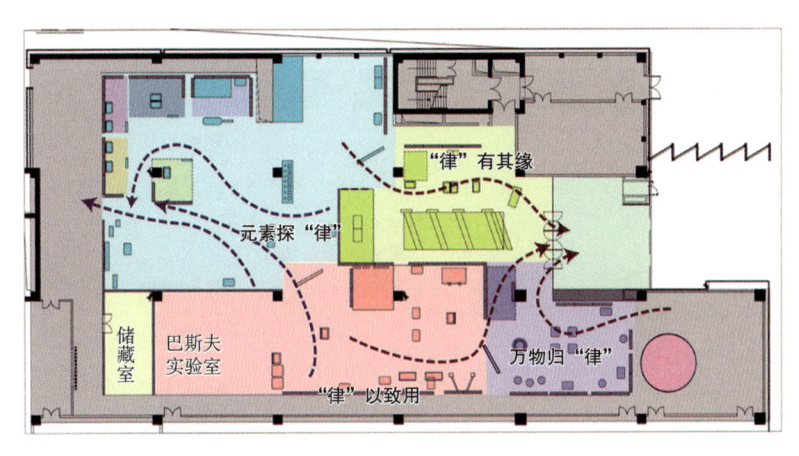

图 3　展览参观动线

七、展品构成

展品构成如表 1 所示。

表 1　展品构成

展　　区	序号	展品名称
序厅	1	人像艺术装置
"律"有其缘	2	元素时间走廊
	3	早期化学实验仪器
	4	电解
	5	电蚀刻艺术品展示
	6	元素光谱
	7	元素身份证
	8	原子量测定模拟
	9	螺旋周期表
	10	与化学家对话
	11	门捷列夫的实验室
	12	元素周期表中国史
	13	天工百炼
元素探"律"	14	电子云
	15	同位素 DIY
	16	谁能夺电子

续表

展　区	序号		展品名称
元素探"律"	17	碱金属和碱土金属—火爆一族	锂矿石实物
	18		锂电池模拟驾驶
	19		石灰吟
	20		骨骼模型
	21		多媒体动画（火爆一族）
	22	碳族元素—C位出道	碳族元素实物展示
	23		比比谁最轻
	24		飞起来的石墨烯
	25		石墨烯串珠作品展示
	26		水中花园
	27		多媒体动画（C位出道）
	28		石墨烯的应用
	29	卤族元素—"毒邪"一族	卤化物实物展示
	30		卤化物变色玻璃
	31		海底世界盐雕
	32		多媒体动画（"毒邪"一族）
	33	惰性气体—懒人一族	辉光球
	34		氖气灯
	35		氦气球
	36		多媒体动画（懒人一族）
	37	稀土元素—工业黄金	钕磁铁发电机
	38		大型稀土艺术画
	39		多媒体动画（工业黄金）
	40		元素周期大厦
	41		人体的微量元素
	42		元素名称的故事
	43		测测你的元素气质
	44		居里夫人的实验室
	45		元素规律积木

续表

展　区	序号	展品名称
"律"以致用	46	元素周期之歌
	47	元素丰度
	48	伴生矿挖掘
	49	货币金属
	50	金纳米晶
	51	形状记忆合金
	52	合金合成游戏
	53	磁性材料
	54	元素应用大探索
	55	绚丽烟花
	56	核聚变
	57	开业之石
	58	液态金属
	59	中国青年化学家
	60	创造新元素
	61	中国古代化学家
万物归"律"	62	尺寸与音高
	63	不同的鸟爪
	64	博弈游戏
	65	目识群羊
	66	高尔顿钉板
	67	地面规律游戏棋
	68	公式墙
	69	律动
	70	教育活动区

八、团队介绍

该项目团队成员由中国科学技术馆展览教育中心的业务骨干组成，业务专长涵盖展览展品设计、教育活动开发与实施、文创产品开发等。团队成员如下：

项目组长：王紫色

项目副组长：李志忠

项目协调人：张志坚

展区策划：李博、高梦玮、黄践、唐剑波

展品策划：李博、高梦玮、黄践、唐剑波、张志坚、杨洋、秦英超、侯易飞、张磊巍、刘枝灵、桑晗睿、高闯、武佳、姜莹、邵航、左超、辛尤隆、刘伟霞

文字审校：李博

展览宣传：秦英超

宣传设计：叶肖娜

运行和教育管理：张志坚、高梦玮

九、创新与思考

（一）创新

1. 展览理念创新

展览以"规律：认识和改变世界的钥匙"为主题，从元素周期表的探索、发现、认识、发展和应用入手组织内容，展示化学元素有关的性质和现象及其发现过程，使观众从中领悟元素性质的周期性规律；然后进一步扩展和升华，提升至"规律"的核心概念，从科学思想和哲学的高度来阐释元素周期表；最后反映"规律"在自然、社会、思维等方面的作用与意义。从科学到哲学，这是本次展览理念的创新和大胆尝试。

2. 展示形式创新

（1）科普与游戏的结合。优选贴近生活、符合时尚玩法的展示形式，以卸掉化学元素抽象晦涩的"面具"。

（2）静态陈列与互动展品的结合。在以互动展品为主要展示形式的科技馆展览中，静态陈列的矿石一反常态，成为大家关注和好评的焦点。

（3）实体展览与教育活动的结合。展览在各展区均设置了教育活动区，成为展教部门策展的特色。

（4）科学与艺术的结合。展览综合运用艺术化的表现形式，探索科学与艺术结合的表现方法。

3. 策展机制创新

（1）采用大联合、大协作的方式，兼收并蓄，集众之成。在策展机制上，团队广泛调研国内多家企事业单位，将实验或者科研成果实现科普转化。策展环节充分调动科学家参与科普工作。

（2）采取"展览展品＋教育活动＋文创产品＋信息化"的策展理念。展览期间，教育活动通过线上线下、专家讲座、科学表演、动手实验等丰富多彩的形式，向公众传播化学元素相关知识，使公众理解化学元素周期表的意义，掀起大家的关注热潮，

培育话题，激起话题。此外，展览对文创产品进行了一些探索，如美丽化学反应扑克、卡通伴生矿玩偶等文创产品，也受到观众的热烈欢迎。展览期间，同步推出线上网络科普资源，展览"虚拟漫游"将实体展示内容数字化，并提供专题网页导览，为无法前来参观的公众提供线上观展学习的便利。

（二）问题与不足

一是研发周期短，前期调研尚不足，展览对于"规律"主题的诠释还有待深入，缺少更深层次展示内容的支撑；二是在从化学规律扩展至万物规律时，过渡略显生硬，如何在展示层面实现从科学概念到哲学概念的转换，还需细致思考。三是策展伊始，项目组希望能够展示"规律"主题的艺术家作品，突出科学的艺术化，使人感受化学元素之美，这些因为种种原因没有实现。

项目单位：中国科学技术馆
文稿撰写人：高梦玮　李　博

3

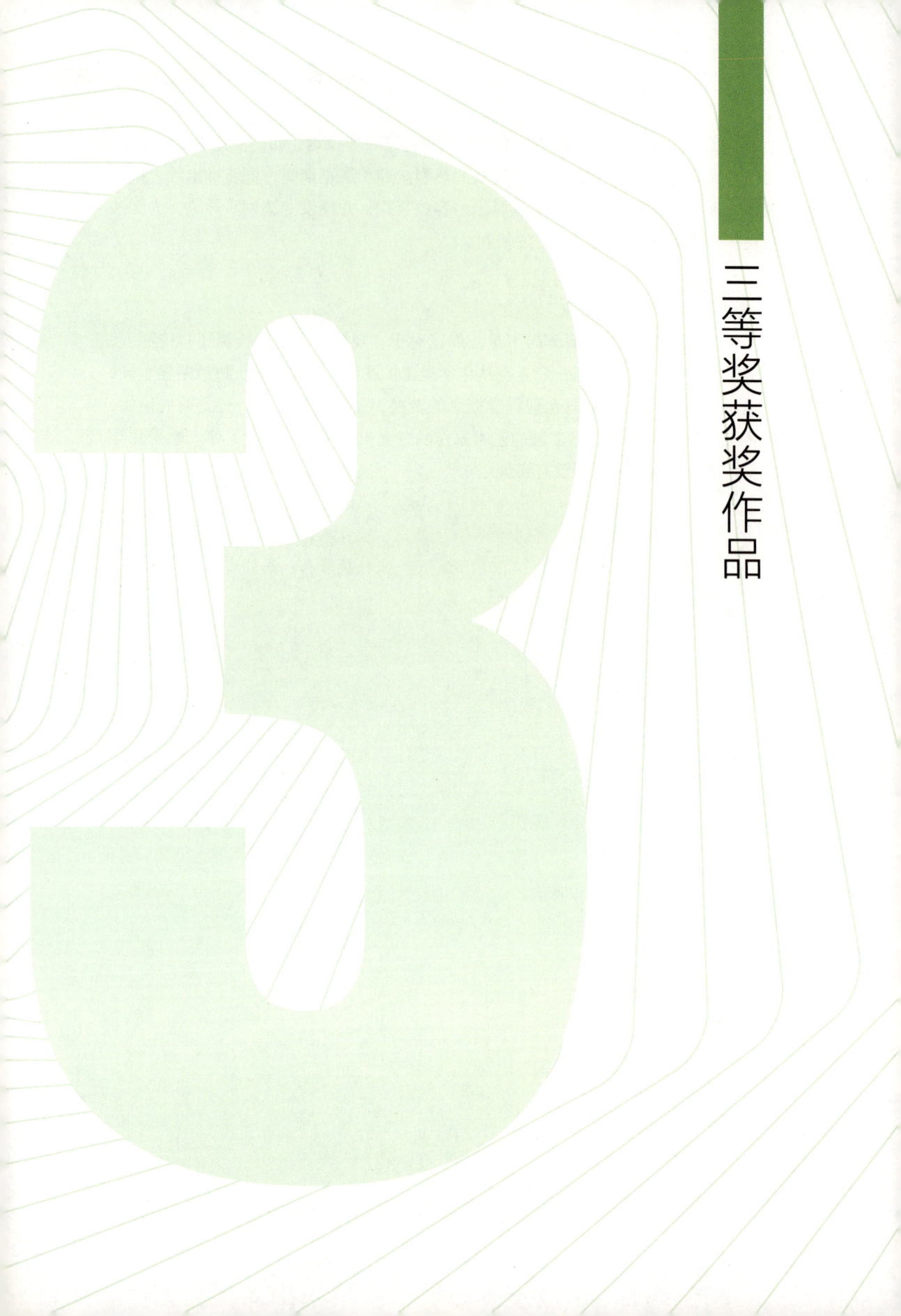

三等奖获奖作品

礼赞共和国
——庆祝新中国成立 70 周年科技成就科普展

一、背景意义

2019 年是中华人民共和国成立 70 年。70 年来，中国共产党团结带领全国各族人民，在艰难中奋起，自强不息、顽强奋进，从贫穷落后走向繁荣富强，开创了中国特色社会主义现代化事业新局面，实现了综合国力和国际竞争力由弱变强的历史性跨越。

70 年的辉煌岁月，科学技术作为我国综合国力竞争的决定性因素，取得一系列令世人瞩目、令国人自豪的伟大成就，积累了宝贵经验，蕴含着丰富的教育资源，是进行爱国主义教育的生动题材。因此，中国科学技术馆将设计开发庆祝新中国成立 70 周年科技成就科普展。

二、设计思路

近年来，我国综合国力不断提升，人民生活愈发丰富多彩，科技创新取得多项突破性进展，科技作为第一生产力的决定性因素越来越突显。了解和认识我国科技发展进程和现状，是公众的迫切愿望；以中华人民共和国成立 70 年为契机，将国家科技成就通过科普手段进行展示也是中国科学技术馆义不容辞的责任。因此，团队人员深入研究 70 年来我国科技发展引以为傲的领先成果，突出能代表我国科技发展自主创新、战略需求、前沿领先、重大工程等方面的重要行业领域为切入点，精选出航天、深海、制造、核能、信息、健康 6 个领域，以最能代表国家创新能力、具有跨越式发展的成果为展示点，以点带线、以线带面，展示科技成果背后的基础原理、发展历程、技术应用及科学家精神。展览以问题导向展升，引起公众的好奇心，更引发直达心灵的深入思考；以历史纵深的视角，焕发出精神力量的时代感召力、引领力；结合科技馆互动体验展示特点，通过讲故事的叙事手法，展示科技成果，激发公众主动参与、积极探究的兴趣。展览规划设计除保障知识性、科学性，同时做到见人、见事、见精神，既有知识更有精神、有感动更有力量，激发公众特别是青少年的科技报国远大志向，激励他们接力精神火炬，投身祖国的科技事业。

三、设计原则

（1）注重前沿，彰显科技强盛。聚焦最能代表国家自主创新能力，体现科技发展国际地位的突破性、跨越式的科技事件与成果为主要展示内容，以点带线、以线带面，突出科技发展的变革与创新，展现中国科技70年来从跟跑、并跑再到领跑的进步。

（2）精神引领，激发爱国情怀。通过挖掘科技攻关的历程和广大科技工作者追求真理、勇于探索的故事，弘扬科学精神和科学家精神，强化民族自豪感与发展成就感，让爱国主义情怀激荡出精神的力量。

（3）创新形式，体验科技成果。以问题导向展开，通过科技馆互动体验形式将科技成果科普化，展示成果背后的科学原理、发展历程、技术应用和科学精神等。

（4）情感代入，触动心灵共鸣。采用多感官互动体验方式，反映人民生活与科技进步息息相关，引起观众共鸣，引发心灵触动，让观众感受来之不易的幸福生活，拥有获得感和幸福感。

四、展览框架

展览框架如图1所示。

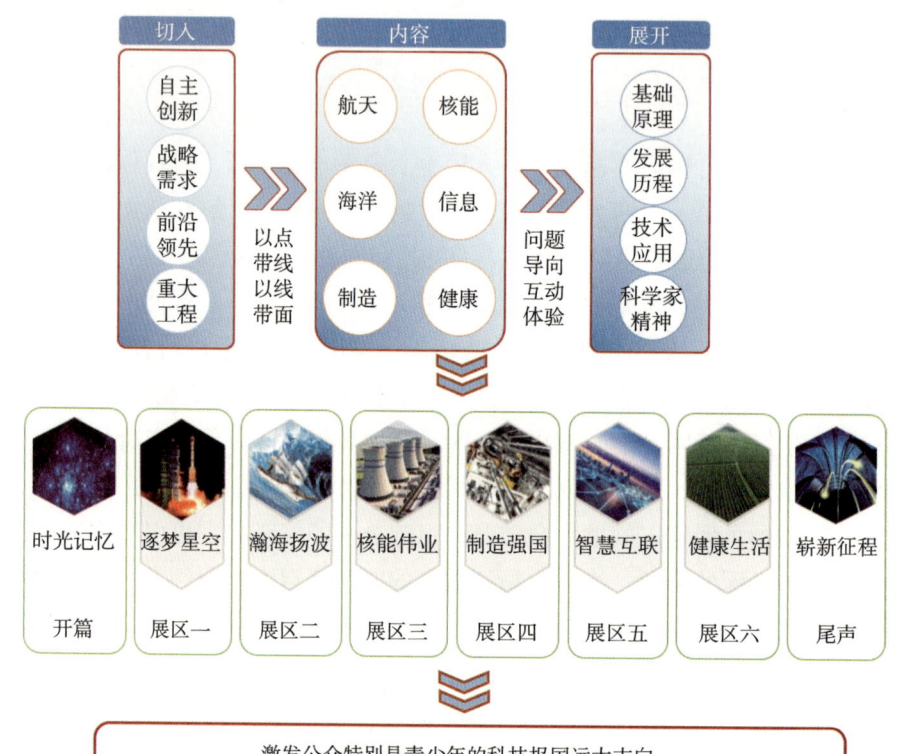

图1 展览框架

五、内容概述

展览面积约 2000m²，设置了逐梦星空、瀚海扬波、核能伟业、制造强国、智慧互联、健康生活 6 个主题展区，以及开篇（时光记忆）和尾声（崭新征程）。展品总数 42 件，约 90% 为互动体验展品。如图 2、图 3 所示。

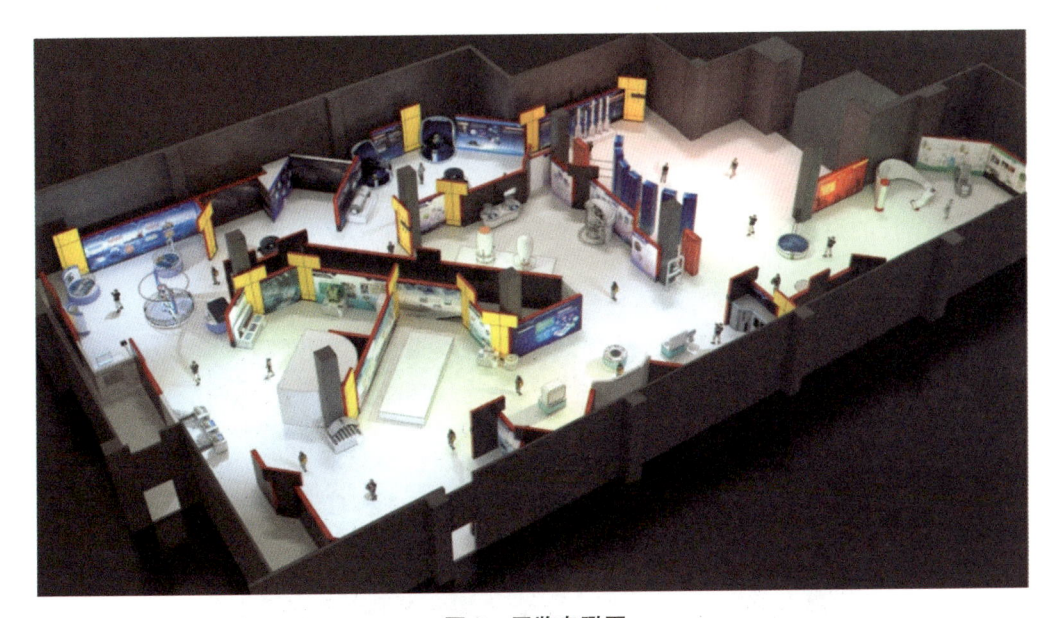

图 2　展览鸟瞰图

第一颗人造卫星 　　暗物质粒子探测卫星——悟空 　　中国北斗服务全球 　　长征系列火箭

第一次太空行走——神舟七号 　　中国的空间站时代 　　架起月球背面通信桥梁 　　嫦娥 4 号月球车

图 3　展品效果

六、环境设计

展览面积 2000m²。布展空间设计充分利用建筑空间体量，利用 9m 层高，设计不同高度的图文展板，烘托主题气势，满足人体工程学的最佳参观需求；环境设计与规划充分考虑人流量，并考虑到无障碍设计。展示区具有明确的分区分块结构，彼此之间相互咬合构成整体，上边两个展区分别为逐梦星空、瀚海扬波，中心展区为核能伟业、制造强国，下边两个展区分别为智慧互联、健康生活，展线按照逆时针方向设置，并结合装饰墙面丰富展览动线，增强观众观展兴趣。展区通透开阔，展区展品位置与墙面位置空间排布合理。基础照明采用日光型色温，根据暗环境需求进行调节，氛围照明通过吊挂的射灯突出重点，展品局部配合艺术化灯光效果烘托气氛。如图 4 至图 6 所示。

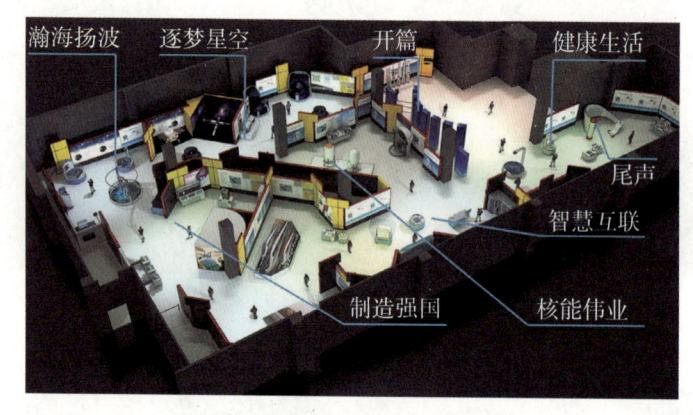

图 4　展览布局

图 5　展览效果 1

图 6　展览效果 2

七、展品构成

展品构成如表 1 所示。

表 1　展品构成

展　区	展品序号	展品名称
开篇	1	时光记忆
逐梦星空	2	第一颗人造卫星——东方红 1 号
逐梦星空	3	暗物质粒子探测卫星——"悟空"
逐梦星空	4	中国北斗服务全球
逐梦星空	5	长征系列火箭
逐梦星空	6	第一次太空行走——神舟七号
逐梦星空	7	中国的空间站时代
逐梦星空	8	架起月球背面通讯桥梁——鹊桥
瀚海扬波	9	深海勇士载人潜水器
瀚海扬波	10	全球领先的海上钻井平台——蓝鲸 2 号
瀚海扬波	11	造岛神器——天鲲号
瀚海扬波	12	世界最大起重船——振华 30
瀚海扬波	13	第一艘国产航母——001A 型航母
瀚海扬波	14	首款大型水陆两栖飞机——"鲲龙"AG600

续表

展　区	展品序号	展品名称
核能伟业	15	加速器与反应堆
	16	第一颗原子弹和氢弹
	17	华龙一号
	18	两弹一星元勋墙
制造强国	19	全球最大的锻压机
	20	高温超导
	21	盾构机
	22	中国大飞机
	23	高铁驾驶员
	24	时代列车
	25	中国铁路
	26	世界上最长的跨海大桥——港珠澳大桥
	27	驾驶"复兴号"
	28	松科二井
智慧互联	29	手机变迁
	30	中国芯
	31	创造我的超算
	32	5G引领世界
	33	支付变革
健康生活	34	首次人工合成牛胰岛素
	35	中国人的诺贝尔奖——青蒿素
	36	干细胞诱导培养
	37	体细胞克隆猴
	38	医疗机器人
	39	环境与健康
	40	粮食安全
	41	海洋牧场
尾声	42	崭新征程

八、团队介绍

该项目团队由中国科学技术馆展览设计中心的业务骨干组成，业务专长涵盖展览展品策划、机械设计、电控设计、形式设计、动画设计及文创产品开发、网站设计等。团队成员见表2。

表2　团队成员构成

姓名	职称	在展览项目中承担工作
唐　罡	高级工程师	项目组组长。宏观把控展览项目全局，对展览项目的设计目标、设计思路、内容和形式设计进行全程把关，实时跟进深化设计、展品制作、布展施工的质量与进度
王剑薇	工程师	项目组副组长。根据项目负责人的工作部署，配合协助项目组组长开展具体工作；负责逐梦星空展区图文及展品策划与设计
孙晓军	工程师	项目组副组长。根据项目负责人的工作部署，配合协助项目组组长开展具体工作；负责制造强国展区图文及展品策划与设计
侯　林	工程师	瀚海扬波展区图文及展品策划与设计
张景翎	工程师	核能伟业展区图文及展品策划与设计
闫卓远	工程师	智慧互联展区图文及展品策划与设计
王　赫	工程师	健康生活展区图文及展品策划与设计；文创产品研制
司　维	工程师	制造强国展区展品策划

九、创新与思考

本次展览创新办展模式，发动社会各界积极参与展览。在设计及制作阶段，相关学会如中国铁道学会、中国核工业集团公司、中国工程物理研究院等多家单位支持和倾力协助，或为展览提供技术指导，或将自己的展品借展，为展览的成功举办提供了智力支持和实物保障，确保了展览的学术水准，丰富了展览的展示内容，提升了展览的艺术效果，更体现了全社会对科普事业和弘扬70年来中国科技成就的热切关注和全力支持。在内容设置上，展示成就的科学原理、科学历程，挖掘科学故事，普及科学知识、弘扬科学精神、传播科学思想、倡导科学方法，做到了见物、见人、见事、见精神。

展出期间，为更好地服务观众，展览积极拓展服务范围和效果。一是利用互联网在线服务公众。展览在各个分主题设置了"百度小度"，观众可以现场语音提问搜索有关科学技术知识等相关内容；与百度公司联合开发了"AR技术再现——新中国科技成就70年"，观众通过扫码在线体验增强现实技术带来的新中国科技成就解读；与中国数字科技馆联合开发了线上专题网站，将展览内容在线呈现；与中国数字科技馆联合开发了虚拟展厅，观众可以在线查看展览全貌，漫游展厅；与中国数字科技馆联合制作展品 VR 虚拟体验，观众可以在线体验展品；通过制作 H5，利用微信推广，吸引到更多的公众关注。二是充分发挥专业科普力量。策划"设计师讲展览"教育活动，引导观众更深入的了解展览，认识背后的科技故事；邀请相关领域专家开展展览配套的讲座，观众与专家面对面交流互动，聆听科技前沿、成就故事等。

项目单位：中国科学技术馆

文稿撰写人：孙晓军

"中华国酿——绍兴黄酒"科普展

一、背景意义

世界三大发酵古酒中，黄酒起源于中国。黄酒业是历史经典产业，是中国文化的独特符号，更是中华国酿。展览以科普的视角来解读黄酒，对普及黄酒科学知识，传承黄酒文化，助力黄酒产业发展具有深远意义。

二、设计思路

展览以习近平总书记"让历史文化活起来"的殷切嘱托为指导，面向普通观众和专业人员。环境上以黄酒的琥珀色为主色调，小桥流水、白墙黑瓦为主格调。内容上以黄酒特有的原料和制作工艺为出发点，阐述黄酒酿制科学原理；以黄酒营养保健等功能为载体，介绍黄酒健康养生之道；以黄酒发展历史和人文故事为落脚点，弘扬黄酒文化。形式上运用先进展示技术手段，注重场景再现和互动体验，从微观—宏观、过去—未来、动静结合三个角度讲述好黄酒故事。

三、设计原则

突出黄酒科学内核，普及黄酒百科知识。从黄酒原材料、古法酿制工艺、冬酿探秘、风味探秘、健康养生等内容出发，科普黄酒百科知识。

运用科技手段，创新展览形式。运用磁悬浮、幻影成像、全息风扇等先进展示手段，再现黄酒人文故事和传统习俗场景，设置科学秀场、科技实践区，突出科普特色，实现黄酒与科学、艺术、时尚、文化完美结合。

注重展览成效，提升黄酒推广力度。体验花雕彩绘非物质文化遗产和鉴湖酒坊工业遗产，再现现场酿酒，开展研学活动、科学表演、展教活动等教育活动。同步开发的线上展览，在抖音、微信等新媒体平台发布。实现多地巡展，提升黄酒推广力度。

四、展览框架

以黄酒立题，讲述黄酒故事，从3个方面解释黄酒为何是中华国酿。第一，黄酒历史悠久，文化浓厚：看器具知演变，看名人知底蕴，看发展知愿景；第二，黄酒工艺原料人无我有：从原料之特、工艺之特、酿时之特来介绍黄酒为何人无我有；第三，黄酒有益健康：从黄酒的营养、保健、药理、料理、饮法等来介绍黄酒的健康养生之道。展览框架如图1所示。

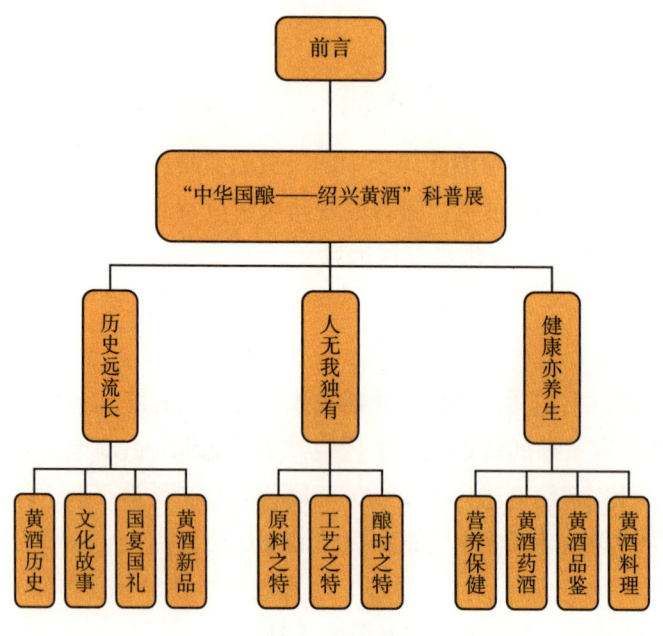

图1 展览框架

五、内容概述

展览布展面积1200m^2，展项58件，分为前言和主题展区两部分。主题展区从历史远流长、人无我独有、健康亦养生三方面来讲述黄酒故事。展览配有静态展品36件、互动展品22件、可配套教育活动7项。静态展品以图文介绍配合实物造景、场景模拟，辅以各种多媒体技术的方式展示黄酒的历史文化、制造工艺、营养价值。互动展品以黄酒品鉴、现场酿酒、酒酿品尝、现场吊酒、曲水流觞、打卡留念及多媒体游戏及投壶游戏来拉近观众与黄酒的距离，调动观众对黄酒的兴趣。

六、环境设计

"中华国酿——绍兴黄酒"科普展以黄酒立题，展厅整体以黄酒的琥珀色为主基调，布展风格以江南水乡代表性的小桥流水、白墙黑瓦为主，辅以小桥乌篷船、曲水流觞、酒铺装饰，加上酒坛、灯笼点缀。融入科学秀表演台，黄酒、鸡尾酒、时尚调酒吧台等现代风。展厅布置如图2所示。

图 2　展厅布置

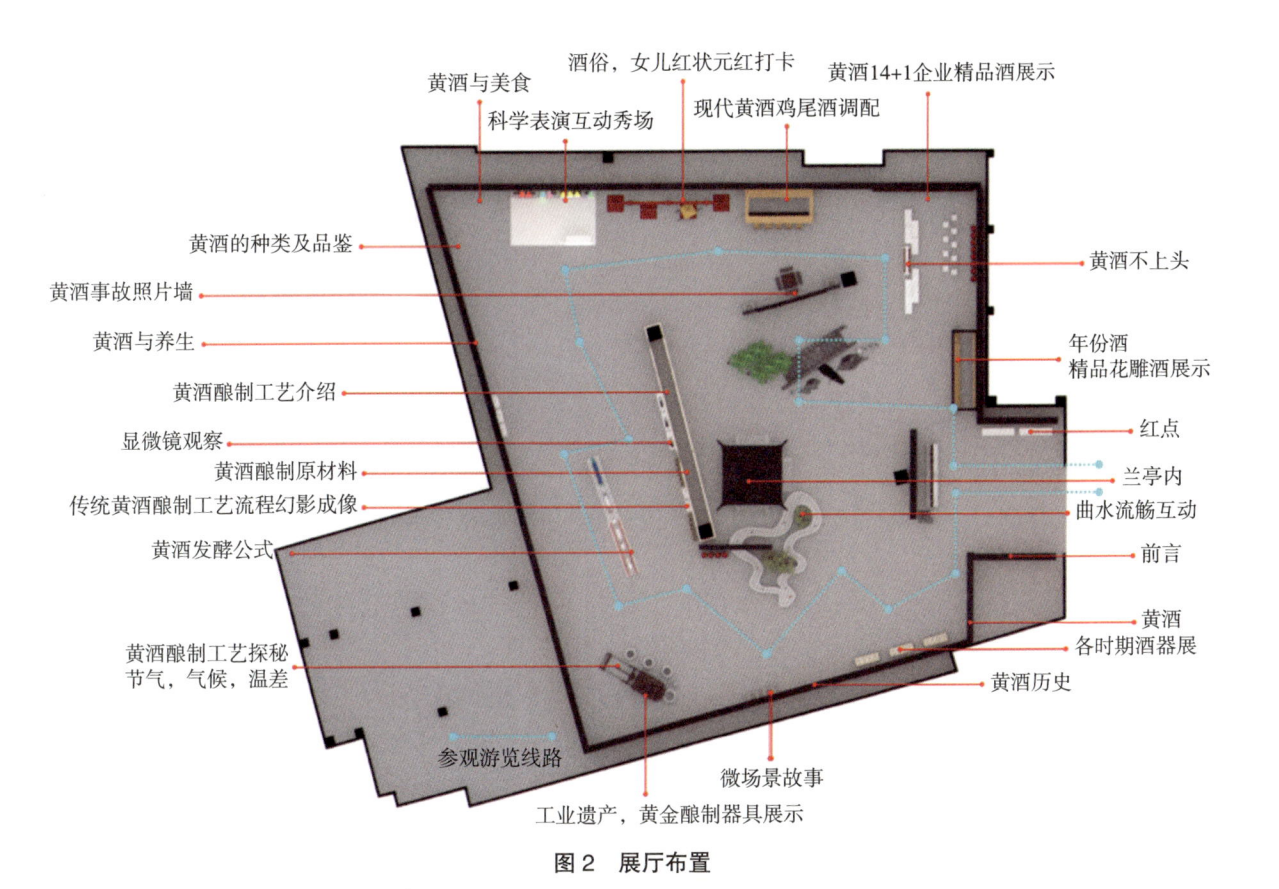

七、展品构成

展品构成如表 1 所示。

表 1　展品构成

展区	展项序号	展品名称	展品数量
前言	1	无源之酒	1
	2	酒字墙	1
历史远流长	3	酒器酒具	9
	4	黄酒历史	1
	5	曲水流觞	1
	6	酒助书兴	1
	7	黄酒与民俗	1
	8	黄酒与名人	1
	9	女儿红场景	1

续表

展区	展项序号	展品名称	展品数量
历史远流长	10	状元红场景	1
	11	名人故事微场景	4
	12	黄酒新品	1
	13	磁悬浮不上头新品	4
	14	酒铺	1
	15	时尚调酒吧台	1
	16	黄酒荣誉	1
	17	国宴国礼	1
人无我独有	18	黄酒原材料	4
	19	显微镜观察	3
	20	真实酿酒	1
	21	传统黄酒酿造工艺（幻影成像）	7
	22	传统黄酒酿造工艺（模拟体验）	1
	23	黄酒发酵公式	1
	24	传统黄酒酿造工艺小游戏	1
	25	黄酒酿造探秘	1
	26	黄酒风味探秘	1
健康亦养生	27	科学秀舞台	1
	28	黄酒药酒	1
	29	黄酒故事	1
	30	黄酒品鉴	1
	31	黄酒美食	1
	32	黄酒百科	1
	33	黄酒养生	1
合计			58

八、团队介绍

项目团队由绍兴科技馆领导牵头，工程技术部、展览教育部业务骨干近20人组成，业务专业涵盖展览展品设计、教育活动开发与实施、教育及文创产品开发、科普讲解、宣传推广、展览保障服务等。团队成员见表2。

表2 团队成员构成

项目	负责人	项目	负责人
项目负责人/总策划	陶思敏	教育策划	徐津津、陈艳妍
内容策划	张寅刚	文创开发	金春晖、陈恺
展示策划	劳奇奇	科普讲解	董晶晶、陈芳圆
项目管理	冯学锋	宣传推广	冯雨璇
展示设计	冯春兰、陈恺	保障服务	单宇
展品开发	陈俊、张建潮		

九、创新与思考

绍兴黄酒科普展在几次巡回展出的过程中，吸收展览的精华，在展览的深度、广度上都做了较大的改进。

1. 创新

展示内容精彩纷呈。以黄酒立题，分3个部分展开，介绍绍兴黄酒的历史文化，科普古法酿制的科学原理，展示黄酒健康养生之道。

布展方式创新多样。运用磁悬浮、幻影成像、全息风扇等7种先进展示手段，提升现场体验感，促进科学文化传播；突出科普特色，设置科学秀场、科技实践区，实现黄酒与科学艺术完美结合；融合文化元素，将黄酒故事场景再现；融入时尚元素，设置时尚调酒吧台、网红打卡点。

教育活动丰富多彩。体验花雕彩绘非物质文化遗产，开展"黄酒变色""黄酒酿制的秘密"等研学活动、"纸扇变色"等科学表演。同步开发的线上展览，在抖音、微信等新媒体平台发布，共计30万人次阅读量。

文化推介成效显著。展览成为市委市政府重点活动的推介展览，于2020年在成都、西安、深圳、上海、绍兴等地巡回展出，2021年在杭州和新疆阿瓦提展出，受益观众25万人次。

社会影响广泛深远。展览在《深圳特区报》《成都日报》《新民晚报》等媒体专版介绍6篇，在学习强国等媒体上刊登新闻报道30余篇，在微信、抖音等平台发布展览相关视频20多条，网上浏览量近百万人次。

2. 思考

巡展过程中，在布展效果上可考虑展览地方的风土民情，将地方特色融入展览之中。如新疆阿瓦提黄酒展融入当地慕萨莱思酒文化，深圳黄酒展融入时尚调酒吧台和时尚秀场。经过几次展览，也认识到了展览本身的不足，黄酒知识易被群众接受，展示手段符合观众需求，但内容广度、深度还有很大空间可以挖掘，展示形式可以进一步提升，还需加强团队自身能力，开发创新思维。

项目单位：绍兴科技馆

文稿撰写人：陶思敏　劳奇奇

优秀奖获奖作品

"虫动一夏"昆虫科学展

一、背景意义

　　临时展览作为科普展览最为常见的一种形式，相比常设展览具有时效性强，周期短，选题范围广，内容新颖的特点，能更好地调动观众的参观热情。制作主体具有多样性，展览形式更多样，展品选择也更加自由。科技馆可以充分利用内部资源，挖掘人才，自己举办各类临展，提升团队的策划能力和执行力。选择主题具有专题性，临时展览虽然展示周期比较短，但专题性强，有针对性，让观众能够充分全面地了解该主题所呈现的精彩内容。临时展览不仅能够增强科技馆活力，弥补常设展览不易更新的缺点，还有利于科普资源整合，更好地发挥科技馆教育职能。

　　吉林省科学技术馆常设展览虽然内容广泛、包罗万象，但对于生命科学领域的展示不够全面；东北地区受到环境和气候等因素影响，昆虫活体展这类具有时效性的展览很少展出。综合以上因素，团队策划并实施"虫动一夏"昆虫科学展。本展览在合理利用专业学会资源的基础上，以专题形式补充我馆常设展览的不足，从提升科普研发和服务能力、满足公众对科普的需求、充实公众尤其是青少年的科技文化生活等多方面着手，引导公众探究昆虫奥秘，感受自然魅力。

二、设计思路

1. 受众分析

　　本展览面向全体公众特别是青少年开展。青少年具有强烈的好奇心、丰富的想象力、创造力和探索求知的精神，并具备一定自主学习的能力。学校课堂教学对昆虫的知识传播通常局限于书本的静态展示，教授形式相对单一，缺少课外了解昆虫的途径。本展览选题昆虫，为公众特别是青少年提供一个全方位了解昆虫的平台，通过独具互动性和体验性的展览激发观众兴趣，让观众全面了解昆虫的相关知识，构建完整的生命世界概念。

2. 指导依据

　　本展览所涉及知识点、涵盖的知识体系均由吉林省昆虫学会提供专业指导。具体结合《小学科学课程标准》中生命科学领域"7. 地球上生活着不同种类的生物，7.2 地球上存在不同的动物，不同的动物具有许多不同的特征，同一种动物也存在个体差异"，展示508件不同种类的昆虫活体；"9. 动物能适应环境，通过获取植物和其他动物的养分来维持生存，9.1 动物通过不同的器官感知环境"，打造符合昆虫活体生存环境的昆虫展示箱；《初中生物课程标准》中动物的运动和行为"1. 列举动物多种多样的运动形式。说明动物的运动依赖于一定的结构""2. 区别动物的先天行为和学习行为。举例说出动物的社会行为"，拍摄 2 部特效影片、制作 1 部动画科教片。

3. 主题思想

吉林省科学技术馆从贴近观众需求、创新服务内容、提升自身能力的角度策划实施了"虫动一夏"昆虫科学展；以创新的展示形式、丰富的展示内容，准确表达主题展览的品质，不断增强科学普及的吸引力，带给观众新鲜感、新信息、新创意；在满足观众对科普需求的同时，补充常设展览的不足、提升科技馆活力；充分发挥科技馆的教育职能，使展览更好地发挥出科普宣传教育、科普传播和科技交流的重要作用，力求实现普及科学知识与体验优质展览的完美统一。

4. 教育目标

本展览综合运用多种布展形式和方法，让观众在参观展览的过程中，感受展览形式和展览内容的新颖变化，了解生物体的主要特征，对生物体的生命活动和生命周期有所认知，领略昆虫家族的多样与神奇，唤起公众热爱大自然、珍爱生命的强烈意识，提高环境保护意识，理解人与自然和谐发展的重要意义。

三、设计原则

"虫动一夏"科普展览由吉林省科学技术馆自主研发设计，展览标识、展览吉祥物及昆虫活体展示箱已获批知识产权专利。

展览形式丰富、注重创新，打破传统图文展板单一的展示形式体例，将科普与艺术完美结合，讲究艺术性和趣味性，确保整体效果引人注意，激发公众学习兴趣。展品分布动静结合、互动性强，强调观众的参与体验。将视觉感官要素贯穿展览设计中，以贴近自然的色彩、统一规整的造型，有效整合、分布展览所要传播的信息，提供内容丰富的感官体验。

展览内容注重实用性，立足观众需求考虑展示内容的切入角度，选择观众最想了解、对展览自身展示有实际价值的内容，迎合观众参观心理，吸引观众参观。注重必要性，在确保无毒无害的基础上选择最有必要向公众普及的活体展品及标本。将实物标本、昆虫活体、多媒体互动、专家讲座、配套特效影片及科普教育活动，以科学的方式联动起来，向观众传递科学知识，有效降低观众的内在认知负荷，从而减轻观众在参观过程中所需的认知努力，提升展览传播效果。

四、展览框架

展览以静态展示、互动展示、科普教育活动、文创产品为基本线索，设置了标本展示区、图文展示区、近距离观察体验区、零距离接触区、非昆虫活体展示区、甲虫灯阵、探秘地下世界、昆虫标本制作区 8 个特色展区。如图 1 所示。

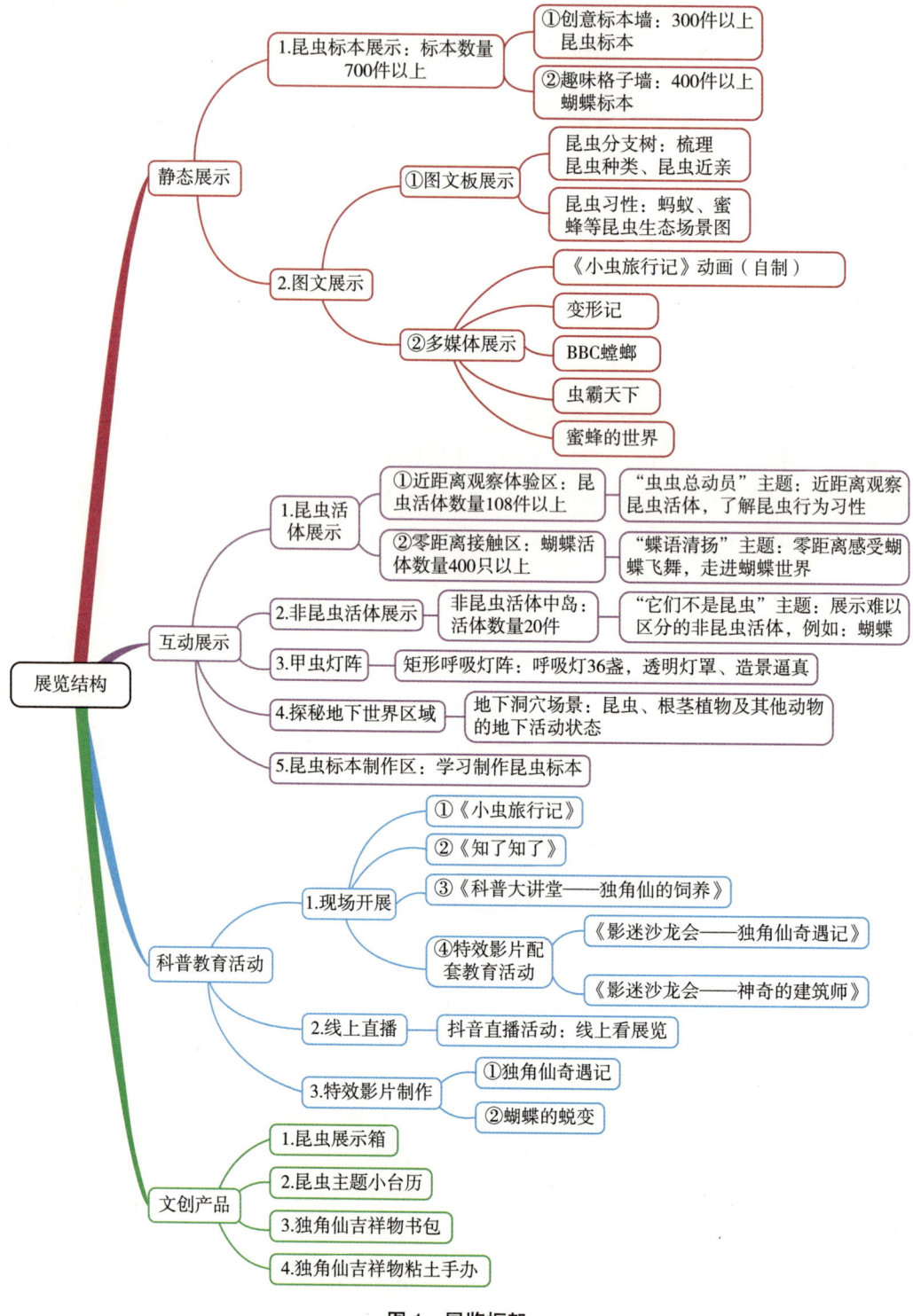

展览结构
- 静态展示
  - 1.昆虫标本展示：标本数量700件以上
    - ①创意标本墙：300件以上昆虫标本
    - ②趣味格子墙：400件以上蝴蝶标本
  - 2.图文展示
    - ①图文板展示
      - 昆虫分支树：梳理昆虫种类、昆虫近亲
      - 昆虫习性：蚂蚁、蜜蜂等昆虫生态场景图
    - ②多媒体展示
      - 《小虫旅行记》动画（自制）
      - 变形记
      - BBC螳螂
      - 虫霸天下
      - 蜜蜂的世界
- 互动展示
  - 1.昆虫活体展示
    - ①近距离观察体验区：昆虫活体数量108件以上 —— "虫虫总动员"主题：近距离观察昆虫活体，了解昆虫行为习性
    - ②零距离接触区：蝴蝶活体数量400只以上 —— "蝶语清扬"主题：零距离感受蝴蝶飞舞，走进蝴蝶世界
  - 2.非昆虫活体展示 —— 非昆虫活体中岛：活体数量20件 —— "它们不是昆虫"主题：展示难以区分的非昆虫活体，例如：蝴蝶
  - 3.甲虫灯阵 —— 矩形呼吸灯阵：呼吸灯36盏，透明灯罩、造景逼真
  - 4.探秘地下世界区域 —— 地下洞穴场景：昆虫、根茎植物及其他动物的地下活动状态
  - 5.昆虫标本制作区：学习制作昆虫标本
- 科普教育活动
  - 1.现场开展
    - ①《小虫旅行记》
    - ②《知了知了》
    - ③《科普大讲堂——独角仙的饲养》
    - ④特效影片配套教育活动
      - 《影迷沙龙会——独角仙奇遇记》
      - 《影迷沙龙会——神奇的建筑师》
  - 2.线上直播 —— 抖音直播活动：线上看展览
  - 3.特效影片制作
    - ①独角仙奇遇记
    - ②蝴蝶的蜕变
- 文创产品
  - 1.昆虫展示箱
  - 2.昆虫主题小台历
  - 3.独角仙吉祥物书包
  - 4.独角仙吉祥物粘土手办

图 1　展览框架

五、环境设计

本展览主题风格特征鲜明,强调空间合理分割与艺术性相融合,将自然的理念融入展览设计创意之中,使展示空间迷漫着昆虫与自然和谐温馨的环境氛围。色彩语言紧密围绕展览主题,能迅速地表达出展览意图,采用大自然中蓝色、绿色为主的基调来衬托展览气氛,传递其主题特征。展览通过对蓝色、绿色、黄色三个色彩之间色相进行微调,让这些色彩互相和谐,使整个展厅环境氛围统一起来,把观众的视线渐渐引入到展览中,使观众步入展厅便能感受自然界特有的艺术基调。

展览中的空间设计主要利用隔断、隔墙、展品等对室内空间进行分割,以形成更多新的空间。展览在空间分隔上采用动态与静态相结合的方式,空间塑造与"虫动一夏"主题相结合,强调空间主题性与艺术性。展览的设计除利用原有的展柜空间进行设计外,还增加了格子墙用以对空间进行分割,将空间划分与标本展示相结合,设计成双面通透展示的格子展墙,蜿蜒交错地排列于展厅入口处,仿佛将昆虫的形态赋予空间分隔设计中。抽象化的设计手法,不仅将展品用极具现代感的展示方式呈献给观众,而且将展览主题与展品形态相契合,形成具有特殊意味的空间形态。展区设置疏密有序、动静结合;各区域展项主次分明,重点展项鲜明;知识体系完整,相邻区域过渡自然协调。情境与展品信息相互联动,参观路线清晰。布展效果如图2所示。

图2 布展效果

六、展品构成

展品构成如表1所示。

表1 展品构成

展 区	展品序号	展品名称
展览门头景观	1	《小虫旅行记》动画
昆虫知识图文展区	2	昆虫种类分支树
	3	昆虫与非昆虫分支树
	4	昆虫习性漫画图文板
标本展示区	5	蝴蝶标本：帝王蝴蝶、蓝闪蝶、短尾青凤蝶、柑橘凤蝶、猫头鹰蝶、金凤蝶、宽尾凤蝶、燕凤蝶、红绶绿凤蝶宽尾凤蝶、金凤蝶、猫头鹰蝶、枯叶蛱蝶、白带锯蛱蝶、琉璃蛱蝶、丝带凤蝶、灰翅串球环蝶、忘忧尾蛱蝶、数字蝶、麝凤蝶、电蛱蝶、斜纹绿凤蝶、大紫蛱蝶、蓝点紫斑蝶、青斑蝶、青凤蝶、绿凤蝶、银灰蝶、白斑眼蝶、报喜斑粉蝶、网丝蛱蝶、丽蛱蝶、紫闪蛱蝶、绢斑蝶等
	6	甲虫标本：丽叩甲、眼纹斑叩甲、西光胫锹甲、巨叉深山锹甲、圆翅锯锹甲、库光奥锹甲、黄身圆翅锹甲、丫纹锹甲、短茎齿狭长前锹甲、硕步甲、屁步甲、擎爪泥甲、黑足球胸叩甲、花斑泥甲、大芭蕉象甲、黑六节锹甲、茎前锹甲、毛竹黑叶蜂、竹蜂、金环胡蜂、毛胡蜂、马蜂、中华丽金龟、米黄金龟、丽罗花金龟、黑金龟子、深山条纹绿金龟、海丽花金龟、红金龟、巨刀锹甲、白金龟库光胫锹甲、中华奥锹甲、褐黄前锹甲、巨扁锹甲、黄边圆翅锹甲、中华楼步甲、大灰象甲、丽叩甲、虎甲、叶巨黑叩甲、小丫纹锹甲、拟步甲、华新锹甲、长龙牙黑圆翅锹甲、赤星瓢虫、七星瓢虫、九星瓢虫、青步甲、气步甲、婪步甲、蝎步甲、意大利蜂、黄蜂、盾斑蜂、郎花脚胡蜂、黄星长脚黄蜂、花黄蜂、黄尾花脚蜂、小金环胡蜂、中华蜜蜂、黑斑黄蜂、拟蜂、大刀螳螂、丽眼斑螳、广腹螳螂、纹蜂叶状绿螽斯、螽斯、灰螽斯、丽蝉、程氏网翅蝉、独角仙（雌）、独角仙（雄）、蟑螂、棉蝗、姬兜虫、黑蟋蟀、大尖头蝗、黑硕蜻、大头蟋蟀、鳃金龟、铜绿丽金龟等
趣味格子墙	7	蝴蝶标本包括：彩蛱蝶、环带迷蛱蝶、大绢斑蝶、柑橘凤蝶、达摩凤蝶、红基美凤蝶、绿带翠凤蝶、蓝凤蝶、银钩青凤蝶、曙凤蝶、碧凤蝶、多姿麝凤蝶、红腋斑粉蝶、黄尖襟粉蝶、宽边黄粉蝶、柳紫闪蛱蝶、白袖箭蛱蝶、灵奇尖粉蝶、菜粉蝶、橙粉蝶、大红蛱蝶、斑豹盛蛱蝶、残锷线蛱蝶、红翅尖粉蝶、木兰青凤蝶、统帅青凤蝶、光明女神蝶、马达加斯加长尾月亮蛾、巴黎翠凤蝶、有尾无尾的美凤蝶、大蓝闪蝶、鹤顶粉蝶、裳凤蝶、红绶绿凤蝶、燕凤蝶等
蝶语清扬	8	蝴蝶活体包括：红带袖蝶、黑美凤蝶、报喜斑粉蝶、东亚豆粉蝶、橙黄豆粉蝶、大红蛱蝶、斐豹蛱蝶、红带袖蝶、枯叶蛱蝶、老豹蛱蝶、蓝闪蝶、蓝色大闪蝶、豹纹蛱蝶、玉带凤蝶、鸟翼裳凤蝶、奥比岛珂裳凤蝶、小斑裳凤蝶、希神裳凤蝶、乔安娜鸟翼裳凤蝶、银灰蝶、辉黑裳凤蝶、绢斑蝶、粉蝶、蓝灰蝶、蚬蝶、优红蛱蝶、赤蛱蝶、黄蝶、枯叶蛱蝶、猫头鹰环蝶、红带袖蝶、老豹蛱蝶、光明女神闪蝶等
甲虫灯阵	9	蝴蝶标本包括：阿波罗蚬蝶、大帛斑蝶、黄蓝蛱蝶、天堂凤蝶、杏菲粉蝶、白斑眼蝶、报喜斑粉蝶、灵奇尖粉蝶、菜粉蝶、橙粉蝶、大红蛱蝶、斑豹盛蛱蝶、残锷线蛱蝶、红尖尖粉蝶、网丝蛱蝶，等等
	10	甲虫标本包括：花金龟、象甲、印尼大锹、金龟子、马蜂、白条绿花金龟、黄蝎蝎蜻、刺角天牛、云斑天牛、绿绒天牛、白条天牛、黄晕阔嘴天牛、木棉丛角天牛、大灰天牛、鬼艳锹形虫、高砂深山锹形虫、孔夫子巨锹、彩虹吉丁虫、纹蜂叶状绿螽斯、蠹螂、灰螽斯、松吉丁虫等

续表

展　区	展品序号	展品名称
他们不是昆虫	11	蜘蛛种类：巴西巨人金毛、巴西白间红尾蜘蛛、墨西哥红膝头、洪都拉斯卷毛、巴西巨人金直间、所罗门、巴西白膝头、八斑蟹蛛、哥斯黎加老虎尾、圆蛛盲蛛、棒络新妇蜘蛛等
	12	蝎子种类：亚洲雨林蝎、马来西亚雨林蝎、雨林蝎、八重山、金幽灵、泪目石龙子、墨玉蝎子、黑粗尾蝎等
	13	蛇种类：白娘娘、黑白王蛇、黑眉锦蛇、棕黑锦蛇、翠青蛇、绿瘦锦蛇、玉米蛇系列、原色蛇、白化红蛇、雪白蛇、甜甜圈蛇等
	14	蜥蜴种类：豹纹守宫、鬃狮丽文龙蜥蜴、虎纹捷蜥、卷尾沙蜥、华丽沙蜥、鬣蜥、彩虹飞蜥、环颈蜥、伞蜥、蛇蜥、虫纹蜥、鬃狮蜥、古巴鬣蜥等
虫虫总动员	15	螳螂种类：兰花螳螂、幽灵螳螂、圆盾螳螂、孔雀螳螂、大刀螳螂、棕静螳螂、格列芬螳螂、刺花螳螂、魔花螳螂、兰花螳螂、幽灵螳螂、巨人顿螳螂、芽翅螳螂、眼斑螳螂、弧纹螳螂、薄翅螳螂、圆盾螳螂、大刀螳螂、大魔花螳螂、中华大刀螳螂、广斧螳螂、棕静螳、兰花螳螂、非洲树枝螳螂等
	16	蜗牛种类：水蜗牛、灰巴蜗牛等
	17	步甲种类：青步甲、蠋步甲、婪步甲、气步甲、大星步甲、绿步甲、双齿蝼步甲、双斑青步甲等
	18	金龟种类：铜绿丽金龟、白星花金龟、大黑鳃金龟、异丽金龟、中华丽金龟、米黄金龟、丽罗花金龟、黑金龟子、深山条纹绿金龟、海丽花金龟、红金龟、红腹青铜金龟、蓝宝石金龟、黄条纹小金龟、鹿角花金龟、花金龟等
	19	蝗虫种类：负蝗、剑角蝗、棉蝗、剑角蝗、短额蝗、黄脊竹蝗、赤蝗等
	20	蝼蛄种类：东方蝼蛄、华北大蝼蛄等
	21	瓢虫种类：七星瓢虫、异色瓢虫、马铃薯瓢虫、柯史俊瓢虫、十二菌素瓢虫等
	22	其他种类：西瓜虫、叩甲、隐翅虫、蚁狮、负子蝽、红蠼螋、蛞蝓、长瓣草螽、棺材头蟋蟀油葫芦蟋蟀、茶翅蝽、叶甲、鼠妇、土元蝎子、黑条红蜻象、红娘子、美洲大蠊、地鳖、北印安达、蚰蜒、蜈蚣等
探秘地下世界	23	昆虫标本种类：斗蟋蟀、榕树头蟋、根叶甲、土蚕、拟地甲等
	24	昆虫活体种类：金针虫、蚂蚁、根象甲、白蚁等

七、团队介绍

该项目团队由吉林省科学技术馆展览教育部、外联部、展品研发部、公共服务部的业务骨干组成，业务专长涵盖展览展品设计、教育活动开发与实施、教育及文创产品开发、剧本研发、影片制作、影院教育活动执行、网络推广等。团队成员如下：

郝鹤，馆长，负责展览整体及方向把控。马宏，副馆长，负责与昆虫学会资源对接、教育活动把控以及文案撰写等工作。刘东滨，临展项目组组长，负责展览项目整体进度把控、艺术设计等工作。李东旭，主要负责展览制作、场景搭建、文创产品研发技术指导等工作。侯梦樵、赵运达，负责展览制作、搭建实施等工作。张瑜，负责3D环境设计制作、手绘制作、图纸输出、文案汇总等。晏展明，负责平面设计制作、手绘制作、图纸输出、文案汇总等。高亚辛，负责展览知识点梳理以及应用，文创产品研发、制作等。赵艺瑄、黄莹莹，负责文创产品研发、制作，资料整理等工作。赵成龙，负责展览配套教育活动研发、执行等。王莹，负责配套教育活动研发执行，标本制作。杨治国、于玮潇，负责配套剧本研发、影片制作、影院教育活动执行。

八、创新与思考

1. 经验

"虫动一夏"昆虫科普展是吉林省科学技术馆贴近观众需求、创新服务内容、提升自身能力的一次有益尝试。整个团队在创作和实施的过程中收获颇丰，积累了一些实际经验。

（1）通过查找资料、实地参观考察，积极学习借鉴国内国外的先进策展经验，不断创新展览的展示形式和展览内容，充分发挥临时展览的作用和设计的有效性，增强科学普及的吸引力，有针对性地服务观众。

（2）临时展览主题的选择非常丰富，选好展览主题对于展出效果至关重要，只有与时俱进、紧密联系时代主题、贴近生活，才能更好地体现展览特征、文化及精神，吸引和留住观众。

（3）相比常设展览知识点覆盖广泛、内容系统全面的特点，临时展览受到时间和空间的限制做不到面面俱到，如何选择和组合是一个很大的挑战。因此，应紧密围绕展览主题，突出亮点，各种中间环节点到为止，引导观众自己探究展品背后的故事，做到既有"深度"又有"厚度"，让展览更加具有延伸感。

（4）在展示形式上，临时展览可以将科学普及与艺术相结合，丰富视觉感官，善于借助图片、多媒体、场景等辅助展示手段，更直观地传达科学知识。

（5）增强临时展览的互动性，丰富展示形式，注重观众的参与性和体验性，定期开展多样化的适合各类人群的科普教育活动，让观众在丰富的科技活动中思考和学习科学知识，从而达到科学普及的目的。

（6）临展虽小，但不是一两个部门就能独立完成的，需要多部门协调配合，才能最大限度地挖掘、呈现出临展的价值，发挥更大的科普作用。

2. 问题和不足

经过多次反思，团队共同总结在展览的设计制作及展出的过程中存在以下一些问题和不足。

（1）运行机制有待完善，首次独立设计展览，缺乏系统化的策展经验，团队人员安排过细，实施过程衔接不顺。

（2）展览策划与实施、构想与实践存在一定差距，缺乏合理的时间规划机制；项目实施过程中出现人员、时间冲突的情况下，没有合理的应急预案。

（3）大量体型较小、不易区分的昆虫标本展示效果不理想，展示形式单一，没有充分考虑观众观察的实际困难。

3. 建议

临时展览具有创新性、针对性、即时性，能够适应现代化经济社会发展的趋势，高效地展示社会上的热点主题。展览体现出的知识性、趣味性，为科技馆更好地发挥科普教育功能作用显著。为此，提出了如下建议：

（1）重视临时展览。临时展览是常设展览的重要补充，发挥着不可替代的作用，在新冠疫情等重大事件中，临时展览对公众的警示或教育宣传作用尤为突出，因此，策展行业应加强对临时展览的重视。

（2）重视展示主题。公众参观展览是希望通过展览了解某一领域的知识，所以在临展的主题策划上一定要贴近受众，将展示内容、目标与受众需求相结合弥补常设展览的不足。

（3）重视展览时效。如何脱颖而出吸引公众眼球又让人有所收获，是临展在策划中首先要考虑的问题。因此临时展览要强调创意、科学与美学、技术与艺术的有机结合，兼具知识性、互动性和趣味性的同时紧跟时代步伐，捕捉社会热点，注重时效。

项目单位：吉林省科学技术馆

文稿撰写人：张　瑜　晏展明　刘东滨　李东旭

科技改变生活
——以杭州城市发展为例

一、背景意义

科技的发展使生活更便捷、更优质的同时，引导人们走向更健康、更环保、更安全的生活轨道。60年来，农业、工业、食品健康、电子通信、互联网、低碳生活、人工智能、VR技术、智慧城市、区块链等方方面面，科技从最开始的技术更迭到现在的智慧化发展趋势，已经深深融合到当代社会和杭州人民的生活当中，从科技产业到科技人才都不断汇聚在杭州这座未来科技城市。

当年响当当的"西湖牌"电视机、"西湖牌"手表、"西湖牌"缝纫机、"金鱼牌"洗衣机、和"灵峰牌"收音机……科技和回忆老物件，都深深地刻在老杭州人的脑海里，科技影响着杭州人的衣食住行的点点滴滴。2018年是改革开放40周年，也是杭州市科学技术协会成立60周年。借此契机，策划开展"科技改变生活"主题，回顾杭州科技融入并改变生活的方方面面，展望智慧城市的美好未来！

二、设计思路

1. 受众分析

本展览主要目标受众人群有三类。一是科技科普工作者、产业发展研究与政策制定者：鉴往知来，深入了解杭州科技发展历史，和今后的发展方向，为政策制定、工作开展打开新的思路。二是杭州市民、杭州城市建设参与者：展览作为老杭州人抚今追昔，新杭州人了解老杭州的一扇窗，激发杭州市民的自豪感，使他们更加热爱这座城市，关注城市的成长发展，继续奋勇搏击，勇立潮头。三是青少年：激励青少年热爱科学、热爱真理，从小立远大志向。

2. 指导依据

以党的十九大报告为参考，根据《纪念杭州市科协成立60周年活动方案》部署，策划、开展本次"科技改变生活"主题展览。

3. 主题思想

改革开放40年，中国大地风起云涌，中国人民用勤劳、勇敢、智慧写就当代中国发展的时代故事。杭州，是中国改革开放的先行地，更是推进全面深化改革的"弄潮儿"。杭州市科学技术协会历经风雨60载，坚持党的领导，积极发挥党和政府联系科技工作者的桥梁和纽带作用，为创新驱动发展服务，为提升全民科学素质服务，为科技工作者服务，为党和政府科学决策服务。

本次展览是杭州市科协60年历程的一个缩影，以科技、智慧、生活来贯穿昨天、今天、明天，通过实物展示、实景搭建、现场体验等形式，让观众穿越时空般感受科技对市民生活和杭州这座城市的影响和变化。

4. 教育目标

本展览通过文字、影像、实物和场景模拟等形式，客观真实地回顾科技发展的历程，讴歌取得的巨大成就，展现改革开放所带来的重大变革和深刻影响，展示科协有效发挥"四服务"职能取得的成效，激发青少年热爱科学的兴趣。

三、设计原则

本次展览按照1958—1978年、1978—2000年、2000年至今三个时间阶段，从"衣食住行"四大方面切入，根据科技"云"在不同时代的应用，展现不同阶段杭州科技产业的展品。展览现场设置主舞台，在展出期间定期展示各个领域的科技成果。

效果设计体现时代感，老物件展区采用暖色调怀旧风格，智慧云生活展区采用科技感冷色调风格，形成强烈对比，突出主题，同时注重传达信息明确。空间设计充分考虑观众视角，参观标识、标志醒目，合理规划人流疏散路线。展台设计注重低碳环保，易建易拆，优先考虑可重复使用。

四、展览框架

展览客观真实地回顾杭州科技发展的历程，讴歌取得的巨大成就，展现改革开放所带来的重大变革和深刻影响，同时展示市科协有效发挥"四服务"职能取得的成效。展览主要由三大主题板块组成：昨天·回眸E甲子、今天·智慧云生活、明天·数字+未来。展览框架如表1所示。

表1 展览脉络框架

一级脉络	二级脉络	三级脉络
科技60年发展历史	昨天·回眸E甲子	科技工作者之家
		杭州市科协年鉴、杭州市科普画廊
		老物件展示区（衣食住行四方面）

续表

一级脉络	二级脉络	三级脉络
科技60年发展历史	今天·智慧云生活	杭州的桥——智慧交通
		垃圾分类
		智慧网络
		科技工作者访谈微电影
	明天·数字+未来	全无线智能家庭
		智能家居体验厅
		智慧商圈

五、内容概述

展览面积约1000m², 展品约200件。展览客观真实地回顾杭州科技发展的历程, 讴歌取得的巨大成就, 展现改革开放所带来的重大变革和深刻影响, 包括三大主题展区: 昨天·回眸E甲子、今天·智慧云生活、明天·数字+未来。

（一）昨天·回眸E甲子

杭州市科协成立之初, 科技工作者用汗水和脚步熨烫着杭州这座城市。如今, 他们走过的地方, 从青石板铺就了高速公路, 从土坯房耸起了高楼大厦。曾经, 杭州人民熟知的品牌产品装点着我们往昔的生活, 它们的出现和消失, 或者发展, 都在见证着科技的变化。展区的主题单元有: 科技工作者之家、杭州市科普画廊、老物件展示区。如图1至图3所示。

（二）今天·智慧云生活

低碳可持续发展、健康节能的生活方式, 人工智能数字化的"云上智慧城市", 这些种种都已经成为杭州信息化时代的象征。

无桩共享自行车、城市智慧轨道交通系统、新概念汽车、智能垃圾分类系统和清洁能源、服务机器人、专利成衣技术、人脸识别安全系统等, 都已经进入运营应用阶段。

展区以"云上生活"为主题, 展出杭州当代高科技产品, 让观众感受当代杭州"云"技术发展的高峰时刻。同时, 还现场轮播改革开放以来杭州科学技术变迁的企业和科技工作者的风貌。展区包含主题单元有: 杭州的桥——智慧交通、垃圾分类、智

图1 科技工作者之家

图2 杭州市科普画廊

图3 老物件展示区

慧网络、科技工作者访谈。

（三）明天·数字+未来

"智慧城市"已经不是梦想，在杭州，市民卡（一卡通）便民服务系统、智能家居、二维码点餐系统、智慧医疗等，以全新的、高自由度的数字技术，彰显着现代生活与工作的智能化、个性化、网络化，引领人类走入更轻松、便利的未来社会。

展区以"数字+未来"为主题，展出杭州新概念产品，让观众现场体验浓缩版数字赋能城市。展区主题单元有：全无线智能家庭、智能家居体验厅、智慧商圈。

六、环境设计

展览布展风格："回眸E甲子"老物件展区采用暖色调怀旧风格，"智慧云生活"和"数字+未来"智慧展区采用科技感冷色调风格。

布展要素：展览主题明确突出，坚持正确导向；注重观众观展安全顺畅；注重展品质量且便于维护；注重布展材料与现场施工的环保性；注意展厅空间、图文大小与清晰度、展品体积与数量；注意展示效果，展览形式设计与展示内容相得益彰。如图4所示。

图4　展览3D俯视图

七、展品构成

展品构成如表 2 所示。

表 2 展品构成

展 区	序号	展项或展品名称	展品数量
昨天·回眸E甲子	1	安琪儿男式自行车	1
	2	安琪儿女式自行车	1
	3	飞机牌搪瓷脸盆	1
	4	金鱼牌洗衣机 XPB30-5S	1
	5	汤锅	1
	6	水龙头+水管+洗衣池+支架	1套
	7	果蔬仿品+兜篮	1套
	8	热水壶	1
	9	单孔煤气灶	1
	10	杭煤煤气罐+配件	1套
	11	料理桌支架+复古桌面	1套
	12	西湖牌白炽灯泡+灯罩+支架配件	1套
	13	竹椅	1
	14	双林牌门锁钥匙+插销+复古门反面+对联+门把手	1套
	15	西泠冰箱 BCD-162	1
	16	竹书架	1
	17	乘风牌交流落地扇 FS4-A-5	1
	18	西湖牌缝纫机 JAB-1	1
	19	旧版杭州市区交通图	1
	20	实木多用柜	1
	21	西湖牌热水瓶	2
	22	维纳斯女神头像	1
	23	先进工作者奖状	1
	24	收藏书籍	16
	25	实木折叠凳	2
	26	十五彩金丝豪华织锦被面+高级十二彩被面+丝绸被面	若干
	27	不同规格奖状	9
	28	实木办公椅	1

续表

展　区	序号	展项或展品名称	展品数量
昨天·回眸 E 甲子	29	实木办公桌+玻璃桌面	1套
	30	飞机牌搪瓷杯	1
	31	竹制笔筒	1
	32	台灯	1
	33	老照片	2
	34	杭州日报：市科协第二届委员会成立	1
	35	窗户+窗帘	1套
	36	西泠空调	1
	37	中国杭州织锦厂织锦图：西湖西山公园 –42cm×62cm（1023-167）+画框	1套
	38	西湖牌电视机 35HJD1-1A（14寸集成电路黑白电视机）	1
	39	英雄牌桌面钟	1
	40	西湖牌热水瓶	2
	41	镜子	1
	42	飞机牌搪瓷茶盘+龙井茶叶罐+水壶+水杯×6	1套
	43	实木方桌+实木凳×4	1套
	44	玻璃推窗五斗柜	1
	45	杭州茶叶铁罐	2
	46	益友牌皮箱	1
	47	珍藏电影海报	1
	48	靠背椅×2+茶几+旋转号盘电话机+花瓶+花束	1套
	49	益声牌收录机 YS-8709	1
	50	珍藏版磁带	21
	51	小台式收录两用机包装箱	1
	52	幸福饼干罐	1
	53	蓝宝石牌电子琴 HGY-37A+琴箱	1
	54	西湖牌相机 PT-1 镜头编号：2513975	1
	55	寿星牌黄杨木雕机械台钟	1
	56	多型号西湖牌机械手表	13
	57	西湖牌机械怀表 192uAn	1
	58	西湖牌收音机 7B13	1
	59	西湖牌收音机 WH-771	1
	60	晶体管录音机 JL 7002-1+箱包	1套

续表

展　区	序号	展项或展品名称	展品数量
昨天·回眸E甲子	61	西湖牌盒式磁带录音机 LYH1-79L	1
	62	摩托罗拉寻呼机 BRAVO FLX+BRAVO+ 摩托罗拉股票机 A03FJB5876BA	共2个
	63	摩托罗拉寻呼机 BRAVO EXPRESS×2+INFO MASTER PLUS	共3个
	64	东信寻呼机 EASTCOM100	2
	65	摩托罗拉移动电话 8800X+GC87C+8900X	共3个
	66	摩托罗拉移动电话 8200E+9900X+Micro T.A.C Pro×2	共4个
	67	摩托罗拉移动电话 308C+338C	共2个
	68	持机证	3
	69	浙江寻呼台用户手册	1
	70	UT 斯达康小灵通 UT122+UT227+UT229Q	共3个
	71	UT 斯达康小灵通 UT629+UT668+ UT 118+ UT 100+ UT 117	共5个
	72	东信牌手机	15
	73	乘风牌电扇 FT4-A-44D	1
	74	激光照排机	1
	75	东宝牌空调 KCD-20H	1
	76	东宝牌空调 KC-20	1
	77	金鱼洗衣机 XPB20-3S	1
	78	金鱼牌洗衣机 XP20-5	1
	79	杭州牌火柴×19+ 船牌透明皂×3+ 西湖牌东南化工42型肥皂×3	共25项
	80	西湖牌缝纫机	2
	81	红壳西湖牌电视机	1
	82	西湖牌电视机 31HD1A	1
	83	西湖牌电视机 12HD1	1
	84	西湖牌彩色电视机 47CD3	1
	85	特丽雅皮鞋×6+ 黑色展示支架 + 白色展示支架	1套
	86	SUS304 直饮水不锈钢直饮管	1
	87	远程水表 + 镀锌管	1套
	88	华日牌冰箱	1

续表

展　区	序号	展项或展品名称	展品数量
昨天·回眸E甲子	89	康恩贝系列产品	若干
	90	青春宝系列产品	若干
	91	大型文化交流活动官方指定丝绸礼品	1套
	92	真丝绸砂洗服装	2
	93	真丝绸报纸	1
	94	中外文丝绸版孙子兵法	1
	95	真丝碧纹压花绸	1
	96	经轴染色真丝绸 + 真丝保胶浮雕影印印染绸	2
	97	渐进色染色绸 + 多彩渐进色印花绸	2
	98	双面数码印花桑蚕丝围巾	1
	99	数码喷射印花和平网	1
	100	"宋嫂厨艺"速冻生制品系列	若干
	101	可口可乐罐制作的恐龙模型 + 杭州中萃公司25周年纪念套装	1套
	102	杭州中萃20周年庆可口可乐纪念套装	1套
	103	868个可口可乐罐碾压作品	1
	104	可口可乐品牌纪念罐	1
	105	北京2008奥运会奥运吉祥物可口可乐纪念罐限量精装版	1套
	106	6届世界杯可口可乐纪念罐	6
	107	可口可乐公司出品的各个品种饮料	若干
	108	杭州新华造纸厂志	1
	109	双圈牌定性滤纸 + 定量滤纸	若干
	110	双圈牌打字蜡纸	1
	111	乐宝牌收录机 SLT-810B-F	1
	112	钱江牌收唱机 813-D-1	1
	113	乐宝牌收录机 SLF810A	1
	114	飞碟牌收音机 T801	1
	115	莺雀牌收音机 T802	1

续表

展　区	序号	展项或展品名称	展品数量
昨天·回眸E甲子	116	灵峰牌收音机 LFH-2	1
	117	米丘林小组珍贵照片	1
	118	宋庆龄赠送给交口少年科学院的镜子	1
	119	米丘林小组旗子	1
	120	交口少年科学院研究成果之一	1
	121	交口少年科学院藏书	1
	122	科普海报	13
	123	黑板报	1
	124	杭州市科普画廊	1
	125	杭州市科协珍贵文件、报纸、手稿、会员证、纪念册、协会年费收据、请柬、杂志、书籍、光盘	若干
今天·智慧云生活	126	零跑 S01 智能纯电动 Coupe	1
	127	新能源汽车电池	1
	128	杭州地铁 1、2、4 号线缩微模型	3
	129	电动汽车动力电池	1
	130	公共自行车电子桩系统（自行车 ×6、智能租还电柜）	7
	131	海洋潮流能发电机组模型	1
	132	电动汽车直流充电桩	1
	133	电动汽车交流充电桩	1
	134	新能源汽车	2
	135	菜鸟循环快递箱	2
	136	LED 路灯	4
	137	智能垃圾袋发放机	1
	138	智能垃圾分类投放箱	6
	139	智能可回收物投放箱	1
	140	智能有害垃圾投放箱	1
	141	商品兑换机	1
	142	智慧家庭云	7
	143	区块链物联网设备	7
	144	区域关注度半球	3
	145	区域关注度系统	1

续表

展　区	序号	展项或展品名称	展品数量
今天·智慧云生活	146	智能泊车机器人	2
	147	科技工作者访谈微电影（大屏播放）	1
明天·数字+未来	148	全无线家庭解决方案（无线水浸传感器、被动红外探测器、单体门磁、儿童看护机器人、家用互联网指纹锁与猫眼、千兆四频无线路由器、多功能互联网摄像机×3、无线紧急按钮、指纹锁网关、全无线电池摄像机、无线红外幕帘、火灾探测报警器、独立式可燃气体探测器）	15
	149	智能家居系统（智能语音控制面板+照明灯+电视机+轨道窗帘+音箱）	5
	150	智慧商圈数据分析管理系统	1
	151	扫码点餐自助机	1
	152	杭州通卡自助服务机	1
	153	杭州办事服务APP触控展示屏	2
	154	智慧医疗自助机充值挂号一体机	1

八、团队介绍

该项目团队由中国杭州低碳科技馆领导及各部门业务骨干组成，专长涵盖展览策划设计、展品设计制作、布展策划实施、美术设计、音视频设计制作等。团队成员有：俞梁、陈仲达、吴锋、刘纪岸、边楼伟、洪晓瑜、冯斌、陶晔、曾瑞勇、张永、诸玫嫣、潘旭梁、张曼、胡亚芳、李振道。

九、创新与思考

科技馆除了向公众普及基础学科、科技前沿之外，也应该彰显各地城市特色，贴近日常生活，展示科技发展历史脉络，并能引领产业与文化发展协同发展。

本次"科技改变生活"展览力求创新、内容涵盖范围广、展示形式多样化，取得了较大的社会效益，达到了策展的初衷。但在展览文创产品上未作涉及，今后还需进一步地完善。中国杭州低碳科技馆将继续积极作为，围绕科技、低碳主题，努力打造实现"碳达峰、碳中和"目标的科普窗口。

项目单位：中国杭州低碳科技馆

文稿撰写人：俞　梁　吴　锋　洪晓瑜

第四章 | CHAPTER 4
抗疫应急科普展览项目获奖作品

最佳传播奖获奖作品

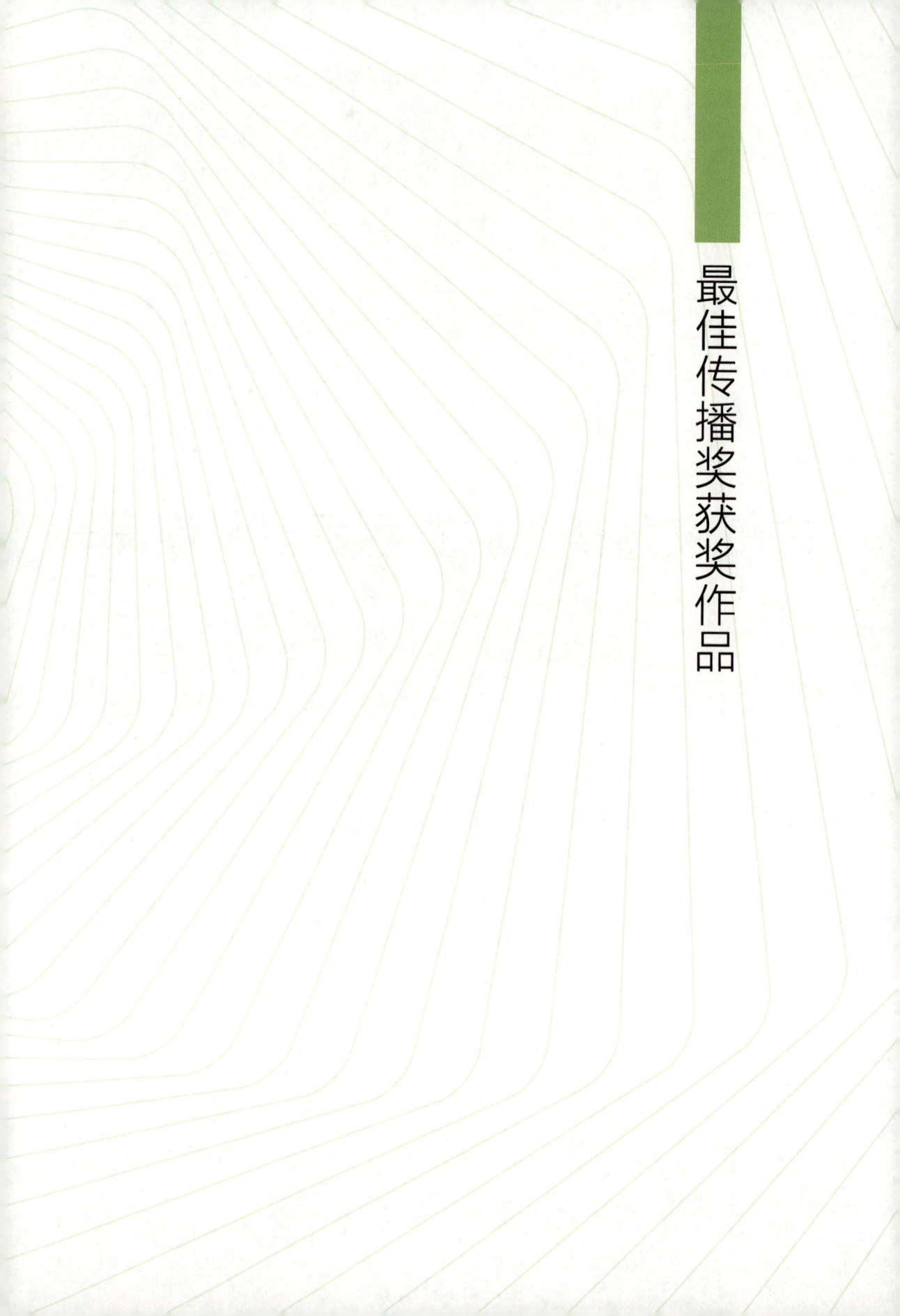

命运与共，携手抗疫
——科技与健康同行

展览"命运与共，携手抗疫"海报

一、背景意义

世界卫生组织（WHO）宣布2019新冠肺炎疫情为国际关注的公共卫生紧急事件（简称：PHEIC）。疫情的发生使得公众对病毒这一独特生命形式的关注度居高不下，病毒科普需求急增，一时间网络上涌现出大量视频、动画、推送文章等应急科普信息，对公众快速认识疫情起到了非常及时有效的作用。然而，这些短平快的各式科普信息散布于互联网空间的各个角落，并且内容较为碎片化和片面化，公众缺少一个更为系统全面地认识病毒和学习如何预防病毒类疾病的平台。

临时展览一直是上海科技馆追踪社会热点、回应公众关切的重要手段。为了及时回应这一热点，向公众传递科学的防疫知识，上海科技馆临展团队，在2020年2月初紧急策划"命运与共，携手抗疫——科技与健康同行"科普展，并于2020年7月15日在上海科技馆二楼临展厅对外开放。展览充分发挥科普场馆平台作用，整合优质社会资源，以本次疫情为切入点，从病毒学、传染病学、社会学等不同角度，引导公众深入了解病毒及其在地球生命演化中的独特作用，探讨病毒如何影响人类文明进程，以及人类未来应该如何与病毒共处。

二、设计思路

1. 受众分析

上海科技馆临展面向全年龄段人群，其中以青少年、亲子家庭为主，在展览设计时既需要考虑如何吸引青少年观众、符合他们的阅读和认知习惯，也要兼顾其他年龄段的观众，展示内容深浅有度，做到分众化。

2. 指导依据

（1）确保展览的科学性，在展览方案设计与开发阶段，邀请病毒学、传染病学、公共卫生、野生动物保护等不同领域的专家召开专家咨询会，并全程对展示方案、图文板面等进行审核。

（2）确保展览数据的权威性和实时性，采用学术或专业网站、官方宣传口径的最新数据进行展示。

（3）加强展览的人文性和哲理性，在科普展览中融合文化、艺术、哲学元素，让观众能够在展览中得到哲理性的思考。

（4）加强展示形式的丰富性和趣味性，设置多样化的互动展示形式，并且充分考虑观众参与的有效性。

3. 主题思想

自2009年以来，共计有6次国际关注的公共卫生紧急事件，且每次事件均由病毒引起，使得公众对病毒这一奇特的事物有了前所未有的关注度。病毒到底是什么？它是如何在自然界形成并最终对人类社会产生影响，人类应该如何面对病毒危机、正视病毒的存在？

病毒可以说是生物进化树上舞动的幽灵，能够活跃地在自然界的不同物种间腾挪转移。它很小且很难观察，小到甚至不符合基本生命的定义，也无法用肉眼或普通的仪器观测；它又无处不在，地球上几乎任何生命体的基因组里都有病毒序列的存在，并对所有生命体带来或积极或消极的影响。对病毒本身及病毒对人类和自然界的影响进行客观理性的剖析，是我们正视病毒并思考如何与之共处的科学态度。

4. 教育目标

展览旨在引导公众共同探索病毒起源简史，了解病毒的生物学分类及作为传染病病原的传播机制，并探讨病毒如何影响人类文明进程，以及人类未来该如何与病毒共处。展览将从以下几个方面开始探索：

（1）从新冠肺炎疫情暴发（COVID-19）看病毒史；

（2）从医学角度看传染病的传播方式、治疗措施及如何预防等；

（3）从人文角度看病毒对人类社会的影响；

（4）从健康城市建设角度看未来生活方式。

三、设计原则

（1）科学性原则：此次展览为科普展览，内容涵盖大量科学原理，在绘制插画和配图时需精准反应策划内容，将科学与艺术融为一体，二者不可偏废；展项在逻辑设计时也需按照事物发展的切实规律进行，切忌凭空想象。

（2）趣味性原则：展项设计上兼顾科普性与趣味性，使观众能够体验动手乐趣，在寓教于乐中学习科学知识。相对于同等内容的文字阅读，这种记忆应当更为深刻。

（3）互动性原则：展览的受众群体中包含大量青少年观众及儿童观众，活泼好动的天性使他们有很强的动手能力和探索欲望。展览的展品设计要注意互动性原则，吸引青少年观众积极参与，同时也应提前考虑相应的维护措施和备品备件准备，使展品展项易于现场工作人员维护及快速修理，确保每日的良好运行。

四、展览框架

展览由序厅及病毒星球、暴发·战"疫"、共享未来 3 个板块组成。序厅由艺术装置引入，带给观众一种思辨的氛围。展览第一板块通过丰富的互动游戏、生动的病毒模型、有趣的漫画图文，将一颗鲜为人知的"病毒星球"缓缓呈现在观众眼前。第二板块"暴发·战'疫'"则力求以真实记录新冠疫情从暴发以来，中国如何快速反应、高效防控以及全民参与，有效控制疫情进一步蔓延，并聚焦科技力量如何助力这次战"疫"。第三板块"共享未来"倡导健康的生活方式与和谐的生态文明观，探讨人类与病毒长期相处、生生不息之道。展览框架见表 1。

表 1　展览框架

主　题	展　项	内　　容
序厅	0-1 病毒是永远的敌人吗？	艺术三面画
	0-2 口罩魔幻森林	2019 个口罩组成的艺术森林
病毒星球	1-1 病毒是什么？	1-1-1 病毒的"自画像" 1-1-2 病毒历险记
	1-2 病毒从哪里来？	1-2-1 病毒的起源 1-2-2 病毒的进化 1-2-3 无处不在的病毒
	1-3 当病毒遇到人	1-3-1 病毒人类"攻防战" 1-3-2 人类病毒"黑名单"

续表

主题	展项	内容
暴发·战"疫"	2-1 COVID-19 真实记录	2-1-1 疫情暴发　病例激增　持续增长　疫情缓和
	2-2 逆境中的力量	2-2-1 病毒学鉴定 2-2-2 流行病学防控 2-2-3 优化共享的诊疗方案 2-2-4 新媒体下的科学传播 2-2-5 中国建造的神话——"火神山"与"雷神山" 2-2-6 灵活机动的生命之舟——方舱医院 2-2-7 全民战"疫"
	2-3 科技助力抗"疫"	2-3-1 科研战"疫" 2-3-2 大数据防控 2-3-3 智慧医疗 2-3-4 智慧生活方式
共享未来	3-1 健康生活	3-1-1 公共卫生服务体系 3-1-2 健康行为与生活方式
	3-2 一个星球	3-2-1 全球视野 3-2-2 万物有灵
	3-3 生生不息	病毒相关艺术作品展示

五、内容概述

1. 序厅

整个展览的导入部分，旨在营造气氛（庄重大气），启迪思考，并奠定整个展览内容和展示效果的高品质诉求。一旦走进，即让观众从纷繁复杂的周边环境中，沉下心来，进入一个兼具理性思考与休闲放松体验、科学与艺术气息并重的空间。展项群包括：①病毒是永远的敌人吗？②口罩魔幻森林。

2. 第一板块：病毒星球

本板块试图从病毒的视角认识地球上这样一种特殊的生命存在形式，其中前两个展项群展示病毒的特性和漫长的演化史，从病毒本身特点入手解答观众关于病毒致病原因、为何难以防治等种种疑惑，同时呈现病毒无处不在却又不为人所熟知的一面；第三个展项群展示病毒与人类的交集。从某种角度来说，人类的文明史就是一次又一次战胜传染病的历史。而病毒又是引起诸多人类传染病的重要而特别的病原体之一，第三个展项群通过列举人类文明中重大病毒传染病史和人类认识和诊断病毒的发展史两条时间轴，展现病毒与人类之间的攻防战争。

3. 第二板块：暴发·战"疫"

2020年记忆的开始是一场令每个人都印象深刻的战"疫"。我们必须记住，我们看到那些每天变化的曲线是人，不是数字。从刚开始的疑惑和不确定，到最后的贡献和坚持，我们每个人经历其中才逐渐发现，原来分享和合作才是最好的武器。本板块展项群包括：①COVID-19真实记录：以时间轴的形式梳理疫情发展的时间脉络，帮助观众了解COVID-19传播特点。②逆境中的力量：为观众解读疫情期间每个人的角色所发挥的作用；通过征集展品记录疫情中的众生百态，安抚受伤的心灵，纪念疫情中的牺牲与奉献，思考疫情带来的生活改变。③科技助力抗"疫"：通过科研战"疫"、大数据防控、智慧医疗、智慧生活方式等方面加深观众对科技抗"疫"的印象和理解，并与自己的生活关联，思考将来应对疫情的智慧力量。

4. 第三板块：共享未来

病毒本身不是完整的生命，它必须寄生在宿主细胞内才能生存和繁殖，因此我们很难从真正意义上"杀死"病毒。千万年来，病毒和人类之间有着复杂的相处关系。病毒在某种意义上确实是致命的，同时它们也赋予了这个世界必不可少的创造力。我们在过去没有消灭病毒，在未来也无法消灭病毒，那么我们该如何与之共处呢？本板块展项群包括：①健康生活：通过图表、案例以及互动展项的展示，让观众了解我国的公共卫生体系，对这次的防疫抗疫有一个全局的观念；并且树立正确、健康的生活理念和生活方式。②一个星球：引导观众从宏观、全局的角度看待和反思疫情暴发，认识人类命运共同体应该通力合作对抗疫情；同时意识到人类与病毒、与自然界的其他生物一样共享这个星球，树立正确的生态文明观，思考与自然界其他生物、与病毒之间和谐共处的方式。③生生不息：通过艺术布排的展现形式，展示人类历史上抗击疫情所留下的各种文化、艺术作品，再次引导观众对病毒和疫情做出思考。

六、环境设计

1. 整体方案介绍

展览总面积为900m²，在主厅外侧的公共区域另设一小块空间用于展示东方医院帐篷移动医院。如图1所示。

整个展览空间为单向游览，从入口进入的空间依次为"序厅""病毒星球""暴发·战'疫'""共享未来"4个主题区，展线总长为116m。整个展览共展出146件静态展品，24件互动展品。

2. 设计风格

围绕"理性探究、科学讨论"的展览基调，整个展览的设计风格是简约、冷静的。

图 1　鸟瞰效果

展览开展时疫情势态刚刚得到控制，公众对"病毒"的情感态度处于恐惧和厌恶的高峰阶段，项目团队在整体色调上选择了大面积的浅灰底色搭配饱和度较高的 4 种主题色彩，期望营造一个较为温和、理性的展览环境，以纾解疫情给公众带来的压抑情绪，给公众提供一个能够辩证思考"病毒与人类关系"话题的空间。

其次，病毒本身无法肉眼可见，为了更好地向公众展示和科普微观世界的种种规律，项目团队不仅在图文板面中运用了大量的手绘插画，同时结合展示内容设计了如 3D 打印病毒结构模型、病毒玻璃艺术品等直观性与美观性兼具的可视化展项。

3. 相关图片展示

（1）序厅主题色：粉色；设计要点：艺术感。如图 2 所示。

图 2　序厅效果

（2）病毒星球主题色：蓝色；设计要点：理性、严谨。如图3所示。

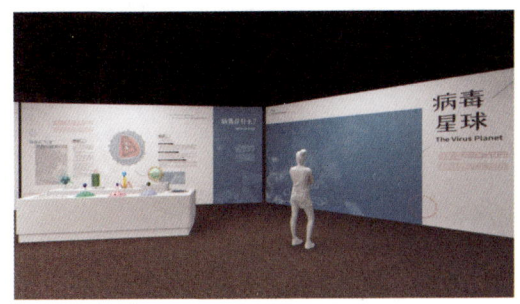

图3　病毒星球效果

（3）暴发·战"疫"主题色：橙色；设计要点：紧张、写实。如图4所示。

图4　暴发·战"疫"效果

（4）共享未来主题色：绿色；设计要点：希望、积极。如图5所示。

图5　共享未来效果

七、团队介绍

团队成员见表2。

表2　团队成员构成

姓名	职务/职称	在展览项目中承担工作
徐 蕾	研究设计院副院长/高级工程师	项目负责人，展览内容策划，展览文创策划、展览执行统筹
沈 颖	展览设计部副主任/高级工程师	设计主管
钱茜盈	展示策划师/初级	执行策划
刘雅竹	教育研发/中级	内容策划
仝 卿	展示教育/中级	内容策划
唐涵凌	展示设计师/初级	设计管理
顾晨晨	综合管理员/初级	项目管理
穆彦君	综合管理员/初级	项目管理
单 鹍	馆员	标本安装与维护
张汤铭	标本制作师/中级	标本安装与维护
阮敏杰	标本制作师/中级	标本安装与维护
包李君	无	文创开发与生产
毛文瑜	无	文创开发与生产
刘 俊	无	文创开发与生产

八、其他

"命运与共，携手抗疫——科技与健康同行"展于2020年7月推出以来赢得外界热烈反响，并推出共享简略版，随后作为"2020年全国科普日"长三角科普场馆联盟的品牌活动，于9月19日起在上海中国航海博物馆、江苏省科学技术馆、浙江省科学技术馆、浙江自然博物院、安徽省科学技术馆、合肥市科学技术馆等十余家科普场馆拉开帷幕，预计有20余万参观人次。展览"病毒星球"板块于10月亮相进博会公共卫生防疫设备场景体验馆。展览部分内容还在浦东新区科技节"浦东新区科技战疫主题展"、上海科技馆地铁站"ZHAN点科普"橱窗中展出。2021年，完整版巡展已在西藏自然科学博物馆、长江文明馆（武汉自然博物馆）进行展出，今后还将赴南京市科学技术馆等地进行巡展。展览荣获2020年度上海市博物馆陈列展览精品推介，海报入选中国博物馆海报设计推介年度100强。

项目单位：上海科技馆

文稿撰写人：徐　蕾　姚汪欢　唐涵凌

刘雅竹　钱茜盈　仝　卿

首都科技创新成果展
——人类与传染病的博弈

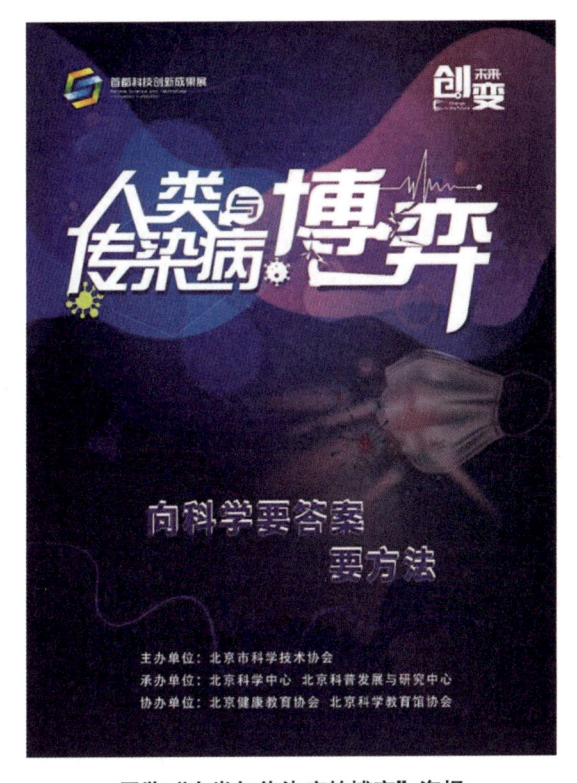

展览"人类与传染病的博弈"海报

一、背景意义

首都科技创新成果展是北京市科协在中国特色社会主义进入新时代、北京发展进入新阶段，落实习近平总书记关于"科技创新、科学普及是实现创新发展的两翼"重要论述，构建国际科创中心建设的科普一翼的创新品牌；也是北京市科协深化改革，实现科普双升级，破解科普工作的"二个不平衡"，实现北京科学中心创新展示功能的载体的重要探索。成果展贯彻"突出科学思想方法传播、突出科学传播形式创新、突出科学普及方法研究"的工作要求，不断探索传播科学思想方法的新形式、新方法，服务国际科创中心建设，服务全民科学素质提升。

2020年，为推动科普工作创新发展，回应新冠肺炎疫情这一公众和社会关切的热点事件，成果展策划了"人类与传染病的博弈"主题展，作为市科协系列化应急科普的重要内容。展览展示为抗击新冠肺炎疫情北京科技创新所涌现出的新成果、新成就，传播科学思想、科学方法，弘扬科学精神、启迪公众科学意识，助力新冠肺炎疫情常态化防控。展览主题围绕"科技战'疫'"这一主线，充分融合专职团组、专家团队和专业机构的优势，系统、深入地展示了人类对传染病的科学认知与技术创新助力传染病防治的思想与成果；旨在通过对创新过程解析与科普转化，让公众辩证认识传染病，引导公众像科学家一样去思考，知其然更知其所以然。

二、设计思路

1. 受众分析

成果展为以青少年为主的社会公众服务，成为其获取科技信息、科学知识，培养科学思想和科学精神的重要途径；为以企业、高校和科研院所为主的创新主体服务，成为其科技新成果、新发明、新思想的展示平台。

2. 指导依据

成果展围绕首都"四个中心"城市战略定位，聚焦全国科技创新中心建设重大要求，回应新冠疫情社会热点，助力新冠肺炎疫情常态化防控，是北京市科协系统化、系列化应急科普建设的重要组成部分。

3. 主题思想

展览以首都地区的前沿科技创新成果为载体，重点为公众进行传染病防控相关应急科普，展示建设国际科技创新中心的北京在传染病研究、治疗、控制与社会管理中的新进展、新技术、新成就，讲述北京科技战"疫"故事，展示科技发展在人类传染病抗争史中的重要作用，弘扬抗疫精神，传播我国科技创新在全球疫情防控中所作出的努力和贡献。

4. 教育目标

（1）通过展示人类与传染病博弈的历史进程及科技创新在新冠肺炎疫情防控中所做的贡献与努力，让公众感知和理解科学技术在疫情防控中的重要作用。

（2）展示传染病防控中"生物—心理—社会"层面相关技术支持，了解在传染病防控过程中"控制传染源、切断传播途径、保护易感人群"的相关新技术、新政策，理解传染病防控"预防为主，防治结合"的理念，倡导公众相信科技，支持国家及北京市疫情防控相关管理政策。

（3）通过对科技创新成果中科学方法、科学思想、科学精神、科学知识的提炼与展示，探究人类与传染病博弈中的认知发展与科技进步，引发公众对未来人与自然关系的辩证和平衡关系的思考。

三、设计原则

展览始终以科学思想、科学方法及科学精神的传播和普及为导向，从科技创新成果入手，深度挖掘实现科技成果创新的创意源点、创新过程，以问题导向、场景集群、相关延展的思路，用探索式、互动式的活泼方式展示成果背后的科学思想、科学方法、科学精神、科学知识，倡导"问题比答案更重要"的科学理念，了解内容背后的科学原理以及所承载的历史故事与科学精神，从而激发青少年科学探究的好奇心，引导公众像科学家一样思考，培养青少年"向科学要答案、要方法"的科学素养与能力，并将这种科学思维应用于自己日常的生活中。

四、展览框架

本次展览以人类对传染病的认知为线索，以首都科技创新成果展所秉承的科学知识、科学思想、科学方法、科学精神传播为核心，时间故事线与科技发展线相互贯穿，追溯历史，展示创新。以主题相关的前沿科技创新成果为切入点，通过以点带面、以小博大的展示方式，将各展区进行逻辑串联，并通过时间故事线的串联，形成完整的展示脉络。展览整体展示内容分为序厅部分和"探索，发现隐形世界""创新，守护生命健康""发展，实现共存和谐"三大主题展区部分。展览框架如图1所示。

图1 展览框架

五、内容概述

展览展厅的实际面积约 1000 ㎡。本次展览共计推介来自清华大学、中国科学院科技创新发展中心（北京分院）、中国科学院微生物研究所、中国科学院生物物理研究所、中国信息通信研究院、北京市疾病预防控制中心等50余家单位的43项科技成果，设置展品展项80项。

展览整体展示内容分为序厅部分和"探索，发现隐形世界""创新，守护生命健康""发展，实现共存和谐"三大主题展区部分。

序厅部分主要展示了古今中外人类与传染病的博弈进程中代表性的科学家形象和场景，以及为今年疫情防控做出突出贡献的优秀科学家和英雄代表。每幅画面后都有一段探索创新的科学故事，引导公众感受科学家们爱国创新、求实奉献、协同育人的科学家精神。

第一大区："探索，发现隐形世界"。该展区以人类历史上的传染病、中国古代防疫思想和措施、传染病认识简史为逻辑线，带领公众回顾传染病历史，了解中国古代防疫思想和措施，认识病原体发现历程，探索传染病和微生物世界之间的关系；传达出从未知到已知、从现象到本质的事物认识规律，以及科学始于疑问的科学精神，让公众了解科学的发展是累积性的，以及科学技术进步在人类对抗传染病上所起到的重大作用；同时向公众传达勇于探索、不懈努力、无私奉献的科学家精神。

第二大区："创新，守护生命健康"。展区从"科学防护""排查追踪""精确诊断""精准救治""社会防控"5个方面进行内容展示。"科学防护"展区以口罩、疫苗为切入点，展示切断传播途径、保护易感人群方面的相关成果。"排查追踪"展区，以多人无接触测温、通信大数据行程卡等为核心展示内容，展示在传染病病原及感染人员排查、追踪过程中所使用的大数据、信息化技术等相关技术成果。"精确诊断"展区，从传染病常见症状和体征、流行病学调查、临床诊断、病原学检查等方面展示传染病诊断相关的科技成果。"精准救治"展区，从一般治疗、支持治疗、病原或特异性免疫治疗、心理健康服务等方面，展示治疗过程中的新技术、新设备、新方法。"社会防控"展区从社会层面展现国家治理体系和治理能力的进步。

第三大区："发展，实现共存和谐"。人类与传染病的博弈是一场持久战，未来的发展依赖当代人的认知与行动创造。如何立足自身的社会角色和责任，辩证看待人类与微生物、人类与自然的关系，这也是我们本期展览引导公众思考的方向。最后展现系列抗疫视频，希望公众在思考的同时，更深刻的感受生命至上、举国同心、舍生忘死、尊重科学、命运与共的伟大抗疫精神。

为更好地落实"展教结合、以教为主"理念，本期主题展细化完善了人工讲解服务，专业策划团队直接服务于公众，让公众更清晰地了解展览所展现的科学思想与科学方法。同时，在展示区内设立展教活动区，围绕展览内容所承载的科学思想、科学方法，开发了"我是小小流调员""小口罩，大智慧"等系列主题研学课程，开展了系列主题研学活动，以场景设定、角色扮演、知识竞答、互动体验、逻辑推理、创意创作等游戏形式，让青少年在活动中践行观察、实验、分类、统计、归纳的科学方法，了解内容背后的科学原理以及所承载的历史故事与科学精神，让其在互动体验中直接感受科学方法和思想在日常生活的实际应用。

六、环境设计

整个展厅采用橙色、绿色等明亮色调，传递希望、信心和积极的力量。展览结合主题，在整个展览空间（地面、展墙背景、上空）加入病毒、细菌模型等元素，寓意着微生物无处不在，以增强展览主题的代入感以及观众的环境体验感。展厅以环形动态空间为主，采用灵动的空间设计风格，参观路线符合展厅参观逻辑，静态和动态相结合，展墙与展岛相呼应。除此之外，展厅还设立了独立展教空间，强化落实展教结合，以教为主的理念。

展厅设置红外无接触体温检测仪、智能机器人等高科技产品，通过这些科技元素引导公众养成向科学要答案、向科学要方法的能力和习惯。同时，展厅设置定向打卡点，结合展览内容传达防疫理念。展厅有关效果如图 2 所示。

图 2　空间和环境设计

七、展品构成

展品构成如表 1 所示。

表 1　展品构成

展　区	分区名称	序号	展品名称	展品数量
序厅		1	抗疫历史上的重大事件	1
		2	病毒细菌气球或模型（7 种）	7

续表

展　区	分区名称	序号	展品名称	展品数量
探索，发现隐形世界		3	古代防疫思想与措施——滑块迷宫	1
		4	病原体的发现历程	1
		5	放大的"颗粒"	1
		6	传染病与致病原翻板互动	1
		7	病原体（埃博拉病毒、寨卡病毒、流感病毒）模型	3
		8	虫媒标本（老鼠、蚊子、蟑螂）	3
		9	病原体模型（非洲猪瘟）+科普视频	1
创新，守护生命健康	科学防护	10	口罩的分类与选择（棉布、一次性医用口罩、一次性医用外科口罩、N95口罩、石墨烯口罩）	4
		11	口罩防护效果大比拼	1
		12	"从石油到口罩"互动展项	1
		13	小手洗一洗，效果大不同	1
		14	"拆弹"疫苗——模型拆解	4
		15	疫苗科普视频	1
		16	患基础疾病儿童预防接种模式	1
		17	人类新发传染病动物模型体系的建立和应用	1
		18	新型冠状病毒杀查一体空气消毒系统	1
		19	新型冠状病毒杀查一体空气消毒系统——消杀模块	1
		20	消杀（喷洒）机器人	1
		21	便携式电动超低容量喷雾器	1
		22	电池式喷雾器	1
		23	手提常量喷雾器	1
	排查追踪	24	致敬逆行者	1
		25	负压救护车	1
		26	负压救护舱	1
		27	易城安——体温监测与数据管理服务平台	1
		28	AI数字人红外测温系统	1
		29	智能无源黑体	1
		30	AI智能外呼机器人	1
		31	通信大数据行程卡	1
		32	归纳法游戏展项群	1
		33	流调视频——流调24小时	1
		34	流调员打卡点	1

第四章　抗疫应急科普展览项目获奖作品

续表

展　区	分区名称	序号	展品名称	展品数量
创新，守护生命健康	精确诊断	35	常见临床表现和体征	1
		36	肺炎 CT 影像辅助分诊与评估软件	1
		37	大孔径螺旋 CT	1
		38	细菌培养延时视频	1
		39	微液滴数字 PCR 平台	1
		40	S32 自动核酸提取仪（实物＋视频）	1
		41	磁珠法病毒 DNA/RNA 提取试剂盒	1
		42	新型冠状病毒 2019-nCoV 核酸定量检测试剂盒	1
		43	拭子保存液	1
		44	六项呼吸道病毒试剂盒	1
		45	恒温扩增微流控芯片核酸分析仪	1
		46	病原微生物快速检测箱	1
	精准救治	47	隔离病房（迷宫）	1
		48	药丸口服液造型	1
		49	非接触式体征监测仪	1
		50	无线电子听诊器	1
		51	红外血管成像仪	1
		52	脑血氧饱和度检测	1
		53	科普视频（治疗过程）	1
		54	智能仿生排痰系统	1
		55	呼吸神经肌肉刺激仪	1
		56	气囊测压表	1
		57	R50 呼吸机	1
		58	中国科学院心理健康服务平台	1
		59	病毒模型发泄展项	1
发展，实现共存和谐		60	电镜图片	1
		61	抗疫连环画及视频	1
		62	科普视频（人与自然、抗疫相关视频）	1
		63	留言墙	1

八、团队介绍

该项目团队由北京科学中心、北京科普发展与研究中心的业务骨干组成。其中，业务专长涵盖科学传播、科技博物馆研究、展览展品设计、教育活动开发与实施、教育及文创产品开发、宣传推广等。项目团队成员见表2。

表2 团队成员构成

姓 名	职务	在展览项目中承担工作
付萌萌	副主任（主持工作）	项目负责人
袁 正	副研究员	项目统筹
韩 慧	项目主管	项目执行统筹
马俊改	副研究馆员	内容统筹
王 慧	副研究员	内容与展项策划
刘培欣	项目主管	内容与展项策划
代秀娇	项目主管	内容与展项策划
宋丹妮	项目主管	内容与展项策划
吴 迪	项目主管	平面、空间及展项设计转化
任锐桓	项目主管	活动策划及执行
彭云向	项目主管	宣传推广

九、创新与思考

（一）创新与亮点

1. 聚焦社会热点，回应公众关切，系列应急科普，助力常态化疫情防控

本主题展是北京市科协应急科普工作中的重点内容，回应公共卫生热点事件，以线上线下融合，内容开发与传播渠道拓展相结合的形式传播系列应急科普内容，助力常态化疫情防控。累计发布应急科普内容600余篇，全国科普日期间推送原创科普内容20余个，实现了线下主题展览的有效拓展。

2. 创新科普理念，突出科学思想、科学方法、科学精神的传播

本主题展从科技创新成果入手，深度挖掘实现科技创新的创意源点、创新过程，以问题导向、场景集群、相关延展的思路，重点强化科普转化，引导公众像科学家一样思考；以探索式、互动式展示，向公众传递比较、类比、定量观测与统计分析法、实验验证、逻辑推理等具体的科学方法在科学进步与技术创新中的应用；用活泼、多元的形式展现系统思维、整体思维、精准思维、逻辑思维、辩证思维如何推动创新，传播科学哲学、医学与公共卫生等不同层次的具体科学思想，让公众感受这些科学思维在日常生活中的应用；并通过科学家故事的讲述将爱国创新、求实奉献、协同育人科学家精神展示贯穿始终。

3. 全媒体融合宣传，打造首都科技创新文化传播平台

本主题展高效利用宣传资源，联合自媒体、平面媒体、网络媒体、电视媒体等多渠道进行传播，形成了"内容上有亮点、有深度，渠道上有广度、有力度"的传播格局。通过订制剪辑、授权播放、联合制作等形式实现科普动画片、抗疫宣传片等10余个科普视频内容开展传播，累计传播量40余万次。与"首都科学讲堂"在"世界精神卫生日"联合实施《后疫情时期，守护青少年心理健康》院士讲座。同时建设线上展厅，利用北京科学中心官网、北京云端科学嘉年华、首都科创微信公众号等平台进行搭载，让线下展厅普惠更多公众。

4. 创新展教活动形式，落实"展教结合、以教为主"理念

落实"展教结合、以教为主"理念，在机器人定时讲解的基础上，本主题展细化完善人工讲解服务，组织专业策划团队直接服务于公众，让公众更清晰地了解展览所展现的科学思想与科学方法。同时，在展示区内设立展教活动区，围绕展览内容，开发了系列主题研学课程，以游戏形式，让青少年在活动中践行观察、实验、分类、统计、归纳的科学方法，了解内容背后的科学原理以及所承载的历史故事与科学精神，让公众在互动体验中直接感受科学方法和思想在日常生活的实际应用，激发青少年科学探究的好奇心，培养青少年"向科学要答案、要方法"的科学素养与能力。

（二）经验及思考

1. 建立健全"三专体系"，攻克科学思想与科学方法传播难关

坚持科协深化改革的部署要求，更广泛的联系科技工作者，为活动提供科学性保障、科普资源保障、活动人力保障；邀请北京市的各类学会、协会、基金会、基层科协共同参与建设，吸引更多的创新主体主动参与科学传播，促进和培育科普活动、展示等专业机构在策划、执行层面的转型和升级；强化提升专业管理人员的业务能力和综合素质。

通过三专体系的建设，我们比照设计目标前行，对于我们为什么要建设成果展，我们想建设一个怎样的成果展这一问题，在实践中也做出了探索性、创新性的回答。

2. 建立成果展品牌体系，突破场地限制，实现传播效果最大化

展览系统化。按照"时间扩展空间"的原则，周期性策划围绕"成果展"主题将首都科技创新成果展策划成系列展览。通过一系列的专业性、主题性科技创新前沿成果展撑起"成果展"这一主题概念。

资源社会化。通过开放征集的形式，充分调动社会资源，广泛征集首都科技创新成果；吸引创新企业、科研院所、高校等社会力量参与，推动展览的社会化运行。

效果导向性。在工作中要求整个团队以效果为导向，进行各项活动的策划设计，实现成果展各项工作的一体化。构建全方位的宣传矩阵，借助官方渠道、社会媒体和各类新媒体全方位地开展，扩大品牌的知名度和吸引力。

3. 充分调动社会资源实现科普内容创新、形式创新与机制创新

依托征集渠道，形成全年征集、全年展示的创新成果展览机制；探索与学会、协会、院所、高校、三城一区的联合办展机制；鼓励科学家做科普，在成果展中利用展演等形式在科学家与公众之间建立桥梁，通过对首都在建设科技创新中心过程中的前沿成果和感人事迹的直观、多样化展示，挖掘和传播成果背后的科学思想、科学方法和科学精神，不断创新展示内容和展示形式。

项目单位：北京科学中心　北京科普发展与研究中心

文稿撰写人：付萌萌　袁　正　韩　慧　任锐桓

微观探秘
——病毒、细菌微生物展

展览"微观探秘——病毒、细菌微生物展"海报

一、背景意义

2020年新冠病毒蔓延全球，人们提及为之色变。当新冠病毒、SARS、天花、鼠疫、流感、狂犬病、艾滋病、疟疾等疾病展现在面前时，我们首先会想到的是病毒、细菌等微生物的感染。它们还有个共同的古老名字"瘟疫"。这些传染病以超乎想象的方式影响了人类社会的方方面面。但地球如果没有微生物，"预计只需一年左右的时间，食物供应链就会彻底瘫痪，人类社会将完全崩溃。地球上的大多数物种会灭绝，而幸存下来的物种，其数量也将大大减少。"（微生物学家杰克·吉尔伯特和乔什·诺伊费尔德的思维实验结论）

病毒肉眼不可见，却对大量生命体进行调节，还影响气候、土壤、海洋、淡水

和氧气，干预人类文明的进程……放眼生命演化和生存的历程，微生物是关键一环。它们和我们共同拥有这个星球，唯有真正认识微生物，才能科学地防疫和为人类所用。

为了向公众科普病毒、细菌等微生物的相关知识，降低民众对新冠病毒的恐慌情绪，提高民众对病毒的防范意识，合肥市科技馆策划并展出了"微观探秘——病毒、细菌微生物展"。

二、设计思路

（1）受众分析：本展览主要面向两类人群。一是关注微生物学发展的专业人群；二是普通群众。

（2）指导依据：本展览根据中国科协、中国科学技术馆贯彻落实习近平总书记关于统筹疫情防控和经济社会发展工作的指示要求，精心策划设计该套国内系统全面介绍病毒、细菌、真菌等微生物世界的互动应急科普展览。

（3）主题思想：本展览以"生物多样性"和"人与自然和谐共生"为主题，让公众了解自然、敬畏自然、尊重生命，并探寻人与自然和谐相处之道。

（4）教育目标：本展览主要是为了向公众科普病毒、细菌等微生物的相关知识，减少公众对疾病的非理性恐慌，科学防疫，弘扬献身科研的科学精神，启迪公众探索未知的微生物世界。

三、设计原则

系统展现微生物脉络，典型呈现重点展品，结合生活梳理微生物作用，由近及远科普微生物作用。

四、展览框架

展览在布局方面改变了传统按学科布局的模式，选择以生物多样性和人与自然和谐共生为基本线索，纵向包括"无可替代——没有微生物的世界""无处不在——千奇百怪的微生物""有利有弊——离不开的病毒""百变细菌——改变世界的原核微生物""奥妙无穷——家养的真核微生物""病毒与科学家——志存高远、造福人类"6个区域。展览框架如图1所示。

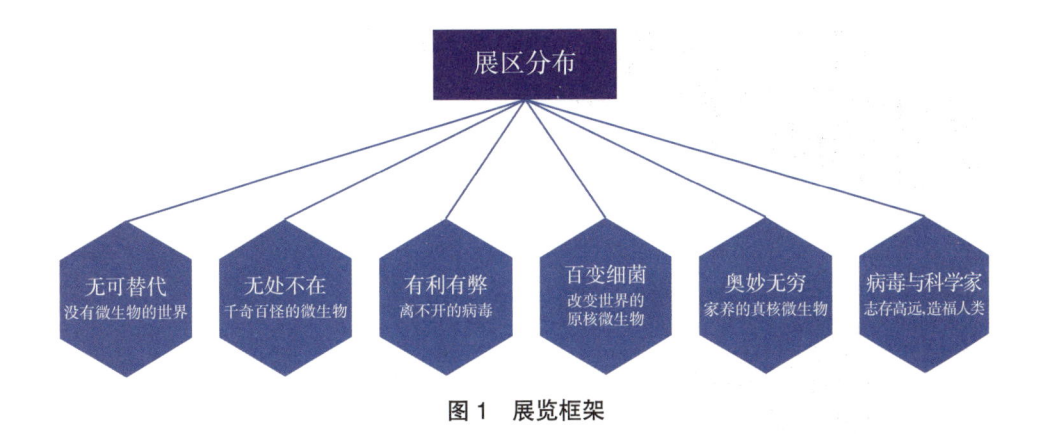

第四章　抗疫应急科普展览项目获奖作品

```
                    展区分布
     ┌──────┬──────┬──────┬──────┬──────┐
  无可替代  无处不在  有利有弊  百变细菌  奥妙无穷  病毒与科学家
没有微生物的世界 千奇百怪的微生物 离不开的病毒 改变世界的 家养的真核微生物 志存高远，造福人类
                                原核微生物
```

图 1　展览框架

展览面积约 800m², 展品 41 件。通过丰富多彩的展示形式呈现奇妙的微观世界，增进公众对细菌和病毒等微生物的了解和科学家为人类所作出的贡献的了解，减少公众对疾病的非理性恐慌，科学防疫，让公众了解自然、敬畏自然、尊重生命，并探寻人与自然和谐相处之道。

五、环境设计

展览在总体布展设计中借鉴"抽象分子结构扁平化"风格。如图 2、图 3 所示。

图 2　布展鸟瞰效果

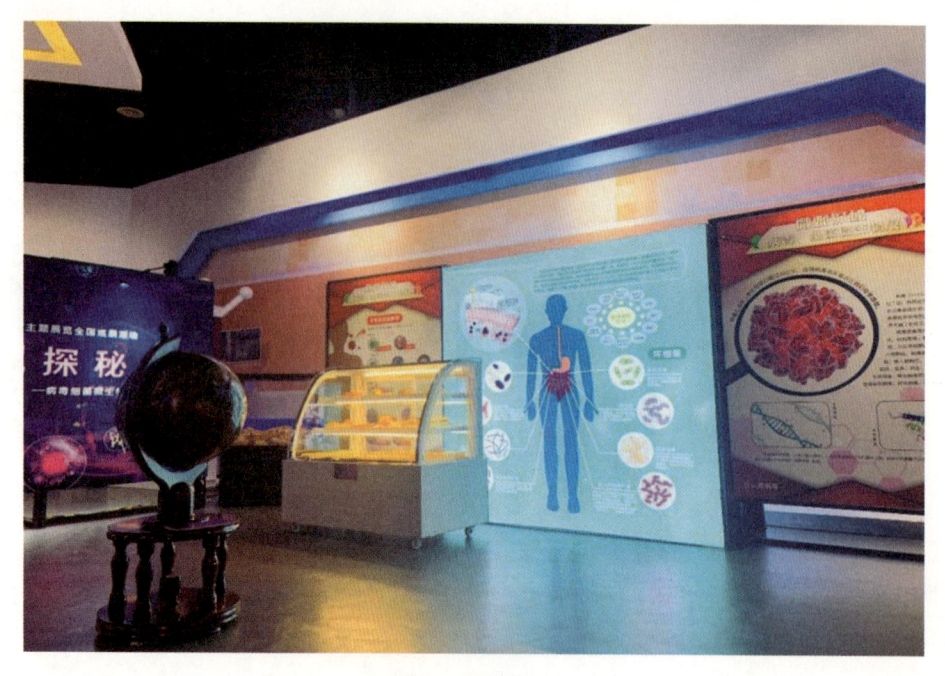

图 3　展览效果

六、展品构成

展品构成如表 1 所示。

表 1　展品构成

展　区	展品序号	展品名称
无可替代——没有微生物的世界	1	红色的地球
	2	消失的食物
	3	无法分解的尸体
	4	消失的抗生素
	5	肠道里的军队
无处不在——千奇百怪的微生物	6	生物起源于微生物
	7	微生物的尺度
	8	微生物大家族
	9	细菌 3D 互动教育
	10	胡克的显微镜
	11	透视蓝藻——最早的细菌
	12	最大、最多微生物——真菌
	13	最早的细菌——美味蓝藻

续表

展　区	展品序号	展品名称
有利有弊——离不开的病毒	14	放大一万倍——认识病毒家族
	15	新冠病毒大型仿真模型
	16	喷嚏里的病毒能传多远
	17	免疫细胞大战病毒
	18	科学预防新冠肺炎
	19	防病毒基因保卫战
	20	VR沉浸微生物课堂
	21	学生如何预防病毒
	22	T4噬菌体病毒仿真模型
	23	如何正确佩戴口罩
	24	新冠病毒的传播
百变细菌——改变世界的原核微生物	25	微生物生产的药物
	26	小小生物学家
	27	放大1万倍——人体细胞
	28	放大1万倍——动植物细胞
	29	放大1万倍——细菌
	30	放大1万倍——心肌细胞
	31	放大1万倍——血细胞
	32	细菌培养皿
奥妙无穷——家养的真核微生物	33	家养的真菌
	34	微生物拼装
	35	炫丽菌丝
	36	放大1万倍——原生动物
病毒与科学家——志存高远，造福人类	37	科赫法则
	38	诺贝尔与微生物学
	39	汤飞凡——东方的巴斯德
	40	追求真理
	41	纪念科学家汤飞凡

七、团队介绍

该项目团队由合肥市科技馆展品研发部、展教部、培训活动部、科普影视中心、网络科普部、观众服务部的业务骨干组成，业务专长涵盖展览展品设计、教育活动开发与实施、教育及文创产品开发、网站建设及网络推广等。团队成员如下：柏劲松、陈叙、曹晓翔、袁媛、李嘉、谢文化、黄媛、杨健、史川、杨蓓蓓、蔚娟。

八、创新与思考

在我们共同的努力下，展览取得较大成效。展览从探秘微生物的独特视角出发，创新研发了多种微观世界的呈现方式——通过实物观察、沉浸式体验和多媒体互动等多种展示手段，帮助公众了解微生物，减少公众非理性恐慌，让公众敬畏自然、尊重生命。展览集科学性、互动性、艺术性于一体，展品自主创新率高，特别是在展示知识的同时，呈现了人类对自然的认识和改造；展现了科学家为追求真理不惜奉献生命的宝贵精神。这在国内同类型展览中独树一帜，获得了专家和观众的一致好评。

本展览具有以下特色，可为其他展览提供参考。

（1）展览主题明确，设计思路清晰，将科学方法、科学思维和科学家精神融入展览设计中。

（2）展览内容形式多样，包含展品、展板、展览手册、配套教育活动和文创产品等。

（3）展品体验形式丰富，包括实物观察、高清模型、沉浸式VR互动、多媒体互动、黑箱互动、红外手势互动、科普游戏等。

（4）集科学性、趣味性、互动性于一体。

项目单位：合肥市科技馆
文稿撰写人：陈 叙

武汉战"疫"
——抗击新冠肺炎疫情专题展

展览"武汉战'疫'——抗击新冠肺炎疫情专题展"海报

一、背景意义

2020年初，新冠肺炎疫情全球暴发。这是中华人民共和国成立以来遭遇的传播速度最快、感染范围最广、防控难度最大的突发公共卫生事件。在习近平总书记亲自指挥、部署下，在全国人民的大力支持下，作为疫情的"风暴眼"，千万湖北省武汉市人民众志成城，在较短时间内取得了武汉保卫战的决定性成果。

为了记录这一史无前例的有血有泪的抗疫故事，凸显抗疫中的科技力量，感恩全国人民的大力支持，及时对公众进行新冠肺炎应急科普，武汉科学技术馆在解封后第一时间，组织策划了"武汉战'疫'——抗击新冠肺炎疫情专题展"，在2020年7月25日疫后恢复开馆首日向公众推出，取得很好的社会反响。

二、设计思路

该展览以疫情中心城市武汉市人民奋力战"疫"为主线，带领公众去挖掘一个个疫情数据背后的感人战疫故事，加深对 2020 年新冠肺炎疫情的了解和认识，学习流行性疾病基本的防疫措施。通过展览弘扬伟大抗疫精神，振奋复工复产的信心，感恩奋进，砥砺前行，助力武汉市在疫情冲击后重新焕发生机，谱写高质量发展新篇章。

1. 受众分析

本展览作为应急科普展览，面向全体公众。一是弘扬抗疫精神，总结成功经验；二是普及病毒相关知识，宣传常态化疫情防控的需要及要求；三是振奋民心，推动全面复工复产，谱写高质量发展新篇章。

2. 指导依据

疫情发生以来，中央召开多次会议，强调"人民至上、生命至上"，提出"坚定信念、同心共济、科学防治、精准施策"的总要求和一系列科学防控策略，为打好湖北省保卫战、武汉市保卫战指明了前进方向，提供了根本准则。展览从科学战疫、逆行支援、解码病毒等几个方面再现武汉市人民战"疫"全过程，诠释伟大的抗疫精神，彰显举国上下团结一心、众志成城，统筹推进疫情防控和经济社会发展工作取得的显著成效。

3. 主题思想

武汉市作为打赢疫情防控阻击战的决战决胜之地，也是全国科技战"疫"的主战场。展览以疫情中心城市武汉市人民奋力战"疫"为主线，通过带领公众去挖掘一个个疫情数据背后的感人战"疫"故事，借此展现中国运用现代科技，进行科学防控、科学治理，取得抗击新冠肺炎疫情斗争重大战略成果，创造人类同疾病斗争史上的英勇壮举。

4. 教育目标

新冠肺炎疫情是百年来全球发生的最严重的传染病大流行，是中华人民共和国成立以来遭遇的传播速度最快、感染范围最广、防控难度最大的突发公共卫生事件。此次展览以回顾湖北省武汉市抗疫为主线，目的是通过展览向公众传达新冠肺炎科学防控、科学治理的重要性。展览通过科学解码病毒生存、传播规律，让公众对新型冠状病毒有更科学、深刻的认识，从而有助于理解病毒传播特性以及感染病毒后如何应对治疗，有助于公众在日常生活中养成良好的卫生习惯。

三、设计原则

选题尽量选取贴近生活、突出地域特色的内容，在表现形式和表现内容上把握重点，删繁就简。

四、展览框架

展览分为前言、抗疫——我们战在武汉、同袍——最美逆行支援、解码——向科学要答案、结语五大板块，共计 64 块图文板，展览面积约为 400m²。展览框架如图 1 所示。

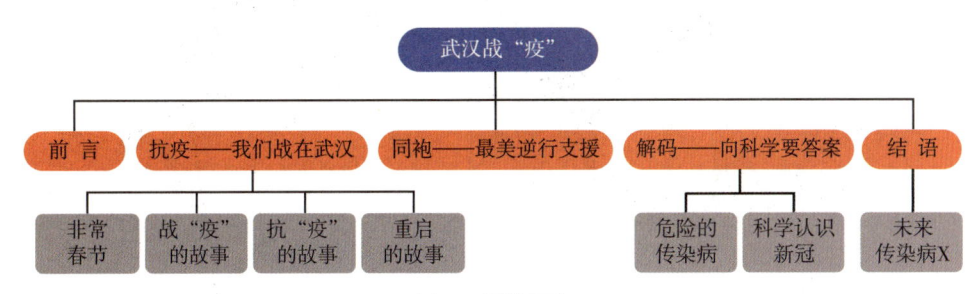

```
                        武汉战"疫"
    ┌──────┬──────────────┬──────────────┬──────────────┬──────┐
   前言   抗疫——我们战在武汉  同袍——最美逆行支援  解码——向科学要答案   结语
           ┌────┬────┬────┐              ┌────┬────┐         │
          非常  战"疫" 抗"疫" 重启          危险的  科学认识    未来
          春节  的故事 的故事 的故事         传染病  新冠      传染病X
```

图 1　展览框架

"前言"部分，介绍人类的历史伴随着疾病的历史，疾病和传染病流行对人类文明产生了深刻而全面的影响。2020 年初，新冠肺炎疫情暴发，武汉市人民通过一系列举措阻断了病毒的迅速传播，对遏制疫情起到了至关重要的作用。

"抗疫——我们战在武汉"部分，用数字故事呈现武汉英雄城市真实面貌。确诊、疑似、治愈、死亡……不断更新的数字之下，是数千万武汉市人民坚强的生活，更是全中国人守望相助的缩影。

"同袍——最美逆行支援"部分，展现武汉市在危难时刻，来自各行各业的逆行者齐心协力守护人民群众生命安全和身体健康。从国家领导人到基层干部、从中国人民解放军战士到值班的民警、从科研工作者到普通民众……每一个中国人都在为生命坚守岗位。

"解码——向科学要答案"部分，展现人类对抗疾病的手段随着科学技术的发展不断提高。解码科学防疫，让公众了解科学家们在不断"向科学要答案、要方法"。

"结语"部分，介绍新冠肺炎疫情改变了很多人的生活，更改变了每一个武汉市人民的生活。在共同应对疫情全球大流行的挑战中，同舟共济、守望相助，"共建人类命运共同体"是我们战胜疫情的唯一途径。

五、环境设计

在策展的过程中，因受疫情影响及各方面条件的制约，整个展览最后是以图文板的形式呈现。在设计的过程中，我们尽量优化展示角度和方式，力求通过精炼、紧凑的结构，新颖、独特的展示角度来提升展览的质量。如图 2 所示。

图 2　布展效果

六、展品构成

展品构成如表 1 所示。

表 1　展品构成

展区名称	分展区	展项名称	数量
前言		武汉，英雄的城市（主题墙）	1
抗疫——我们战在武汉	非常春节	标题	1
		牵挂：党中央牵挂疫情中的武汉人民	1
		封城：暂停 76 天的意义	1
		速度：10 天建造"火神山"	1
		坚守：武汉人的春节	1
	战"疫"的故事	英雄：白衣战士奋斗在一线	1
		英雄：医者仁心　我们就是撑起隔离病毒的那堵墙	1
		英雄：家书	1
		英雄：在危险的边缘采集"毒样"	1
		重生：全球首例新冠肺炎肺移植手术成功	1
		战斗：91 岁老兵取得战"疫"胜利	1

续表

展区名称	分展区	展项名称	数量
抗疫——我们战在武汉	抗"疫"的故事	防线：社区联防战斗（典型社区）	1
		无畏：万名志愿者奋战疫情防控一线	1
		无畏：90后志愿者，精神在战"疫"中传承	2
		无畏：科协志愿者，当好疫情防控的"科技生力军"	2
		守望：40天冲在一线，只想为守护武汉尽一份力	1
		助力："武汉产"纳米防雾喷剂助力抗疫	1
		助力：科技企业｜我省7个核酸检测产品获欧盟CE准入	1
		发声：在汉院士集体发声，手书"武汉加油"	5
		发声：坚持就是胜利！全国最美科技工作者徐恭义为武汉加油！	1
	重启的故事	习近平和湖北的故事	3
		10日大会战，开展全民核酸筛查	1
		1000多万人的启封生活	1
		英雄之城再出发	1
		互联网+推动湖北经济复苏	1
同袍——最美逆行支援	同袍——最美逆行支援	标题	1
		战斗：致敬万名逆行者	1
		众志：19省市对口支援	2
		支持：一亿只口罩背后的故事	1
		致敬：国士无双钟南山	1
		致敬：心济苍生李兰娟	1
		致敬：院士亦是战士	1
		纪念：中国暂停三分钟	1
解码——向科学要答案	危险的传染病	标题	1
		病毒	1
		病毒与人类的关系	1
		百毒不侵的蝙蝠	1
		埃博拉病毒	1
		非典SARS	1

续表

展区名称	分展区	展项名称	数量
解码——向科学要答案	科学认识新冠	科学认识新冠肺炎	1
		科学认识新冠肺炎传播途径	1
		科学认识新冠肺炎疑似症状	1
		科学认识新冠肺炎治疗手段有哪些	1
		疫苗研究新进展	2
		病毒检测技术	1
		抗病毒药物	1
		杜绝歧视 互相关心	1
结语	未来传染病X	声音：我们在武汉	1
		全球：人类命运共同体	3
		下一战：未来传染病X	1
		必胜的信念	1
展板数量总计			64

七、团队介绍

该项目团队由武汉科学技术馆研究策划部、展教部业务骨干组成，业务专长涵盖展览策划、文字资料收集、图片整理、美术设计等。团队成员有：陈旭，项目负责人，负责带领团队策划、组织开发展览；谭琛，负责展览策划工作；洪凌燕、陈星雨负责文字资料收集工作；王锐利、胡维娜负责图片整理工作；张晨负责美术设计工作。

八、创新与思考

1. 策划亮点及经验

亮点一：本次展览以身在疫情中心的湖北省武汉市为出发点，结合战"疫"的特点，较完整的再现武汉战"疫"的全过程，并从战"疫"入手，最后重点落脚体现科学防疫。在展览内容的体现上，前面几个部分重在对战"疫"故事的呈现，而最后一个板块的"解码"专题，则是集中凸显科技抗"疫"的中国力量。

亮点二：整个展览虽然是以图文板的形式呈现，但在设计的过程中，我们尽量优化展示角度和方式，力求通过精炼、紧凑的结构，新颖、独特的展示角度来提升展览的质量。

亮点三：武汉科学技术馆积极依托自身平台发挥科普主阵地作用，通过推送有关新型冠状病毒科学预防的相关科普知识、疫情防控最新动态，让公众能够科学、正确地了解新型冠状病毒，正面引导公众凝聚力量，共战疫情。

亮点四：展览策划突出宣传科学家精神。在展览的展示内容中，我们依托武汉市的科教资源和院士专家优势，设计了在汉院士手书板块，以促进科学知识的普及和科学精神的弘扬。

亮点五：武汉科学技术馆将已展出的"武汉战'疫'"展览进行提档升级后安排在郑州、重庆、太原、合肥、黄石5地科技馆进行为期1年的巡展。这是武汉科学技术馆首次作为展览主办方，将自己独立策展的展览项目向全国推广和交流。

2. 问题和思考

（1）关于临时展览的选题尽量选取贴近生活、突出地域特色的主题，这样才会使展览更有魅力，能够引起和观众的心灵共鸣和共"情"。

（2）临时展览展示的内容需要重点突出、层次清晰。一般来说，临时展览受到场地和面积的限制，不能像常设展览呈现的内容系统全面。这就要求对临时展览无论在表现形式还是在表现内容上都需要把握重点，删繁就简。例如本次的展览，所要选取的素材众多，从哪个角度、哪个方面来凸显战"疫"主题是策展过程中需要重点考虑的问题。

（3）临时展览形式的选择。由于策划展览期间，武汉市正处在疫情防控的重要阶段。策展期间，各方面的条件都受到一定的限制，因此，策展团队提出了以图片展结合展板的形式让展览最终落地。图片展的策展形式在选择图片和展板设计上是重点考虑内容。照片或展板选取不当，设计上缺乏新意和变化，就会让展览显得毫无特点。所以，我们在照片选取和板面设计，包括展板材质的选择上花了更多的心思去考虑。

（4）突出科协联系科技工作者的桥梁纽带作用。科技馆作为面向公众传播科学的阵地，应充分借助科协联系科技工作者的桥梁纽带作用，将最及时、最权威、多角度的科普资源进行优质整合，将应急科普作为公众文化素养提升的有效途径。

项目单位：武汉科学技术馆
文稿撰写人：洪凌燕

优秀奖获奖作品

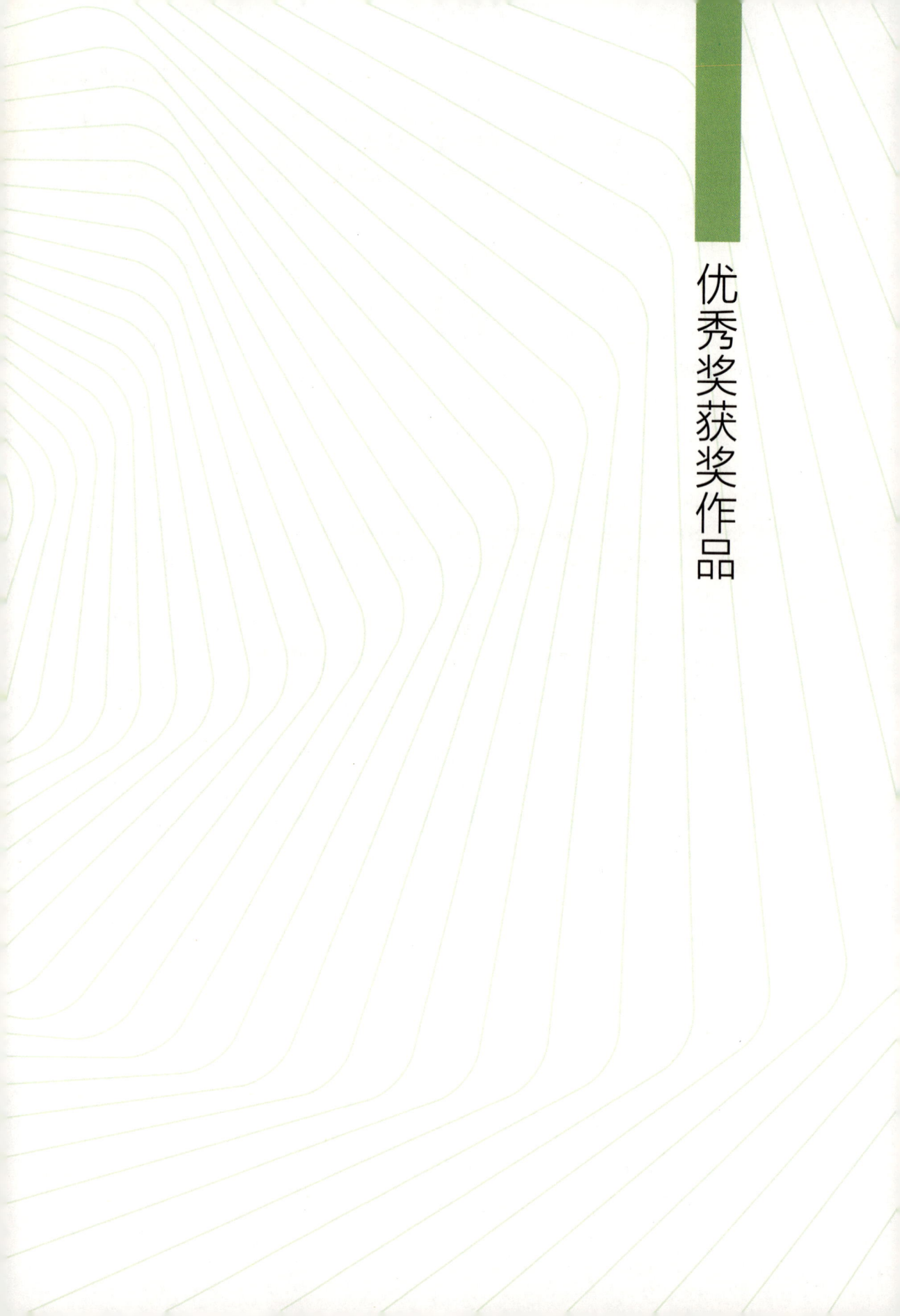

病　　毒
——人类的敌人还是朋友

一、背景意义

2020年，一场波及全球的新冠肺炎疫情汹涌而至，危及整个人类社会。病毒从哪里来？如何传播？该如何预防？人类最终能战胜它吗？它还会卷土重来吗？……面对疫情，公众有诸多疑问。重新认识病毒，客观全面了解病毒，掌握防范病毒的科学方法，对我们每个人而言都至关重要。

面对这一场全人类共同的灾难，我们需要团结一心，奋起抗击，更重要的是需要总结反思。广东科学中心作为超大型的科普场馆，肩负着科学传播的重要使命，特别是在突发公共卫生事件来临之时，尤其有必要及时地为公众答疑解惑，传播准确的科学概念，提高公众防范意识和能力，引发公众参与讨论和思考，激发社会向好发展的正能量。

为此，广东科学中心快速响应，组建专业团队自主研发"病毒——人类的敌人还是朋友"科普主题展览。

二、设计思路

1. 受众分析

展览面向全体公众。病毒是在自然界中存在了亿万年的物种，是生态系统的重要组成部分，但大多数公众并不清楚这一事实。另外，此次新冠肺炎疫情波及全球，不分国界，不分种族、年龄和性别，前所未有的与我们每一个人相关，因此不管成人还是小孩，都有科普的主观需求，都是我们科普服务的对象。通过不同深度内容的呈现，让每一位来馆的公众都能从中找到自己的兴趣点。

2. 指导依据

（1）基于突发公共卫生事件的特点，展览应具有时效性特点，即面对突发情况，科普工作要以"战时"状态快速反应，第一时间回应公众关切。

（2）展览必须传播科学、真实、准确的信息，保持严谨性。

（3）因为事态的不断发展，内容需有延续性，应保留一定的更新空间和余地，如新冠检测试剂、疫苗的研制、病毒溯源等问题。

（4）科普场馆作为公众与科学共同体的沟通平台，需保持中立的姿态，传播的内容要避免引起恐慌，引导公众辩证地看待问题，将科学知识、技能和观念转化为正向的行动，推动社会舆论氛围向好发展，促进公众更好地理解和支持政府的决策和管理。

（5）考虑到公众的科普需求，以及疫情预计将持续较长时间的可能，展览研发之初就按巡展设计，从受众对象、展示内容和形式、配套教育活动、巡展模式等方面进行系统规划。

3. 主题思想

展览以"病毒——人类的敌人还是朋友？"为主题，从科学中立的角度阐释病毒的相关基本概念和原理，人类与病毒的抗争故事，以及我们与病毒如何和平共处的思考；揭示病毒和人类一样，也是自然生态系统的一个组成部分，甚至是人类生存繁衍不可或缺的部分，人类与病毒是一种亦敌亦友的关系这一核心理念；激发公众探究、思考和描绘人类与病毒、人类与自然的未来蓝图。

4. 教育目标

展览旨在激发公众兴趣和引发思考，进而客观全面认识病毒，掌握防范病毒的科学方法，克服恐惧心理，辩证科学面对疫情，积极地做好个人防疫并在社会中发挥正面作用，从科学的"疫情认知"转化为科学的"防疫行动"。

三、设计原则

1. 展览研发基于科学研究和团队合作

展览内容研究参考了上百篇（本）的科学文献、书籍和权威官方数据，素材来源真实可靠；展览研发过程由各大医院的临床专家、高校的学科专家、教育机构科普专家以及文化传播机构专业人士等全程参与；展示内容经专家组审核，科学性准确无误，表达清晰，展览语言生动，具有较高通达性。通过大团结、大协作的工作模式，呈现出一个可读性、可看性高，既有深度又有温度的展览。

2. 采用国际先进展览策划理念

以提问的方式，注重激发公众兴趣和引发思考为目标，从公众关切和存在疑惑的角度出发展示。展览主题旗帜鲜明地提出了贯穿展览的核心问题，每个区域的内容都以主要问题带关联问题的形式呈现，带领公众思考和探究。

3. 注重科学与人文艺术的结合

不是单纯的传播科学知识，更多地融合了科学精神和人文精神的表达，除了引用了大量故事、案例和科学数据外，还通过漫画、纪录片、新闻影片和图片等形式，与观众开展思想交流和碰撞。

4. 注重展教融合开发

展览开发时，结合展项内容和现场空间，同步设计了3个层次7个专题的教育资源，包括现场体验类、展区延伸互动类和探究课堂类等，可满足不同时间和空间、不同层次公众的需求。

四、展览框架

1. 故事线

展览以病毒为叙述主体，用拟人化"自述"，以历史为烘托、现在为主体、未来为导向的时间轴展开。参考哲学范畴中的"灵魂三问"展开，从病毒自述入手，引入病毒和人类的演化竞赛，引导观众思考我们共同的未来，得出自己的结论或带着问题离开。

2. 展区介绍

展览分3个展区，分别为"病毒的自白""病毒和人类的演化博弈"以及"我们的未来"。

3个展区之间是一个逐渐升华的关系，最后采取留白手法，上升到哲学思考层面，引导观众用辩证的态度去思考，病毒究竟是我们的敌人还是朋友？展览并没有给出标准答案，也许每个人会有自己的结论，又或许带着思考离开，这也是策展的目的和初衷。展览框架如图1所示。

五、内容概述

展览展示面积300～500m²，可根据场地情况调整。展览以图文、视频、互动展品、标本、模型、漫画等为主要展示形式，分3个展区，分别为"病毒的自白""病毒和人类的演化博弈"以及"我们的未来"。

展览数量20余组，包括20块图文板，13个动画、纪录片及互动展品，11个标本和实物，9幅漫画，配套3个层次7项教育活动。其中原始创新展项15项，集成创新展项6项。

1. 主题展区1：病毒的自白

以病毒的口吻介绍病毒的特性、来源、繁殖及生存策略等基本知识，以及冠状病毒家族的特点和病毒对人类的一些积极作用。

2. 主题展区2：病毒和人类的演化博弈

展示人类与病毒斗争的典型案例和演化博弈的过程，呈现人类战胜病毒的各种法宝，以及我们面对新冠肺炎疫情的挑战与启示。

3. 主题展区3：我们的未来

从我们都是地球生态系统组成部分的视角，激发公众重新审视人类与自然的关系，引发对未来的思考。

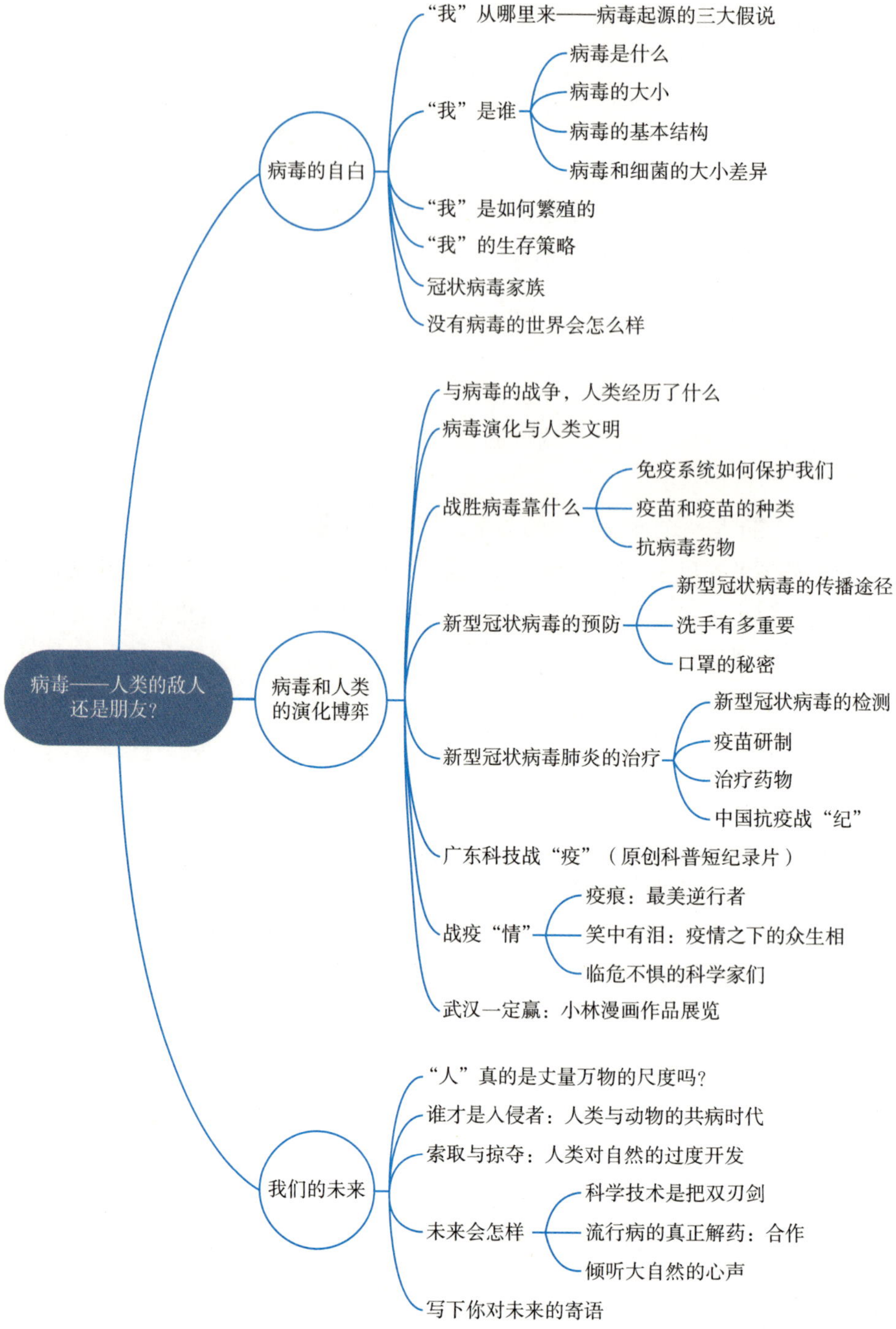

科技馆展览展品资源研发与创新实践

病毒——人类的敌人还是朋友？
- 病毒的自白
  - "我"从哪里来——病毒起源的三大假说
  - "我"是谁
    - 病毒是什么
    - 病毒的大小
    - 病毒的基本结构
    - 病毒和细菌的大小差异
  - "我"是如何繁殖的
  - "我"的生存策略
  - 冠状病毒家族
  - 没有病毒的世界会怎么样
- 病毒和人类的演化博弈
  - 与病毒的战争，人类经历了什么
  - 病毒演化与人类文明
  - 战胜病毒靠什么
    - 免疫系统如何保护我们
    - 疫苗和疫苗的种类
    - 抗病毒药物
  - 新型冠状病毒的预防
    - 新型冠状病毒的传播途径
    - 洗手有多重要
    - 口罩的秘密
  - 新型冠状病毒肺炎的治疗
    - 新型冠状病毒的检测
    - 疫苗研制
    - 治疗药物
    - 中国抗疫战"纪"
  - 广东科技战"疫"（原创科普短纪录片）
  - 战疫"情"
    - 疫痕：最美逆行者
    - 笑中有泪：疫情之下的众生相
    - 临危不惧的科学家们
  - 武汉一定赢：小林漫画作品展览
- 我们的未来
  - "人"真的是丈量万物的尺度吗？
  - 谁才是入侵者：人类与动物的共病时代
  - 索取与掠夺：人类对自然的过度开发
  - 未来会怎样
    - 科学技术是把双刃剑
    - 流行病的真正解药：合作
    - 倾听大自然的心声
  - 写下你对未来的寄语

图 1　展览框架

六、环境设计

1. 布展设计理念

展览总体布展以病毒结构为意向，弧形外围代表蛋白质外壳，内部折线代表核酸结构。三个展区以不同颜色区分，第一个区域绿色代表生命，暗喻病毒也是生态系统的组成部分；第二个区域红色代表斗争，与人类和病毒的抗争相匹配；第三个区域蓝色代表和平，启示人与自然和谐共处。布展设计如图 2 所示。

图 2　布展设计方案

2. 布展设计注重巡展特点

展览策划之初就以巡展的要求进行设计，布展设计注意轻便环保，考虑方便拆搭、装卸、组合，提高展览对不同场地的适应性，在制作上选用低成本、可循环替代材料，为后续巡回展览提供便利和基础保障。

3. 设计特色

（1）布展风格简洁明快，色彩活泼，动线清晰，吸引眼球，具亲和力。

（2）空间规划合理，适应性强，可根据不同场地灵活组合、调整。

（3）展览工艺选材考究、富有质感，结构采用轻质铝料和有机玻片，轻便环保，美观易拆装，可重复利用。

（4）图文板内容满足精炼通俗的要求，编写的字数精确到个位数；图文板设计采用分级阅读原则，用不同颜色、字体、字号区分，将图文板分成主要信息、辅助信息和延伸信息等层次，满足不同层次公众的需求。

（5）展项设计人性化，注重界面友好，考虑不同公众体验视角，如图文板、显示屏、展品、体验装置设计的高度，根据不同人群的体验感来设计，展示内容尽量在其视线和体验范围内。展览做到既有深度，又有温度。

七、展品构成

展品构成如表 1 所示。

表 1　展品构成

序号	类型	展品内容	数量
1	图文板	前言	1
2		"我"从哪里来	1
3		"我"是谁	1
4		"我"是如何繁殖的	1
5		"我"的生存策略	1
6		冠状病毒家族	1
7		没有病毒的世界会怎么样	1
8		与病毒的战争，人类经历了什么	1
9		病毒演化与人类文明	1
10		战胜病毒靠什么	1
11		新型冠状病毒的预防	1
12		新型冠状病毒肺炎的治疗	1
13		新型冠状病毒的检测	1
14		中国抗疫战"纪"	1
15		广东科技战"疫"	1
16		最美逆行者	1
17		武汉一定赢：小林漫画作品展览	1
18		我们的未来	1
19		未来会怎样	1
20		写下你对未来的寄语	1
21	互动视频、纪录片及互动展品	广东科技战"疫"（原创科普短纪录片）	1
22		中国抗疫战"纪"（抗疫短视频合辑）	1
23		最美逆行者（短视频合辑）	1
24		细胞暗战、冠状病毒的烈性从哪里来、疫情下的国际合作、喷嚏的威力（科普视频）	4
25		口罩的前世今生、口罩的秘密、防护服的秘密、认识病毒	4
26		显微镜	2
27	标本、实物	果子狸	1
28		中华菊头蝠	1
29		病毒模型	6
30		动物细胞模型	1
31		新冠病毒核酸检测试剂盒	1
32		新冠病毒抗体检测试剂盒	1
33	漫画	小林漫画	9
34	教育活动	显色七步洗手法、自制免洗洗手喷雾等	7

八、团队介绍

该项目团队由广东科学中心研究设计部和科普教育部的业务骨干、眼见为实（广州）国际文化传播有限责任公司及广州倍特生命科学的专业人员组成，业务专长涵盖展览展品设计、教育活动开发与实施、教育及文创品开发等。团队成员见表2。

表2 团队成员构成

姓 名	职称	在展览项目中承担工作
黄亚萍	副研究员	展览策展人，负责牵头完成展览内容规划、内容研究和展示设计、制作、巡展工作
王建强	助理研究员	参与策展、展览研发制作及巡展组织实施
侯的平	研究员	参与巡展组织实施
侯瑜琼	高级工程师	参与展览研发、教育活动组织
李 益	副研究员	参与展览研发、宣传推广
张彩莹	无	展览宣传推广
张伊晨	研究实习员	参与展览宣传推广
宋 婧	助理研究员	参与展览宣传推广
吴志庆	助理研究员	参与展览内容策划
杨曼曼	无	参与策展、展览研发、负责纪录片制作
黎晓娟	高级工程师	参与巡展推广
吴 盟	执业医师	参与策展、展览研发
黄嘉健	助理研究员	参与展览制作
钟志云	助理研究员	参与巡展组织
管 昕	副研究员	参与巡展组织
羊荣兵	助理研究员	参与巡展推广

九、创新与思考

（一）创新点

1. 选题角度立意新颖

在2020年新冠肺炎疫情流行的背景下，公众面对病毒的情绪是恐慌和害怕。本展览从科学中立的角度进行选题，阐释病毒的基本概念和相关知识，让公众客观全面地了解病毒，知道病毒是自然生态系统中的重要组成部分，从而激发公众思考人类与病毒的关系——病毒到底是人类的敌人还是朋友？展览整体的立意是引发公众思考，避免采用说教的方式进行浅层次的科学知识普及，而是通过展览与观众形成互动，并获得反馈。

2. 首创"三位一体"的展览巡展方式

为了解决展览资源的数量、时间以及空间局限性，展览在国内首创了完整版、简易版和蓝图版"三位一体"的巡展模式。完整版即在广东科学中心展出的原版展览；简易版即调整简化设计后以标准图文展板和多媒体为主的展览；蓝图版即科学中心有偿共享版权，接展单位按图纸自行制作的展览。如此，通过三位一体的巡展模式，较好地实现了"一展变多展，一站变多站"的树状生长机制。

3. 线上线下联动打造传播热点

多维度开发线上线下资源，打造科普传播热点，最大化发挥应急科普的惠民功能。除组织现场主题导赏、线下教育活动外，展出期间还制作原创纪录片配合展览线上传播，专家与观众通过留言形成互动，较好地实现了展览的二次传播；举办"科技馆夜谈"现场讲座，同步进行直播；开发线上展览，以导赏和答题闯关等不同体验方式，为更多公众提供便捷的线上学习途径。

（二）经验与体会

1. 注重挖掘展览互动内涵，不止于浅显的动手互动

（1）基于内容研究灵活运用互动手法。展览的目的是能让观众动手、动脑、动心，这三者之间是逐层递进的关系，动心是最高境界。展览设计要避免过于依赖按钮、开关、触摸屏等浅层次的打开方式，让观众掉进科普泛游戏化的陷阱。观众容易被各种眼花缭乱的展示手法分散注意力，而忽略其他真正重要的体验和思考。

（2）科普展览要避免采用说教的方式，着重在挖掘展览的思想和教育内涵上下功夫。通过内容研究提出观众关心和需要了解的重点问题，并通过演绎和延伸，形成完整的内容框架体系，营造与观众双向交流的语境，而不是高高在上的科普。

（3）科普展览要注意留白。展览应该给观众留有思考和表达的空间，而不是直接给出答案。本展览以一个问题为线索贯穿整个展览，并没有试图在展览中给出标准答案，观众也许会得出自己的结论，抑或带着问题离开，这就是策展的目的。同时，在展览结束处设置的留言区，让观众亲笔写下自己对未来的寄语。

2. 应对突出事件，需整合多种社会资源及团队，突出展览时效性

（1）在保证科普内容专业化、科学性方面，策展团队在进行展览内容的研究时参考了大量的科学文献、书籍和权威官方数据，并且邀请广州市第八人民医院、中山大学、南方医科大学等一线专家组成团队，对展览内容进行全面把关，从而确保展览传播的科学知识准确无误且与公众的认知需求相匹配。

（2）为了增强可观赏性，展览需要有教育和文化内涵，将科学与艺术相结合。策

展方在策划展览时邀请艺术家加入，将艺术元素融入展览中。广东科学中心在策划时邀请了跨界漫画家林帝浣，展出了其在疫情期间专门创作的漫画，在科普展览中用艺术和幽默的方式呈现出抗疫过程中的温情一面。

（3）策展过程引入专业的科教企业进行合作，同步配套设计了系列教育活动和课程，课程与中小学课标结合，为不同年龄层次和知识水平的公众开发了现场体验类、展区延伸互动类和探究课堂类等课程，实现了展教的有机融合，丰富了展览内涵。

策展团队通过大团结、大协作的工作模式，呈现出一个可读性、可看性高，既有深度又有温度的展览。

项目单位：广东科学中心

文稿撰写人：郭羽丰

大医精诚，无问西东
——中西医结合抗击新冠肺炎疫情纪实展

一、背景意义

2020年伊始，突如其来的新冠肺炎疫情席卷湖北省武汉市，波及全国。在党中央的坚强领导下，一场疫情防控阻击战在神州大地打响。中华人民共和国成立以来规模最大的一次医疗力量调遣迅速启动，340多支医疗队、4.2万多名医务人员逆行出征，奔赴抗疫前线。为贯彻习近平总书记"坚持中西医结合"的指示，中医人临危受命，走上了疫病防治的主战场，与西医一起聚力克艰、舍身战"疫"，共同构筑起疫情防控的坚固防线。大医精诚，无问西东，中医与西医协同攻关、优势互补，取得显著成效。中国人在这场席卷全球的公共危机中所创造的中西医并重、中西医结合、中西药并用的抗疫良方，彰显了"中国智慧"，为世界贡献了独特的"中国经验"。

2020年4月30日，中国科学技术馆接到国务院及中国科学技术协会关于宣传中西医结合抗击新冠肺炎疫情的指示，要求紧急策划相关主题展览。在中国科学技术协会、国家中医药管理局的指导下，中国科学技术馆仅用一个月时间便自主策划完成"大医精诚 无问西东——中西医结合抗击新冠肺炎纪实展"，并于2020年6月2日——中国科学技术馆因疫情闭馆三个月后的恢复开馆之日，正式向公众开放，成为中国科学技术馆以主题展览形式向在新冠肺炎疫情中做出杰出贡献的全体医务工作者的致敬之作。

二、设计思路

1. 受众分析
因疫情影响全社会，本展览受众为全年龄段公众。

2. 指导依据
本展览以疫情发生以来，习近平总书记对坚持和加强"中西医结合"做出的多次重要指示为依据，展示我国在这场席卷全球的公共卫生危机中所创造的中西医结合、中西药并用的"中国模式"和"中国经验"。

3. 主题思想
展览以"大医精诚 无问西东"为主题，展示新冠肺炎疫情发生以来，中医与西医联手并肩，全面贯彻党中央的指示，聚力克艰、舍身战"疫"、成就辉煌的光辉事迹，热情讴歌了中西医科学家大医精诚和广大医务工作者无私奉献的崇高精神。

4. 教育目标

（1）宣传我国在这场席卷全球的公共卫生危机中所创造的中西医结合、中西药并用的"中国模式"和"中国经验"。

（2）展示中医药为抗击新冠肺炎疫情做出的重要贡献，让公众认识到中医药是中华民族的瑰宝。

（3）展现科学家们的大医精诚以及白衣战士的无私奉献精神。

三、设计原则

（1）时效性原则：紧扣时事热点，充分发挥应急科普展览的时效性，快速高效地完成展览的策划与制作。

（2）"见人、见物、见精神"原则：通过事件和人物，大力弘扬科学家精神和医务工作者的奉献精神，充分诠释抗疫精神。

（3）真实性原则：注重展品的真实性和数据的权威性，积极争取社会资源，征集并借展珍贵抗疫实物及物资。

四、展览框架

本展览采用逻辑展开式的展览框架，以疫情发生→历史回顾→方案举措→抗疫成果→人物事迹的逻辑顺序为展示脉络，展现抗疫中的最高决策、重大事件、重点方法、重要成果以及重量级人物。据此提炼出5个分主题单元。

展览总面积约210m²，展线长度为57m。

主题展区1：最高决策，白衣勇出征。作为展览的开篇部分，本展区表现疫情发生后，习近平总书记先后4次做出坚持"中西医结合"的指示，广大白衣战士临危受命，中医人组建队伍开赴抗疫主战场，打响了新冠肺炎疫情防控阻击战。以时间轴的形式记录了抗"疫"过程中的重大事件。

主题展区2：追根溯源，战"疫"有先鉴。本展区介绍中国古代在防治瘟疫上的有效救灾措施；回顾中华人民共和国成立后，中西医结合在历次重大疫情救治中发挥的积极作用，以此证明中华民族是一个勇于并善于抗击疫情的国家。

主题展区3：无问西东，抗"疫"出良方。本展区主要介绍"中西医结合"的救治机制；中医药全程参与、深度介入新冠肺炎防治的各项举措；疫苗研制；中西医结合进行诊疗的方案以及"三药三方"的由来与创新，及其在临床救治中发挥的重要作用。

主题展区4：聚力克艰，前线传捷报。本展区主要介绍中西医结合在新冠肺炎防治中取得的显著效果以及做出的突出贡献，主要从直观数据、医患评述、中国对全球抗疫的贡献以及国际社会的评价等方面进行展示。

主题展区5：舍我其谁，医者显风范。本展区通过"大医风范"和"医护群像"两部分内容，介绍了钟南山、张伯礼等中西医科学家在此次抗疫中所做出的重大贡献，展现了广大医务工作者救死扶伤、无私奉献的崇高精神。

五、环境设计

（1）开放式的展览空间：鉴于展览场地位于展馆的公共空间，展览总面积仅为210m^2，为减少展览局促感，降低对人流疏散的影响，在布展中采用了开放式的空间设计，增强了展览的通透性。观众可以自由进出，参观体验更加轻松。

（2）多变的结构元素：为了在有限面积内增加展示空间，布展设计主要选用多变的结构元素，包括多边形的展墙、增加拐角等。这样设计既延长了展线，又能让参观动线更加丰富，展览内容更有节奏。如图1所示。

（3）场景的复原：展览还原了疫情中被大家熟知的两个场景——重症监护室和方舱医院。通过两个场景的还原，营造真实的氛围，增强观众对空间环境的体验性和认同感，让观众如同亲临抗疫主战场。如图2所示。

（4）快速搭建的布展方式：为了保证展览按期完成，布展首次采用展会中使用的、便于快速搭建的标准化Truss架和木骨架组合墙体。Truss架具有安装、拆卸简便，稳定性好的优点，用来悬挂灯箱、聚光灯、展览标识等。木骨架组合墙体前期在工厂加工制作，展示现场安装方便快捷。

图1　展览效果1

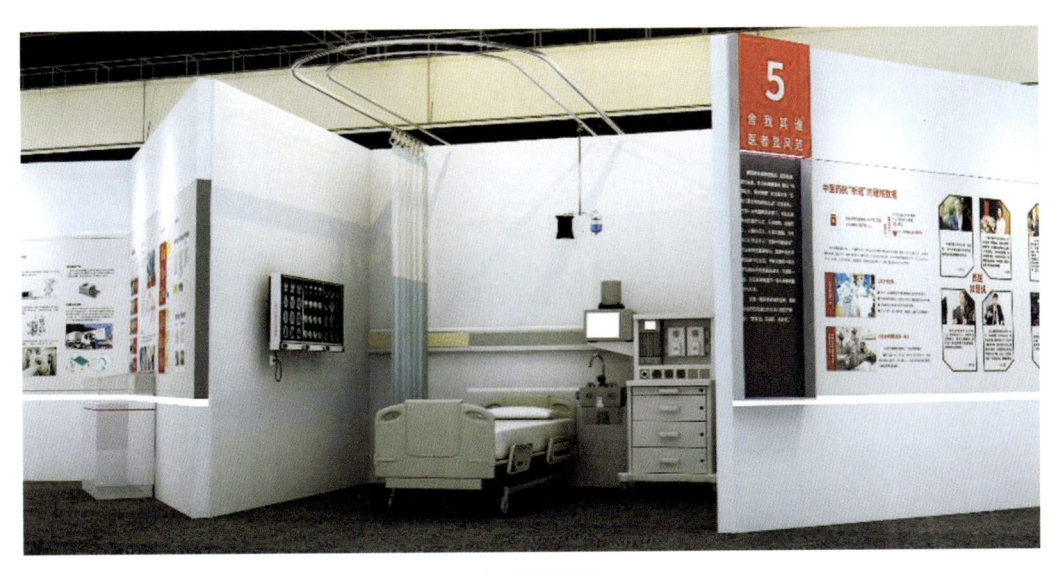

图2 展览效果2

六、展品构成

为增强展示效果，营造更真实的展示环境，让观众感受医护工作者抗疫的情景，广泛征集并展出展品均为抗疫实物。实物展品清单见表1。

表1 展品构成

编号	展品类别	数量
1	队旗	3
2	签名防护服	3
3	方舱医院工作手册	2
4	方舱医院工作证	3
5	应急队袖标	1
6	荣誉证书	3
7	出征牌	1
8	感谢信	2
9	防疫喷剂	1
10	预防方剂	4
11	防疫香包	1
12	书籍	2
13	中医医疗器械	3

续表

编号	展品类别	数量
14	奖章、证书	3
15	检测试剂盒	3
16	呼吸机	2
17	高流量氧仪	1
18	西药药物	6
19	三方	3
20	三药	3
21	古籍	3
22	手稿	3
23	京东无人车	1
24	京东无人机	1
合计：58 件		

七、团队介绍

该项目团队由中国科学技术馆古代科技展览部（筹）、科研管理部、网络科普部的业务骨干组成，业务专长涵盖展览策划、展品设计、教育活动开发与实施、网站建设及网络推广等。团队成员有：张瑶，项目组长，负责展览总策划工作；常铖，项目副组长，负责展览策划工作；陈康负责展览策划、形式设计工作；王学志、王爽、安娜负责展览策划工作；袁辉负责展区策划、教育活动设计工作；李其康负责方案编写工作；叶雅玲、李广进、戴天心负责方案编写、教育活动设计工作；崔希栋负责项目管理；赵洋为展览顾问；王紫色负责运行管理；张梓雍、何海芳、马若涵、张旖旎、王晰玉、陈磊、王立强负责图片搜集、展览运行工作；任贺春负责VR虚拟展览设计指导；宋宁负责VR虚拟展览设计工作。

八、创新与思考

本展览开放后，受到观众、媒体和领导的一致好评。展览入选2020年全国科普日北京主场活动，在由中国科协、人民日报社、中央广播电视总台共同主办的"典赞·2020科普中国"宣传推选活动中，被评为"十大科普作品"。

（一）展览创新点

1. 快速策展，充分体现应急科普展览的时效性

突发公共事件背景下策划展览，时效性是应急科普的关键要素。从2020年1月底到3月，政府密集出台了多项关于中西医结合抗击新冠肺炎疫情的方案举措。2020年5月15日，习近平总书记指出"武汉保卫战、湖北保卫战取得决定性成果，疫情防控阻击战取得重大战略成果。"此时，政府需要一个权威阵地向公众宣传中国政府的抗疫模式和抗疫方案，公众和国际方面也期待了解中国抗疫取得阶段性胜利的经验成果。在这个窗口期推出中西医结合主题的展览是最佳时间点。

2. 选题独到，聚焦国家出台的重大抗疫举措

区别于其他抗疫应急科普展，本展览以"中西医结合抗击新冠肺炎疫情"为题，站在国家政策的层面上发声，宣传中国政府在应对这场百年来全球最严重的传染病大流行中所制定的"中国方案"、所开创的"中国模式"。这是科技馆应急科普内容向深度领域拓展的体现。

3. 内容严谨，确保展览内容的专业性和权威性

为了保证展览内容的权威性和数据的真实性，策展团队一方面对收集到的海量资料进行细致梳理和严格甄别，另一方面积极寻求专家资源，组建强大的专家团队，邀请来自医学院、医院、报社的30多位专家作为展览顾问为展览把关，并在展览设计完成后送交国家中医药管理局进行终审。最终经三审三校，确保展览内容的专业性和权威性。

4. 实物"说话"，用真实的物品吸引和打动观众

在展览设计之初，策展团队便制定了真实性原则，希望在短时间内尽可能争取到真实的抗疫实物，用实物的真实性吸引观众、打动观众。在展览设计制作期间，项目团队通过各种途径，联系到一批专家和医疗单位协助办展，借展到专家工作笔记、签字防护服、医疗队队旗、工作手册、感谢信、纪念章等珍贵物品50余件，借展到病毒核酸检测试剂盒、呼吸机、氧疗仪等实物。用实物"说话"，极大丰富了展览内容，也提升了展览的吸引力。

5. 场景复原，增强观众的体验感和认同感

本次展览特别设计了疫情中被大家熟知的两个场景——重症监护室、方舱医院。通过多功能医用病床、穿着签名防护服的真人模型、呼吸机，氧疗仪，X光LED观片灯箱等道具和实物，营造出接近真实病房的氛围，增强观众对于空间环境的体验性和认同感，让观众如同亲临抗疫一线主战场。

6. 弘扬精神，充分诠释科学家精神和抗疫精神

展览践行"见人、见物、见精神"的设计原则，除了展示新冠肺炎疫情发生以来，中医与西医联手并肩、舍身战"疫"、成就辉煌的光辉事迹之外，还重点介绍了

钟南山、张伯礼等九位中西医科学家在此次抗疫中做出的重大贡献，热情讴歌了广大医务工作者医者仁心和无私奉献的精神，用生动事例诠释了"生命至上、举国同心、舍生忘死、尊重科学、命运与共"的伟大抗疫精神。

（二）回顾与思考

1. 关于应急科普的策展机制

应急科普展览的关键在于时效性，当突发公共事件发生时，需要科技馆迅速做出反应，尽快推出展览。但是科技馆的展览开发流程复杂，周期较长，少则数月，多至一两年，如果按照常规流程很难适应"战时"应急需要。由此，我们深感科技馆应尽快建立应对突发公共事件的快速策展机制，如加强顶层设计、组织专家智库、打破人员编配、加强部门协同、精简办展程序等，通过制度保障，有效推进应急科普展览工作，使科技馆真正成为应急科普的重要阵地。

2. 关于应急科普的选题策划

突发公共事件具有突发性、复杂性、延续性、变化性等特点，科技馆应密切关注事态发展状况，根据不同阶段公众的需求，抓好科普展览的选题策划。科普场馆应按照灾前、灾中、灾后的不同情况，分类宣传普及应急知识，提高公众的应急能力。

3. 关于应急科普的展览形式

科技馆向来以"互动体验"作为区别于博物馆的特色展览形式，但在特别要求时效性的应急科普展览策展过程中，以"图文板+实物"的展示形式仍有其存在的必要性与合理性，而不能因其缺乏互动性而被排斥或摒弃。为提升"图文板+实物"展览的展示效果，需要在图文板的内容质量、版面设计等方面下功夫，加强文字的可读性、图片的叙事性；尽可能地多征集实物，通过真实的物品来打动观众，引发情感共鸣。

项目单位：中国科学技术馆

文稿撰写人：张　瑶　王　爽

天津科学技术馆公共卫生展区

一、背景意义

2020年，新冠肺炎疫情大暴发，公众对于病毒知识的科普需求大幅提升。为了让公众全面、系统地了解病毒知识，减少对病毒性疾病的非理性恐慌，科学合理地制定日常病毒防护措施，天津科学技术馆规划建设"公共卫生"展区。

二、设计思路

1. 受众分析

因本展区以新冠肺炎疫情这一突发事件为主要讲述内容，所以受众定位为全体观众。

2. 指导依据

本展览通过调研南开大学、天津中医药大学、天津康希诺生物股份公司，掌握病毒研究、病毒致病机理、抗病毒药物研究的相关知识和素材，又经天津市科协向天津市疾病控制中心、天津海河医院等单位搜集数据和相关资料及展品。

3. 主题思想

以"传染病一直伴随着人类历史，甚至可以改变人类历史的进程"的科学辩证逻辑为基础，多角度探究展项内涵，设计展教活动。切实发挥科技馆公共安全卫生健康教育基地的作用，促进科普工作面向人民生命健康的重大需求。

4. 教育目标

针对这场疫情进行应急科普。用正确科学的态度发声，准确客观地表述疫情的起因和发展过程，从而消除一部分民众对疫情的紧张情绪。

三、设计原则

（1）按照"自我认知，由小见大，小家护大家"的故事线，构建起原展区（认识自我展区）和新展陈内容的合理逻辑关系。

由小见大：外在身体变化，其实在我们身体内部细微之处发生着巨大的变化，探究病毒致病机理、传播、防控等科学原理。

小家护大家：新冠肺炎疫情发生以来，我们首先从自身出发，保持良好的生活习惯、卫生习惯、疏导情绪，从小家出发共同保护大家。

以疫情后的新的健康科普诉求和方向为前瞻，展现疾防疾控的成绩，畅想未来健康生活方式等内容，并与其他健康生活展项有一定联系。

（2）梳理以上设计方向得出病毒知识、疫情防控、防疫阵线3个展示区域，即了解病毒、疫苗如何对抗病毒、天津的抗疫精神。

四、展览框架

展览在布局上改变了传统按学科布局的模式，选择以科技对客观世界的探索和对人类自身生活的改善为基本线索，纵向包括病毒知识、疫情防控、防疫阵线3个区域。展览框架如图1所示。

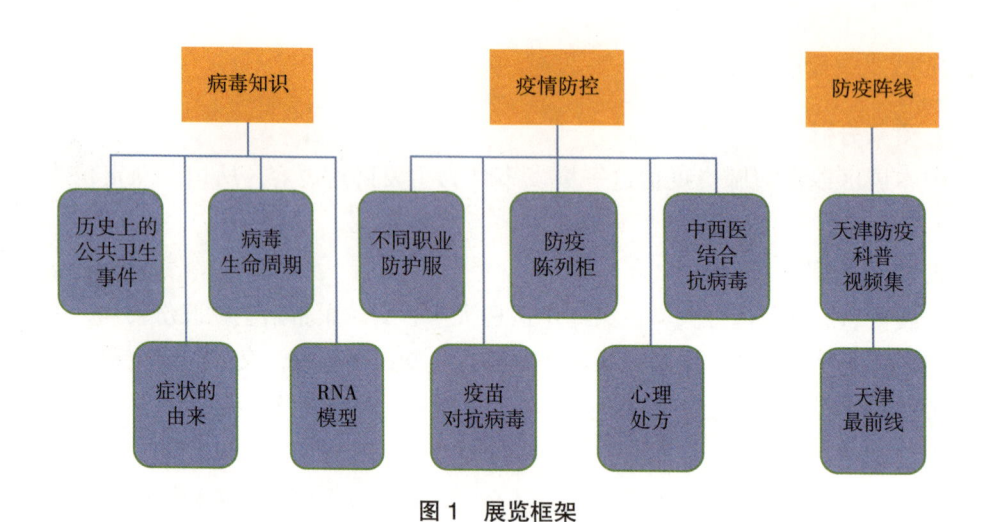

图 1 展览框架

五、内容概述

展览面积约160m²。以新型冠状病毒为切入点，包括病毒知识、疫情防控、抗疫阵线三个区域共18个展项，通过图文、沉浸式体验和多媒体互动等多种形式，向公众讲解了病毒的致病机理、传播、防控等相关知识。

在病毒知识区，通过多媒体互动的方式，完整的介绍了病毒的侵入、吸附与识别、入侵与脱衣壳、基因组复制及蛋白质翻译、组装与释放的病毒完整生命周期。高大的病毒RNA模型，以及天津市科学技术协会主席饶子和院士带领团队破解的新型冠状病毒模型尤为引人注目。

在疫情防控区，观众可以通过"免疫细胞大作战""疫苗对抗病毒"等展项，亲眼观察、亲手操控不同免疫细胞对病原体的作用机制，了解人体免疫系统中免疫器官、免疫细胞、免疫分子等多个层面的作用。由此，让观众理解，利用疫苗来进行传染性疾病的预防，是最经济、最有效的公共卫生干预措施之一。

在防疫阵线区，身着不同防护装备的医护人员、社区工作者、科技志愿者模型，让公众了解抗击疫情一线工作者的辛勤付出；社会各界捐赠的呼吸机、疫苗、检测试剂、口罩、护目镜等更是见证了全国各族人民同舟共济、众志成城的中国力量。

六、环境设计

展览在总体布展设计中借鉴了生物制造工厂对生物危险程度的地面颜色警示，将展区用3种颜色区分区域。从病毒、防治到防控有着安全意义上的区分，区域内的展品内容与其对应，使观众有危机可控的感觉。展区外侧矮墙采用栅栏式镂空设计，寓意将危害人类的病毒锁入牢笼。展示效果如图2所示。

图2 布展效果

七、展品构成

展品构成如表1所示。

表1 展品构成

展区	展品序号	展品名称
病毒知识区	1	公共卫生大事件
	2	病毒未解之谜
	3	病毒组装

续表

展区	展品序号	展品名称
病毒知识区	4	病毒的侵入
	5	病毒的吸附和识别
	6	病毒的进入与脱衣壳
	7	病毒的复制
	8	病毒的装配和释放
	9	免疫细胞大作战
	10	症状的由来
疫情防控区	11	疫苗对抗病毒
	12	自我挑战
	13	一线最可爱的人
	14	中西医结合抗病毒
	15	心理处方，情绪与疾病
防疫阵线区	16	疫情大数据
	17	天津最前线
	18	爱家护家的主人翁

八、团队介绍

本项目团队由天津科学技术馆展品部、展示部、规划拓展部的业务骨干组成，业务专长涵盖展览展品设计、教育活动开发与实施、教育及文创产品开发等。团队成员如下：

指挥层：姚剑波、安庆红、郝志琦；

建设层（展品部）：张婧、杨韬、陈宝亮、徐玉龙；

科普层（展示部）：李保平、高萍、吴颖、崔冰洁、彭尧、刘睿婧、白晨喜、张艳娜、朱勃同、杨珂晶、齐畅；

文创层（规划拓展部）：赵菁、范宝颖、马洪源、邢瀚文。

九、创新与思考

（1）展区持续发展接口：由于以突发事件作为常设展区命题具有很大的局限性，

所以在这次展区命题上选择了另一视角，从而扩展了展区内容可扩充的空间。

（2）展区布展地面颜色设计：借鉴了生物制造工厂对生物危险程度的地面颜色警示，将展区用三种颜色区分区域。从病毒、防治到防控有着安全意义上的区分，区域内的展品内容与其对应，使观众有危机可控的感觉。

（3）展区设计展品18件，均为原创展品。由于病毒微生物的科学知识相对抽象，在展品形式设计上采用图文、沉浸式体验和多媒体互动等多种形式，全方位、多角度向公众普及病毒的致病机理、传播、防控等相关知识。

（4）展教结合：在设计展区时给展教活动预留空间，使展览和相关科普活动紧密结合，使展区活跃度增加，达到科普的最佳效果。因此展区开放后同步推出了科普剧《洪荒之力》和科学实验《口罩的防护秘籍》，达到了预期效果。

（5）应急科普的常态化和阵地化尝试：抗疫主题展览多为临展，虽起到宣传作用，但没有充分发挥科技馆应急科普的常态化和阵地化作用。天津科学技术馆在公卫展区设计之初就在尝试，将临展命题向常展转化，从突发公共卫生事件中挖掘相关的科学知识，这一视角的变化可为展区带来发展的空间。

因时间比较仓促，且本展区是为"新冠肺炎疫情"这一突发事件而进行的应急科普，所以在展项的设置上牺牲了一部分趣味性，使展区的可参与程度略有欠缺。

项目单位：天津科学技术馆
文稿撰写人：陈宝亮

新的对决
——抗击新冠肺炎疫情网络专题展

一、背景意义

2003 年，一场突如其来的 SARS 疫情席卷全国，给我们留下了沉痛的记忆。17 年后，新冠肺炎疫情又在湖北省武汉市肆虐并向全国蔓延。疫情之初，每日数千例并不断增长的疫情数据牵动着无数颗心……

面对疫情，实体科技馆无奈地关上了门。如何使公众能够科学防治、精准施策、消除恐慌？如何让公众看到科学发展和技术创新给予人类战胜病毒的信心？如何在这场不得不面对的"新"对决中，让公众更加全面地、真实地看到在党中央的坚强领导和统一部署下，全国上下、社会各界所形成的强大合力？

中国科学技术馆围绕主责主业，主动担当作为，深入贯彻习近平总书记关于做好疫情防控的重要指示，落实党中央、国务院关于抗击新冠肺炎疫情的决策部署和中国科协抗疫工作安排，积极创新应急科普形式。

展览及时发出科学的声音和权威的信息，成为全国首个抗击新冠肺炎疫情的网络专题展，使观众能够全天在线、足不出户、身临其境地参观防疫科普展览，为普及抗疫知识、弘扬抗疫正气、增强社会信心、助力国家战疫发挥积极作用。

二、设计思路

和平的年代没有硝烟，但是没有硝烟的战场同样考验着每一个人。展览以"万众一心，共克时艰"为主题，以举国上下勠力同心抗"疫"为主线，向公众普及面对疫情我们应如何科学防治、精准施策、消除恐慌；展示自新冠肺炎疫情发生以来，医护人员不计生死奋战一线的搏命身影、感人事迹；展示党中央、国务院迅速做出的一系列重大决策部署，社会各界齐心协力紧紧依靠人民群众形成抗击疫情的强大合力；鼓舞抗疫斗志，振奋共克时艰的信心，担当起每个人应该担当的责任，攥指成拳打赢这场疫情防控阻击战。

三、设计原则

（1）问题导向，引发深入思考：每个展区都以问题导向的方式展开，以直击心灵的提问引发公众更加深入的思考。

（2）科学引导，注重情感需求：除了要完成一个科技展览必须做到的普及科学知识、弘扬科学精神，还有一个非常重要的作用就是要强信心、暖人心、聚民心；既注重公众的知识、信息需求，更注重公众的情感需求，对社会情绪进行科学引导，做有力度更有温度的展览。

（3）虚拟优势，拓展图文动态：充分运用网络虚拟空间的动态效果，不仅设计具有整体感的大图文板，还要对便于手机观看的小图文板内容进行延伸拓展，对相关问题进行深入解读，使所传递的信息更加丰富翔实；通过动图、音视频等，使展览更加直观、生动，更具感染力、吸引力。

（4）打破限制，创新虚拟展品：突破实体展传统策展思维，大胆创新，充分利用虚拟空间优势，打破实体展品展台、屏幕、互动机构等的限制，设计制作虚拟互动立体展品，增强展品的参与性和体验感。

四、展览框架

展览以举国上下勠力同心抗"疫"为主线，从春节应有的祥和喜庆氛围与疫情的逐渐笼罩交汇入手，从疫情现象到科学本质，再到精神内涵，分为5个展区。展览框架如图1所示。

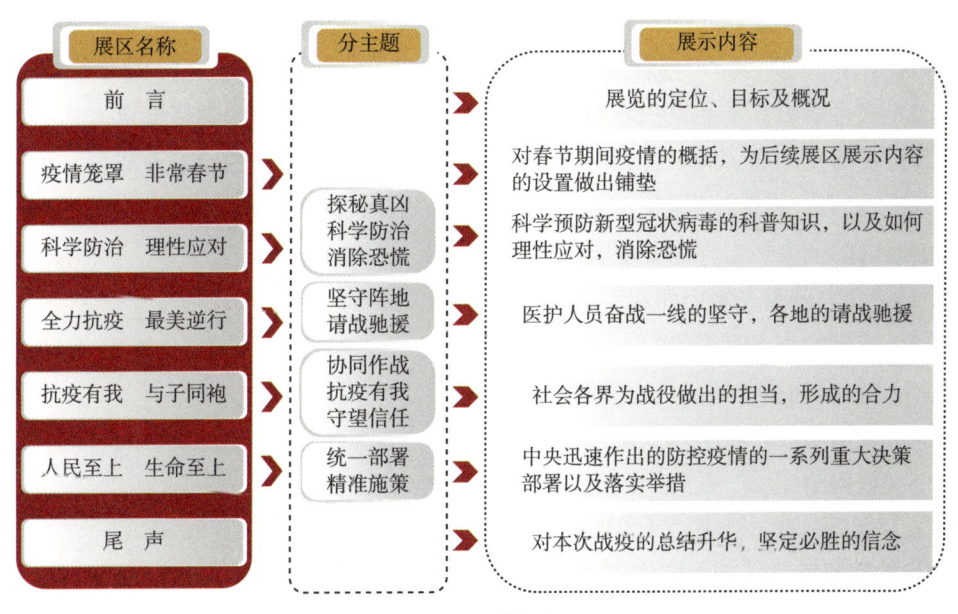

图1　展览框架

五、内容概述

1. 主题展区一：疫情笼罩 非常春节

春节是中国人最隆重、最热闹的传统佳节。然而，这个春节，和往常不一样。一场来势汹汹的疫情，改变了我们的生活，万万没想到，"口罩"竟成了年货。

展区的主题展品有：①口罩的前世今生：通过一个悬浮在展区的"大口罩"展示了在此次疫情期间，口罩这一必需品的起源、改进和普及。②看不见的敌人：展品为一台悬浮的"显微镜"，通过拖动显微镜的镜片及生动的互动游戏，让观众看到潜在的病毒感染风险，对病毒的传播方式有基本的了解，并强化疫情期间隔离、戴口罩、常洗手等的重要性。

展区内的图文板包含以下主题内容。

（1）舌尖的"鲜"怎成社会的"险"？
（2）是谁拦住了他奔波的脚步？
（3）一场同学会怎成了感染局？
（4）疫情传播有多凶猛？
（5）可曾记得那首《送瘟神》？

2. 主题展区二：科学防治 理性应对

（1）病毒对人体的伤害：展品以新冠病毒入侵感染人体的过程介绍病毒对人体的伤害。展品以动画短片的形式分四部分介绍病毒对人体的伤害，通过通俗易懂的音视频使观众了解新冠病毒对身体的伤害机理。

（2）病毒解码：展品以视频短片的形式介绍历史上曾经对人类造成重大伤害的病毒及其引发的传染病。展品首先对微生物做了介绍，之后分别列出新冠病毒、天花病毒、SARS病毒、埃博拉病毒、MERS病毒，介绍病毒特征和引发的疾病。

展区内的图文板包含以下主题内容。

（1）"新冠肺炎"缘何而起？
（2）病毒的伤害有多凶？
（3）"新冠病毒"何以快速扩散？
（4）疫情防控，科学怎么说？
（5）如何给"心"做防护？
（6）面对病毒，会束手无策吗？

3. 主题展区三：全力抗疫 最美逆行

（1）做一天白衣天使：展品以湖北省武汉市火神山医院为场景，按顺序介绍穿戴防护装备，到进入负压隔离病房，对病人问诊治疗，再到结束一天工作后离开病房，最后按顺序脱掉防护装备，进行消毒。通过互动和动画链接各个环节，每个环节中都设置了互动体验,使观众能身临其境地感受一线医护工作者的辛苦。

(2)抗疫战士的"盔甲":展品打破传统需要展台和屏幕的展示方式,直接向观众呈现身穿全套防护装备的医护人员模型。观众通过点击医护人员模型参与互动,正确认识医护人员疫情防护需要的基本装备。同时帮助观众增强在以后生活中的卫生意识和防护意识。

展区内的图文板包含以下主题内容。

(1)如何诠释生命的名义?

(2)千里驰援有几多?

(3)坚定地"转身"哪有迟疑?

(4)何为国士的担当?

(5)怎能忘记英雄的模样?

(6)怎可使抱薪者冻毙于风雪?

4. 主题展区四:抗疫有我 与子同袍

(1)小口罩大护盾:展品通过将口罩拟人化的互动多媒体形式,生动形象地介绍了医用口罩的防护原理、不同类别的医用口罩的防护效果及在新冠肺炎疫情流行期间不同场合如何正确选择口罩。

(2)病毒杀手:展品专门介绍了医用酒精和84消毒液,从它们的主要成分、消毒原理、使用的注意事项几个方面,向观众科普消毒液的知识。将消毒液、酒精进行卡通拟人化的动画设计,让它们通过自我介绍的方式进行演示,使表现形式生动、有趣、鲜活。

展区内的图文板包含以下主题内容。

(1)谁来守护白衣战士的大无畏?

(2)这个春节武汉人怎么过?

(3)我又怎能不担心你?

(4)"家门口"的阻击战怎么打?

(5)能为抗疫做点啥?

5. 主题展区五:人民至上 生命至上

探秘火神山医院:观众点击按钮,观看视频,分别了解火神山医院红外体温检测系统、负压病房等6个系统应用的科学原理或采用的技术手段。展示的内容虽然无法面面俱到,但仅仅通过这些小小的侧面,就足以看到科技的力量,看到"中国力量"。

展区内的图文板包含以下主题内容。

(1)这场仗,中央决定怎么打?

(2)如何尽快从"死神"手里抢人?

(3)怎能让"白衣战士"赤膊上阵?

(4)这颗给百姓的"定心丸"长什么样?

（5）怎能不赞休戚与共的国际"朋友圈"？

（6）何为构建人类命运共同体的"中国担当"？

6. 尾声

尾声以"军人"集合答"到"迎战的方式诠释了到底"是什么给了我们必胜的信念？"，对整个展览进行总结与升华。

六、环境设计

展览面积 1000m², 共有虚拟展品 9 件。展览布展为 5 面 3.5m 高的展墙围成一周，中间一个核心柱子，多条横梁从展墙上方伸向核心柱子，取展览主题"万众一心"之意。主题色采用红色为底色，五面红色的展墙代表要筑牢抗疫的"红色城墙"；在展墙上要激活抗疫的"红色细胞"并守住抗疫的"红色阵地"；多条横梁伸向中间红顶的核心柱子代表要凝聚抗疫的"一颗红心"。展览参观路线按照路标提示，从一展区到五展区围绕展览一周顺次进行。展览效果如图2、图3所示。

图 2 展览主视图

图 3 展览鸟瞰效果

七、展品构成

展品构成如表1所示。

表1 展品构成

展区	序号	展品名称	展示要点
疫情笼罩 非常春节	1	口罩的前世今生	口罩的起源、改进和普及
		看不见的敌人	新冠病毒的传播方式
科学防治 理性应对	2	病毒对人体的伤害	以新冠病毒入侵感染人体的过程介绍病毒对人体的伤害
		病毒解码	新冠、天花、SARS、埃博拉、MERS等病毒的特征及其引发的疾病
全力抗疫 最美逆行	3	做一天白衣天使	体验一线医护工作者一天的工作内容及负压隔离病房通风系统的介绍等
		抗疫战士的"盔甲"	医护人员疫情防护所需的基本装备及各防护装备的作用
抗疫有我 与子同袍	4	小口罩大护盾	医用口罩的防护原理、不同类别的医用口罩的防护效果及如何正确选择口罩
		病毒杀手	以自我介绍的方式展示医用酒精和84消毒液的主要成分、消毒原理、注意事项
人民至上 生命至上	5	探秘火神山医院	火神山医院红外体温检测系统等6个系统应用的科学原理或采用的技术手段

八、团队介绍

该项目由中国科学技术馆隗京花副馆长直接带领指导，调集展览设计中心、网络科普部两部门的业务骨干组成，业务专长涵盖展览策划、展品设计研发、艺术设计、网站建设开放及渠道推广等。团队成员见表2。

表2 团队成员构成

姓名	职务/职称	在展览项目中承担工作
韩永志	展览设计中心副主任/研究员级高工	项目负责人，展览全局工作的组织协调及展区四内容策划和艺术设计指导把关
任贺春	网络科普部主任/研究员级高工	展览网站策划
唐罡	资源管理部主任/高级工程师	展区二内容策划及艺术设计指导把关
李赞	展览设计中心副主任/工程师	展区三内容策划及艺术设计指导把关
胡滨	展览设计中心副主任/高级工程师	展区一、展区五内容策划及艺术设计指导把关
王剑薇	讲师	展览策划组长，展览设计思路、总体框架、展区一和五内容、前言、尾声策划，展览宣传文稿的撰写，协调各组工作

续表

姓名	职务/职称	在展览项目中承担工作
范亚楠	工程师	展区二内容策划
孙晓军	工程师	展区四内容策划
毛立强	工程师	展区四内容策划、对接网络科普部
崔胜玉	工程师	展区五内容策划
腰正君	工程师	展区三内容策划
金小波	工程师	展区四内容策划
赵焕	工程师	展区三内容策划
侯林	工程师	艺术设计组长，展览艺术总体设计、展区五形式设计
魏蕾	工程师	前言、展区一形式设计，展览宣传的平面设计
王晨飞	工程师	展览环境艺术设计
王剑	工程师	展品效果图的绘制
王赫	工程师	展区四形式设计
闫卓远	工程师	展区三形式设计
张景翎	工程师	展区二形式设计
李大为	工程师	网络整体协调、确定技术方案、进行网站开发
刘昊	工程师	项目沟通、渠道推广
刘亚辉	助理工程师	项目测试、bug记录

九、创新与思考

（一）对社会情绪进行了科学引导

1. 内容策划方面

展览除完成了一个科技展览必须做到的普及科学知识、弘扬科学精神，还起到了强信心、暖人心、聚民心的重要作用。每个展区都以突显凝心聚力的问题导向方式展开，既注重公众的知识、信息需求，更注重公众的情感需求，对社会情绪进行科学引导，成为有力度更有温度的展览。

2. 艺术设计方面

应急科普展览要对社会情绪进行科学引导，这一点不仅在展览内容上要体现，在整个展区艺术设计上也要体现。因此整个展览采用了正红底色，五面红色的展墙代表要筑牢抗疫的"红色城墙"；在展墙上我们要激活抗疫的"红色细胞"，守住抗疫的"红色阵地"；中间红顶的核心柱子代表要凝聚抗疫的"一颗红心"。

（二）充分利用虚拟空间的优势

应急科普的时效性很强，第一要素就是"快"，必须在非常短的时间内把相应的内容传播出去。而在重大突发事件发生时，网络是最快捷的信息传播方式，也是公众获取相关信息的最主要途径，特别是本次新冠肺炎疫情的暴发，使得实体场馆都不得不关门停展，此时，网络展览成为科技馆开展应急科普展览保证时效性的最好方式。

1. 充分运用虚拟空间，拓展图文动态展示

展览充分利用了网络虚拟空间的动态效果，不仅设计了具有整体感的大图文板，且对适合于手机观看的小图文板内容进行了延伸拓展，对相关问题进行深入解读，使所传递的信息更加丰富翔实，而动图、音视频等的使用，则使展览更加直观、生动，更具感染力、吸引力，取得了良好的展示效果。

2. 打破实体展台限制，创新设计虚拟展品

展览突破实体展传统策展思维，大胆创新，充分利用虚拟空间优势，打破实体展品展台、屏幕、互动机构等的限制，设计制作了虚拟互动立体展品，有效增强了展品的参与性和体验感，成为展览的新亮点。

（三）对应急科普展览策划的一些建议

1. 更加突出雪中送炭

突发公共事件发生后开展的科普宣传效果通常是最好的，效率往往也是最高的。为了更高效、更及时地在突发事件中进行科普，可对展览的内容和形式规划上做如下调整。

（1）展览内容方面。可根据事件发展情况将展览先做成较小规模的系列展览，即展览总体思路和框架脉络确定后，先集中将公众最急需的科普内容作为第一模块推出，然后推出次重要的内容作为系列展览的第二个模块，并不断更新优化第一模块，以此类推，这样就可在最短的时间内推出几板内容不同的展览，既可以及时解决"公众最需要"的问题，突出应急科普"雪中送炭"的作用，也可在不断更新迭代、推出系列展览的过程中增加观众参与的"黏性"。

（2）展览形式方面。可区别于常规展览一开始就固定的展览规模和面积，当系列展览模块二推出后，将模块一和模块二再做成一个新的展览，直到突发事件结束或趋于稳定，所有系列模块推出扩展成最终最大规模的展览。

2. 更加注重平时积累

为了提高效率，在应急科普中开展的一些工作也应该纳入日常性、经常性的科普工作当中。日常性的、经常性的科普问题平时考虑得比较多，一旦急需就可以信手拈来。

建立针对不同疫情、自然灾害的应急科普预案，积累诸如 SARS、埃博拉、天花、鼠疫等疫情，气象灾害、地质灾害、海洋灾害、火山爆发、突发性火灾、水灾、地震等自然灾害方面的科普知识。当突发事件刚发生的时候，很多具体情况还不是很明了，此时可以将之前的一些积累当作有类比作用的经验性质、铺垫性质的展览迅速推出。

项目单位：中国科学技术馆

文稿撰写人：王剑薇

第五章 | CHAPTER 5
展品类获奖作品

1

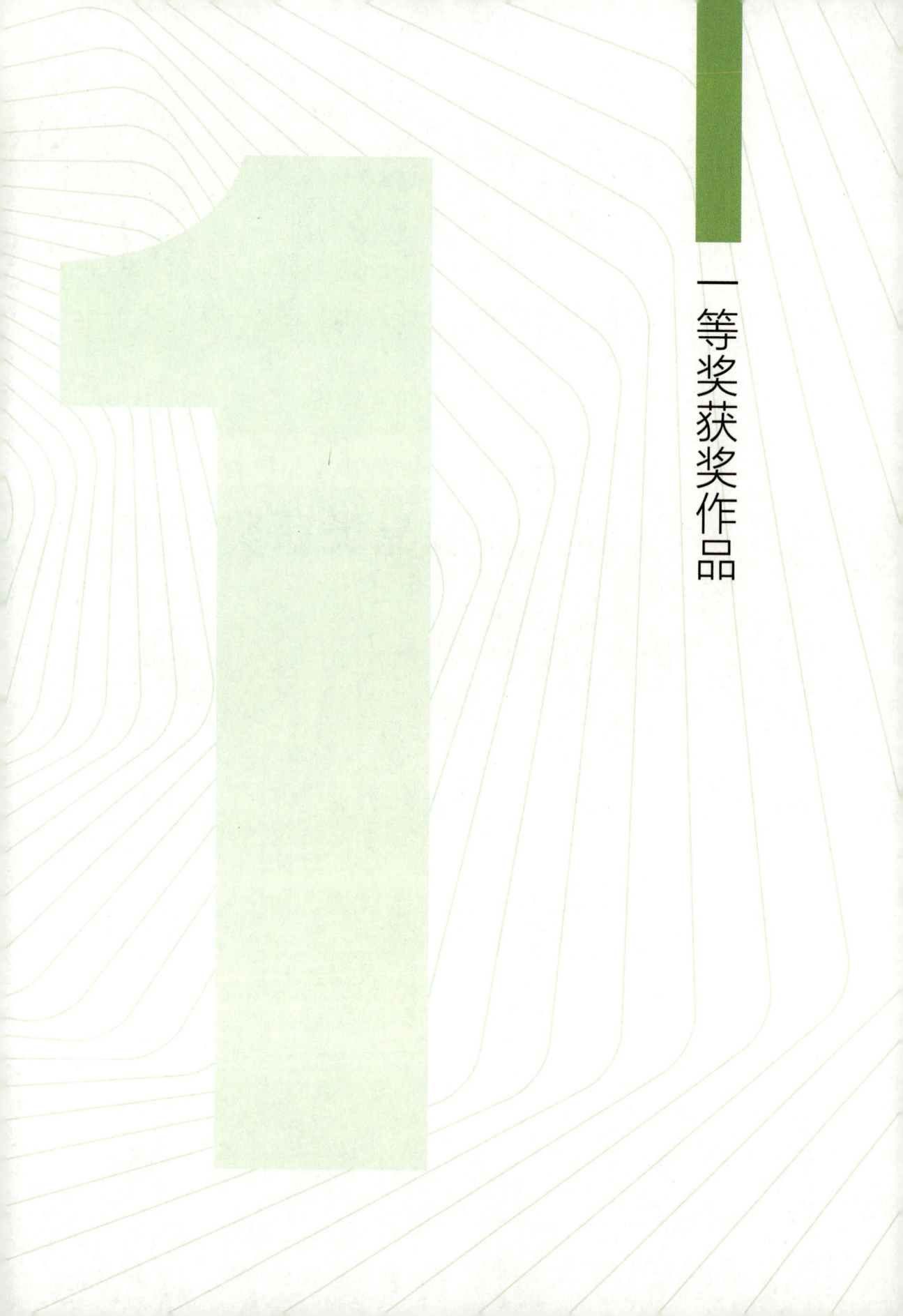

一等奖获奖作品

鹊桥中继卫星
——架起月球背面的通讯桥梁

嫦娥 4 号任务的成功，有一样东西可谓功不可没，这就是联通地球和月球背面的桥梁——鹊桥中继卫星。展品运用机电结构与鹊桥卫星上红外激光束加水雾模拟通信路径的方式，直观形象地向公众展示鹊桥中继卫星在嫦娥四号任务中的重要作用。

展品主要由展台、地球模型与旋转机构、月球模型、月球模型旋转臂及旋转机构、鹊桥轨道及鹊桥旋转机构、激光发射器、水雾化装置、雾化水管路、触摸屏和图文板等组成。如图 1 所示。

主要功能部件：步进电机驱动旋转臂转动，月球与鹊桥轨道基础固定在旋转臂末端，与旋转臂同步转动；一套小型电机固定在鹊桥轨道基础上，驱动鹊桥轨道旋转。

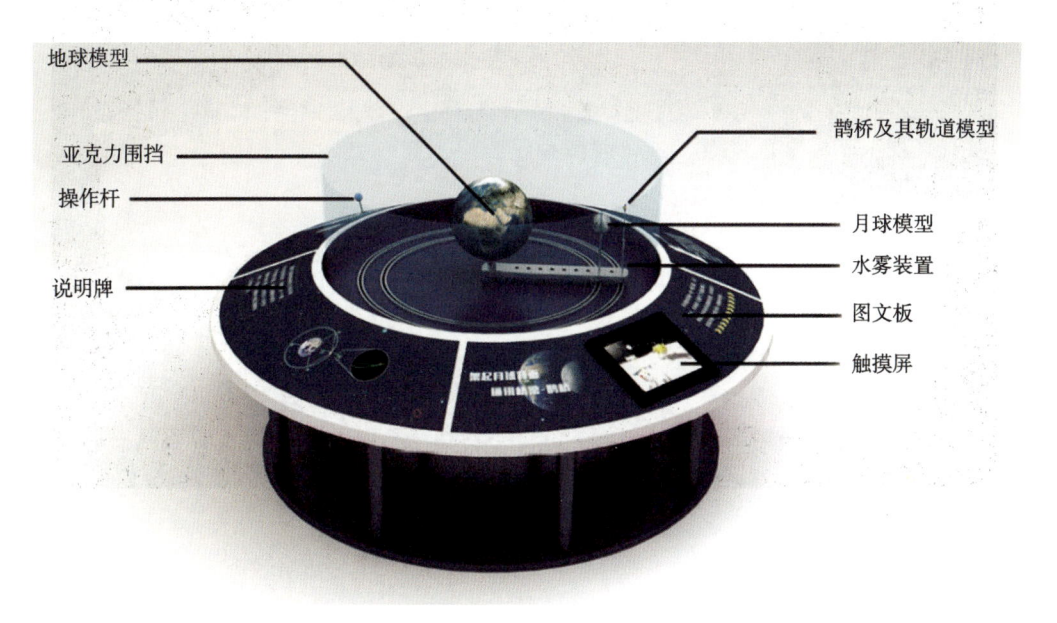

图 1 展品"鹊桥中继卫星"设计效果

项目单位：中国科学技术馆

文稿撰写人：王剑薇

谁主沉浮

密度是物质的特性之一，每种物质都有一定的密度，不同物质的密度一般不同。一般来说，不论什么物质，也不管它处于什么状态，随着温度、压力的变化，密度也会发生相应的变化。

展品设置分分合合、双向浮沉子、气泡沉船、热气球的重量、展教活动 5 个模块，通过观察法、比较法，引导观众在参与、观察、探究中理解温度 T、压力 p 和密度 ρ（或体积）三个物理量的关系。展品设计效果如图 1 所示。

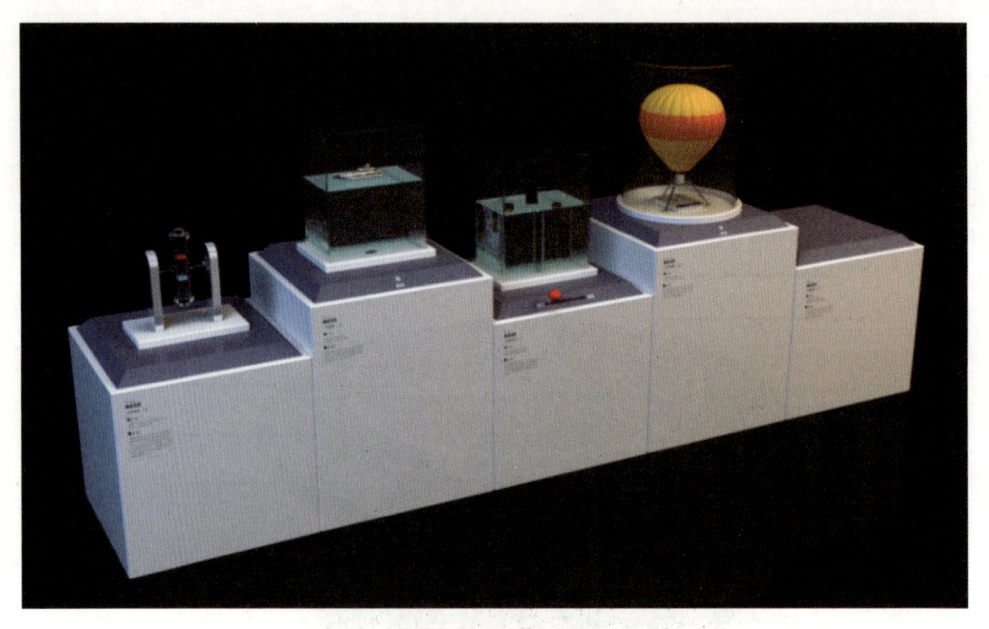

图 1　展品设计效果

项目单位：合肥市科技馆
文稿撰写人：曹晓翔

百发百中

  展品建立平抛运动物理模型，让观众在斜轨上释放小球，观察小球总是能顺利穿过下落圆孔的现象，引导观众采用观察法、比较法，让观众在观察、参与、探究过程中，了解平抛运动的特性，在普及科普知识的同时，培养观众探索的精神。

  展品左上侧为一段斜轨。斜轨末端为平直轨。平直轨末端有光电开关。展品右侧为一组支架，一组设有圆孔的过球板依次装在支架上，过球孔初始高度与平直轨一致。支架后面的背板上装有电视机。展品左下方为教育活动区。开展教育活动时，辅导员可翻开桌板，将原本放在桌板后的平抛运动实验装置移至桌板上。实验装置结合展品演示，引导观众探究平抛运动的特性。设计效果如图 1 所示。

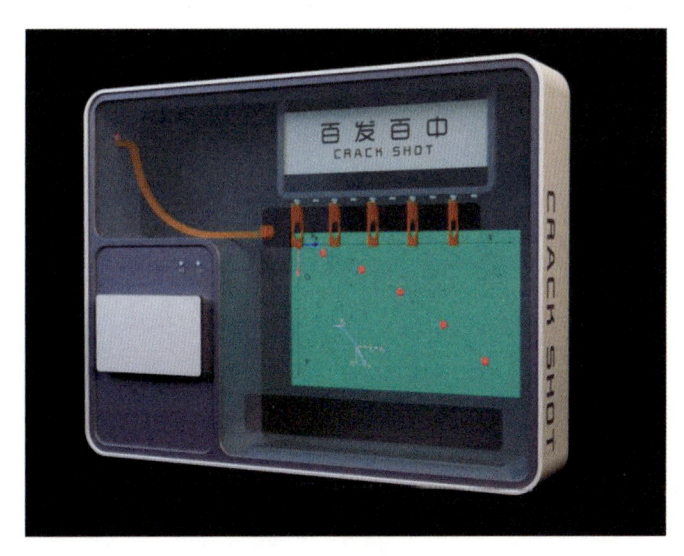

图 1　展品设计效果

项目单位：合肥市科技馆

文稿撰写人：袁　媛

静电回旋

展品由维姆胡斯感应起电机、莱顿瓶、静电加速器等部件组成。维姆胡斯感应起电机、莱顿瓶、静电加速器等装置的发明在人类科学进步史上有着重要作用，为电学的发展和人类利用核能奠定了基础，人类对微观物质世界的认识也随之逐步深入。然而在国内科技馆展品中却鲜有此类展品的展示介绍。

展品展示小球作规律性运动。观众通过转动手轮，将小球从一个投球口放入凹面球锅内，持续转动手轮，观察到小球在静电力作用下作回旋加速运动；当停止转动手轮时，小球慢慢落入回球口。当观众将两只小球从不同的投球口放入凹面球锅内，持续转动手轮，观察到两只小球发生碰撞和分离并作回旋加速运动。当观众拨动放电杆，可观察到两个放电杆顶端之间出现弧光放电现象。展品设计效果如图1所示。

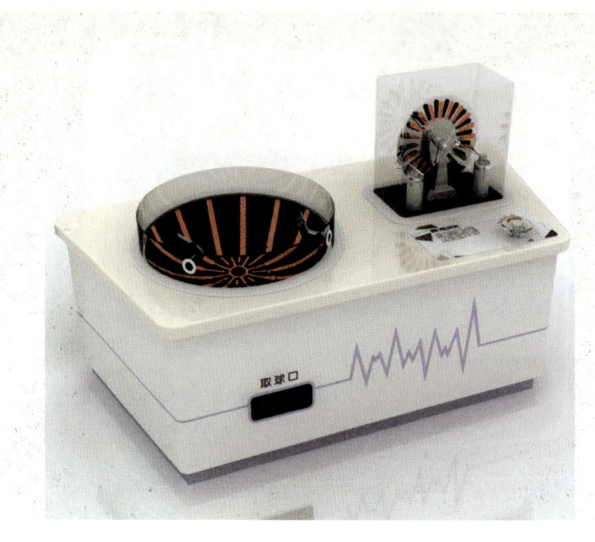

图1 展品设计效果

项目单位：泰州市科技馆
文稿撰写人：仇济群　华　霞　陈松平
　　　　　　戴　坤　胡晓梅

二等奖获奖作品

时间的礼物
——北京鬃人儿

一百多年前，北京出现了一种在盘中唱戏的传统手工艺玩具"鬃人"——将人物放在铜盘上，通过敲打铜盘的边，盘中的人物便会转动起来。今天，我们从力学的角度剖析这个传统玩具背后的科学原理，通过原汁原味的鬃人体验、原理解析，重新发掘它的神奇。

该展品分为3个区域，用于迁移理解。展品设计效果如图1所示。

鬃人体验部分：敲击圆盘，观察盘上小人转动的现象，了解鬃人艺术的文化内涵。

观察思考部分：近距离观察鬃人，了解其结构，通过问题引导观众对鬃人旋转原因进行思考。

拓展实验模型：通过文字及视频了解鬃人旋转原因及相关原理，并通过对鬃人模型鬃毛方向及大小的定量对比实验，加强对科学概念的理解并进行探究拓展。

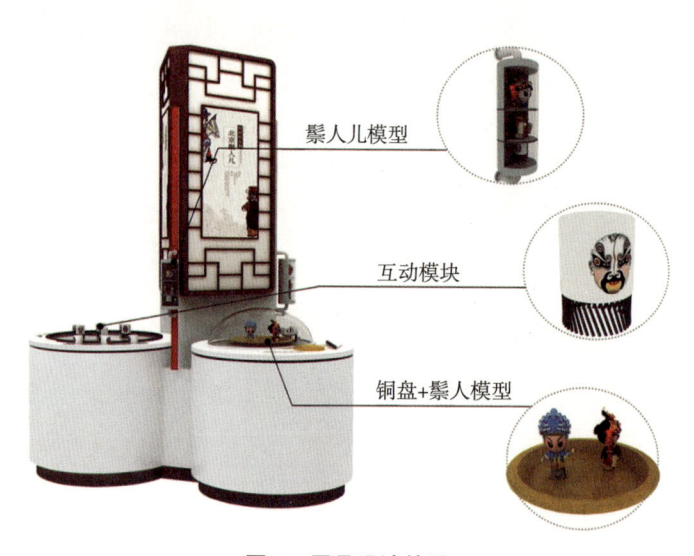

图1 展品设计效果

项目单位：北京科学中心
文稿撰写人：吴 尧

缘来炉磁

展品从生活中选材，直观的展示各种有趣的电磁现象。观众在互动的时候又能进一步了解"电生磁、磁生电"的科学原理。展品将三组装置通过机构连接集中展示不同的电磁现象，使得展示内容更加丰富，并加深对电磁知识的理解。展品主要由三组装置构成。分别为"枫叶变色"、无线充电点亮灯珠、锡箔跳环。互动时，当按下"启动"按钮后，观众通过按下"切换"按钮，将不同的物体分别置于电磁炉上方，可观察到"枫叶"颜色会逐渐发生变化、灯泡被点亮以及锡箔迅速弹跳的电磁现象。展品设计效果如图1所示。

图1 展品设计效果

项目单位：新疆科技馆
文稿撰写人：朱建中

气泡沉船

20世纪以来，数以百计的飞机和船只先后在百慕大地区神秘失踪。全世界的科学家对这种奇异现象进行了各种神奇诠释，百慕大也被称为"魔鬼三角区"。近些年，国外科学家认为，是百慕大海域有非常多的天然气和甲烷。它们突然爆发，会产生大量气泡，而大量气泡的聚集会导致过往船只瞬间下沉。浮力定律表明，一个物体要想浮在一种液体表面，其平均密度应该比液体密度小。海底涌出大量气泡，使该区域内海水的平均密度减小，如果刚好有一条船从上面经过，就会沉没。

展品"气泡沉船"依据浮力理论，展示了气泡能够使船沉没的现象。展品设计效果如图1所示。

在展品的水箱表面，飘浮着一只小木船。观众按下按钮，水箱底部的气孔冒出大量气泡，木船瞬间下沉。等气泡消散后，木船重新升起并浮在水面上。

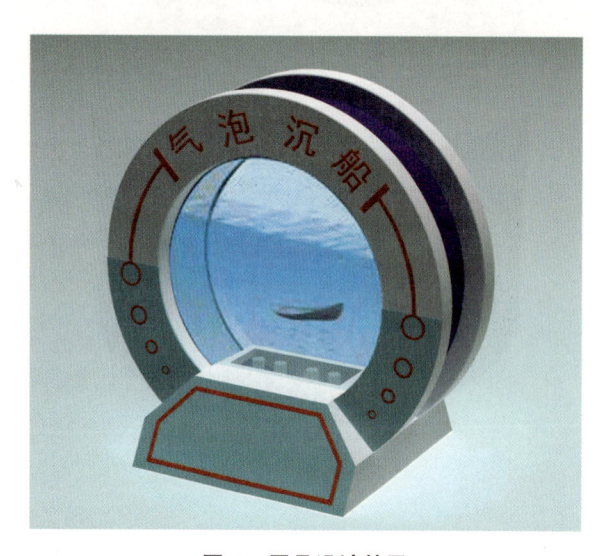

图1 展品设计效果

项目单位：天津科学技术馆
文稿撰写人：王尊宇　张建伟

撒 花

火车、地铁进出站时，为什么要求人们站在黄线以外？汽车从身边飞速驶过，为什么总有一阵"怪风"把我们刮向车道？为什么足球射门时会出现"香蕉球"？为什么把一张纸粘在下巴吹气，纸张却会自己飞起来？这些日常生活中我们所感受过、看到过的种种现象，归结起来本质就是"伯努利原理"。

观众在展品前首先看到的是透明的管道中空无一物，通过旋转手柄，色彩丰富的齿轮驱动管道旋转，随着转速加快，展品下部大量的彩花被抽吸入管道中并抛洒到空中，形成色彩斑斓的"花雨"，而停止操作则回归空无一物的管道。这一现象看似违背常理、不可思议，管道中既无电动抽气设备，也无额外特殊结构，却在转动过程中使得小彩花不断被吸起并喷洒而出。观众还可以通过观看展品旁设置的说明牌来进一步了解关于"伯努利原理"相关的知识。展品设计效果如图1所示。

图1 展品设计效果

项目单位：广西壮族自治区科学技术馆

文稿撰写人：覃毅峰

音乐特斯拉

展品旨在向观众演示神奇的特斯拉放电现象。互动时,由工作人员按下按钮接通电源,可以发现,特斯拉线圈通电后在放电尖端将会形成美丽的闪电,并伴有美妙的音乐,集视觉、听觉于一体,诠释科技与艺术交融之美,激发观众的好奇心与探索欲,引导观众了解特斯拉放电现象及其原理,培养对科学的热爱。

展品主要由特斯拉线圈和霓虹灯组成,特斯拉线圈旁边为霓虹灯板。展品采用机电互动的形式进行展示。由工作人员直接进行操作演示,互动时,工作人员按下启动按钮开启电源,初级线圈通电后产生激励振荡,将电能传递给次级线圈,次级线圈产生的高压电能对地释放形成闪电,同时音频信号调制振荡信号,使高压击穿空气发生不同的声响,形成美妙的音乐。展品设计效果如图1所示。

图1 展品设计效果

项目单位:山西省科学技术馆

文稿撰写人:于晓东

匠心筑梦——中国"天眼"

被誉为"中国天眼"的是500m口径球面射电望远镜，简称FAST，由我国天文学家南仁东于1994年提出构想，历时22年建成，2016年9月25日落成启用。FAST是世界最大单口径、最灵敏的、具有我国自主知识产权的射电望远镜，其综合性能是著名的射电望远镜阿雷西博的十倍。

观众通过本展品互动模拟科学家利用射电望远镜进行寻找脉冲星及地外文明的科学研究过程，观看馈源支撑系统的运动，倾听FAST捕获的来自宇宙深处的声音。本展品可帮助观众了解FAST进行科学研究的基本过程；理解FAST的建设意义、工作原理、关键技术创新等内容；学习优秀科技人物南仁东的感人事迹，弘扬科学家精神和工匠精神。展品设计效果如图1所示。

图1　展品成品效果

项目单位：中国科学技术馆

文稿撰写人：王　阳

3

三等奖获奖作品

定楼神器——阻尼器

台风是非常可怕的自然灾害，每年都有许多建筑被毁于一旦。在正常的风压状态下，距地面高度为 10m 处，如风速为 5m/s，那么在 90m 的高空风速可达到 15m/s。若高达 300～400m，风力将更加强大。因此，超高层建筑面对台风时更加危险。于是作为"定楼神器"的阻尼器就出现了。

通过本展品，可以观察超高层建筑有无阻尼器、阻尼器摆放在不同位置时的防震效果差异。调节振动频率，可以探究不同频率下阻尼器是否生效，向观众展示惯性以及作用力和反作用力的原理。在阻尼器消耗能量时，涉及能量守恒定律、能量的转换的原理。

展品主要分为 4 个部分，一是钢条及钢板和杆端轴承组成的两幢超高层建筑模型，分别在其上、中、下部安装了阻尼器；二是模拟地震的晃动平台及其驱动电机；三是展品展台、外罩亚克力面板；四是展品电控装置，包含单片机、按钮、视频播放器及投影机。展品设计效果如图 1 所示。

图 1 展品设计效果

项目单位：温州科技馆
文稿撰写人：黄 昆

阻挡射线谁最强

展品的台体外形酷似辐射警示标识,共分为3个部分,观众在每个部分的"扇叶",可以单独体验 α 射线、β 射线、γ 射线被不同材料阻挡的情况。观众通过拨动转轮〔转轮通过垂直直径分为四等份,每一等份代表不同的阻挡材料,分别为空气(表示无遮挡)、纸片、木板、混凝土〕,选择不同种类的阻挡材料进行组合,观察代表不同射线的激光光束(红色代表 α 射线、绿色代表 β 射线、蓝色代表 γ 射线)被阻挡情况,从而科学地认识核辐射可以被有效阻挡。观众可以获知"只要科学的防护,核辐射没有那么可怕",核辐射可以被人类很好的利用。展品设计效果如图1所示。

图1　展品设计效果

项目单位:中国科学技术馆
文稿撰写人:马东来

看谁滚得慢

　　展品设置三个透明空心转轮和一组三个相同规格的斜轨，斜轨上端的起始点设有限位装置和同时释放装置，以保证观众在进行互动时三个轮子可以同时出发。三个转轮的外形和质量一样。A 转轮中装满颗粒，B 转轮中装了约 2/3 颗粒，C 转轮装了约 1/3 颗粒。观众将三个转轮分别放置在三个斜轨的起始点卡槽内，按下释放装置，三个转轮即开始沿斜轨滚落。可以观察到，虽然三个转轮外形和质量都一样，但是由于所装颗粒的质量不同，滚落的速度差别很大。展品设计效果如图 1 所示。

　　外形和质量相同但是质量分布不均匀的转轮，在相同轨道上同时向下滚落，滚落速度差异极大，有的转轮甚至静止在斜轨上。通过这种反经验反直觉的现象，激发观众探究质量分布不均匀的圆柱体转动惯量之间的差异，思考其背后的科学原理。

图 1　展品设计效果

项目单位：合肥市科技馆
文稿撰写人：袁　媛

滴水起电

展品展示了一种可持续运转且现象明显的用水流产生静电的装置。水滴从水流脱落的瞬间，可能由于电荷分布的局部不平衡而不再保持电中性。

如果观众想从头观看，可先操作按钮排干水杯内的水。松开按钮，水杯开始蓄水。蓄水开始后，30秒之内即可产生现象：随着两侧水杯内不断蓄水，中间悬挂的一对氖泡会不断重复靠近、放电闪亮、分开的过程。水杯上方的水流会在氖泡相互靠近的时候分叉或弯曲。展品设计效果如图1所示。

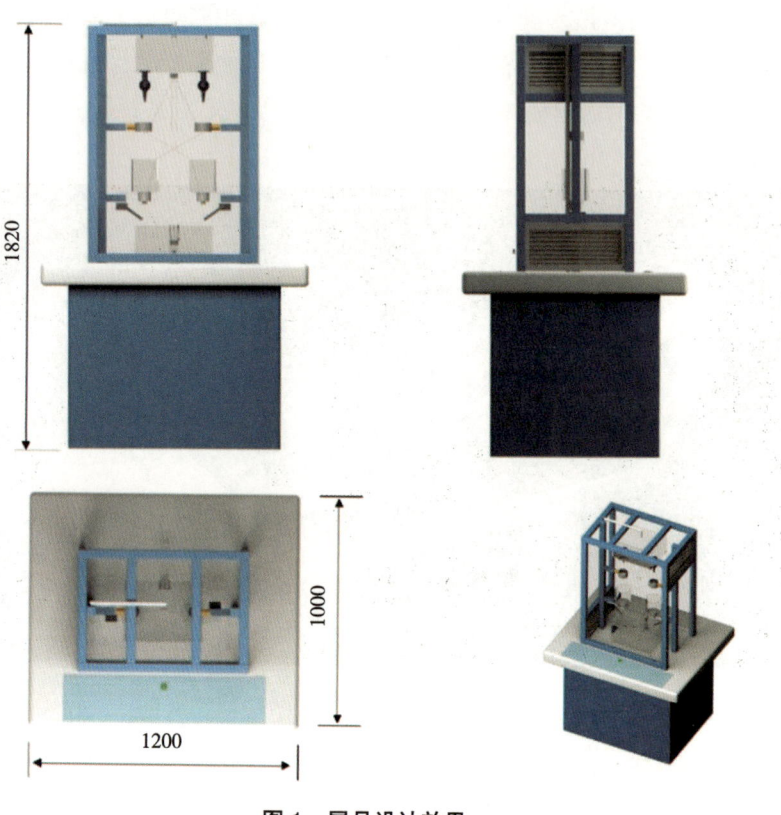

图1 展品设计效果

项目单位：中国科学技术馆

文稿撰写人：陈志刚

水声通信技术

神秘浩瀚的海洋一直是人类探索自然奥秘的前沿领域，蔚蓝的大海不断激发着人们的好奇心。随着人类海洋活动的日益频繁，对于水下通信的需求大为增加。水声通信是深潜器在深海中与支持母船取得联系的唯一有效途径。在这里，你可以借助水声通信技术展品在深海中与你的小伙伴自由对话，还可以通过观看视频和图文板，了解水声通信技术的原理与应用。

展品基于对比—认知—体验探究模式，还原海洋中真实水声通信工作过程；利用水声正交频分复用（OFDM）多载波调制和语音压缩编解码技术，以机电互动的方式引导观众对比探究，使公众在探究实践中了解水声通信技术的基本知识，提高解决问题的能力及动手能力，并在实践与研究过程中，学习、感悟在深海环境下实现声音信息有效传递的科学方法。展品设计效果如图1所示。

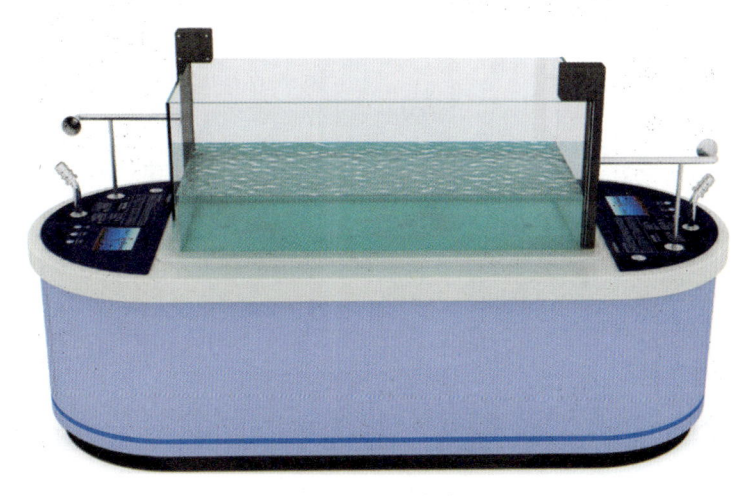

图1　展品设计效果

项目单位：厦门科技馆管理有限公司

文稿撰写人：黄玉环

耳朵里的"功放"

很多人知道人体有 206 块骨头；也有不少人知道，人体最小的骨头是中耳里的听小骨，由锤骨、砧骨和镫骨组成。可是很少有人知道，恰恰是这 3 块最小的骨头，精妙地排列成了一个听骨链杠杆系统，形成了一个人耳自带的"功放"，居然使传进耳朵的声波振动波压强增加了 22 倍。这就是中耳的增压效应。

本展品的展示目的，是将中耳的增压效应，用形象、直观的方式表现出来，让观众了解听骨链杠杆系统的结构特点，直观体验镫骨末端压强的明显增加，并获得如何保护听力、防止听力受损的延展知识。展品设计效果如图 1 所示。

图 1　展品设计效果

项目单位：合肥市科技馆
文稿撰写人：袁　媛

闪　耀

人类文明有着悠久的历史，珠宝一直伴随着人类的发展，也在这历史之中留下了璀璨的痕迹。开采出的宝石只能称为原石，只有经过精湛的切割工艺，才能让宝石发挥出耀眼夺目的光彩。现代，随着物质生活水平的提高，越来越多的人开始关注珠宝。本展品把生活中常见的宝石与光的折射与色散现象联系在一起，从生活启发科学，通过观察、对比、控制变量的科学方法，进行研究性学习引导，配合学习单完成项目式学习，使观众在学习互动过程中充分认识光在传播过程中发生折射的条件，以及产生色散的原因，进而回归生活指导新的实践，并产生对光学的兴趣进行探究。

"闪耀"是一件展示光的折射与色散内容的光学互动展品，分别由3部分组成：找找看（隐身的宝石）、闪亮亮（宝石的色散）、宝石色散实验台（原理）。展品设计效果如图1所示。

图1　展品设计效果

项目单位：北京科学中心
文稿撰写人：陈　晨

机器人的手

末端执行器是机器人的关键零部件之一。机器人手爪作为重要的末端执行器,它能模仿人手的动作功能,执行各种作业任务。机器人手爪根据各生产环节的需求,呈现多种形式。本展品展示4个类型共9种具有代表性的机器人手爪,从不同种类手爪的展示中反映机器人手爪的技术现状及发展趋势。根据不同手爪的特点设置不同的互动方式,观众可操控手爪对不同形状的物件进行抓取,对比手爪的外形、尺寸、材料及工作方式,了解不同手爪的研发背景、工作原理及应用场景,认识科学家及工程师们针对实际应用场景中出现的问题以及新的应用需求,不断研发、改进、创新机器人手爪的过程,感悟其中潜心钻研、不断创新的研发精神。

本展品充分利用展品四面的展示区域,分别设置机械手、柔性软体手、五指仿真人手、仿生柔性手共4部分互动体验。展品设计效果如图1所示。

图1 展品设计效果

项目单位:中国科学技术馆
文稿撰写人:魏 蕾

频闪测速

本展品为互动操作类展品，设有三个不同转速的转盘，转盘上附有参考图片。由于转速不同，观众通过调节频闪灯的闪动频率，可分别使某个转盘看上去是静止的，此时在频闪灯背面显示的数值就是该转盘每分钟旋转的圈数，即转动频率，以此来展示频闪现象、频闪测速的原理。展品设计效果如图1所示。

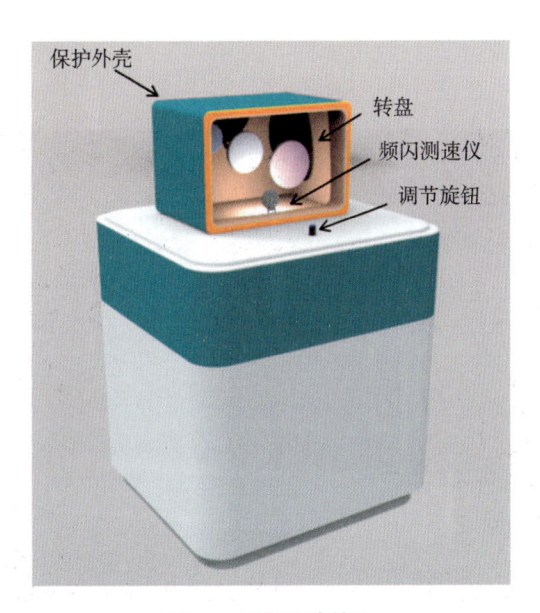

图1 展品设计效果

项目单位：长春中国光学科学技术馆

文稿撰写人：张恒煦

奇怪的惯性

展品展示加速运动的情况下，水箱里两个小球出现完全相反的分离或会合现象。这件展品通过对比演示质量不同的两个小球在水中的运动情况，建立惯性模型，直观体现出物体运动状态改变的难易程度这一概念，更好地呈现惯性所表示的含义，同时解释质量对于惯性的影响。展品结合比较法、观察法，引导观众在参与、观察、探究的过程中，认识和了解惯性的概念、物体的惯性性质以及惯性与质量的关系，学会观察分析物体运动现象。展品设计效果如图1所示。

图1　展品设计效果

项目单位：合肥市科技馆
文稿撰写人：袁　媛

优秀奖获奖作品

菲涅尔透镜助降系统

航母是一个大国综合国力的象征,是护国保疆的利器。我国航母建成投入使用,成就举世瞩目。在庞大而复杂的航母系统中,舰载机的着舰降落被誉为"刀尖上的舞蹈",而"菲涅尔透镜光学助降系统"在其中发挥着极为关键的作用,是一个很好的科普工作切入点。

展品以光学透镜折射原理为主线,采用认知和体验相结合的展示形式。观众可通过动手操控菲涅尔透镜灯箱模型,分析灯箱结构,了解菲涅尔透镜工作原理及光学导航系统灯光含义;再化身舰载机飞行员模拟舰载机着舰过程,从而了解菲涅尔透镜光学助降系统的原理和应用,进而感受国之重器的科技魅力。展品设计效果如图1所示。

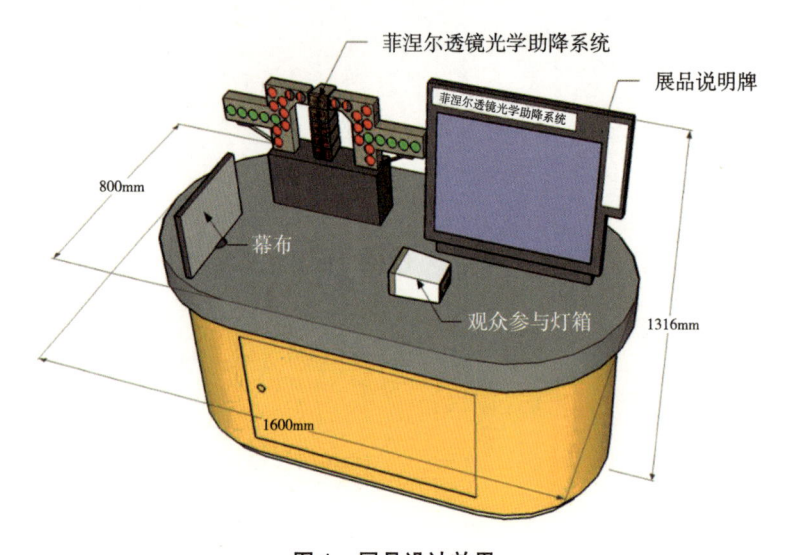

图1 展品设计效果

项目单位:福建省科技馆
文稿撰写人:潘 琳

神奇的共振

共振是振动研究中最重要的模型。共振是能量最大传递的效应，各个领域都需要研究共振中的能量传递现象和规律。展项通过观众自己动手操作展品，发现多个摇摆器无规律的摆动，最终所有摇摆器同步摆动的神奇现象，引导观众去探索这种现象背后蕴含的科学原理，让他们直观了解耦合振动现象中振动频率传递的过程，同时与生活中的共振现象产生关联，展开思考。

展台台面划分成两部分，一部分是固定的台面，另一部分则是可摆动的水平白板由线吊挂于支架。白板上各安装有一组4个摇摆器，整个展品用透明有机玻璃护罩防护。展品设计效果如图1所示。

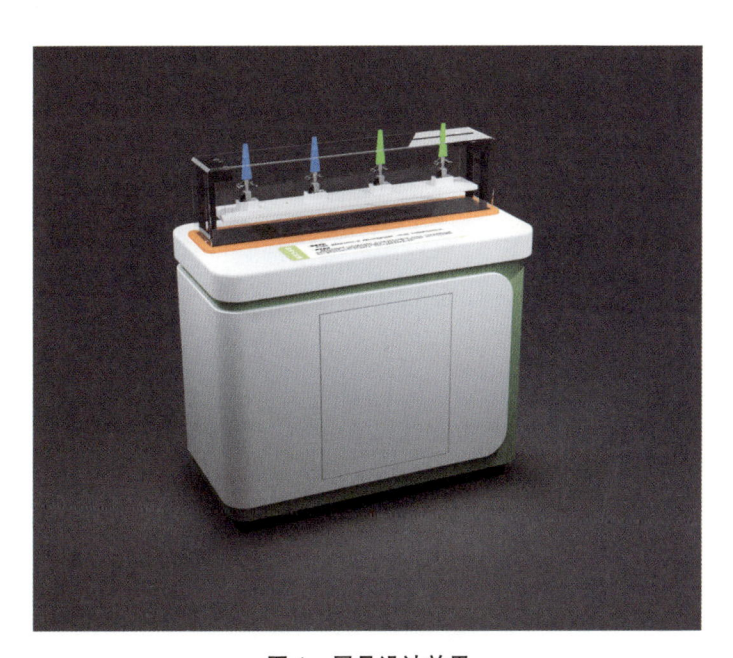

图1 展品设计效果

项目单位：苏州青少年馆

文稿撰写人：朱巧根

躲在光里的声音

展品通过普通的 LED 手电筒发出的可见光为载体，不使用光纤等有线传输介质，在空气中直接传输音频信号。展品启动时 LED 手电筒会以特定的高频闪烁传输音频信号，经过解调放大模块处理后由扬声器发出该音频信息，向观众直观地展示可见光通信技术（Visible Light Communication，VLC）。

操作面板有"立体声""混合声"两种启动模式。启动"立体声"模式时，LED 光源模块将以高频闪烁的形式传输立体声音频信号，观众遮挡光线可以中断音频的传播，从而实现左右声道的切换，也展示了可见光通信技术传输特性；启动"混合声"模式时，左右 LED 光源模块将传输不同的音频信号，观众通过注视左/右扬声器可体验人耳的聚焦效应。展品设计效果如图 1 所示。

图 1 展品设计效果

项目单位：广西壮族自治区科学技术馆

文稿撰写人：唐经纬

文丘里效应

文丘里效应，也称文氏效应。这种现象以发现者意大利物理学家文丘里命名。该效应表现在受限流动在通过缩小的过流断面时，流体出现流速或流量增大的现象，其流量与过流断面成反比。而由伯努力定律可知，流速的增大伴随流体压力的降低，即常见的文丘里现象。通俗地讲，这种效应是指在高速流动的流体附近会产生低压，从而产生吸附作用。

展品运用先进的机械结构设计方式、超声雾化起雾方式、气动假山形式、先进的风速探测对比模式；电控设计上采用集成一体化形式，方便控制；多媒体设计上采用观众易参与的形式，使观众最大限度地探究式体验展品，了解展品展示原理和背后蕴含的知识。展品设计效果如图1所示。

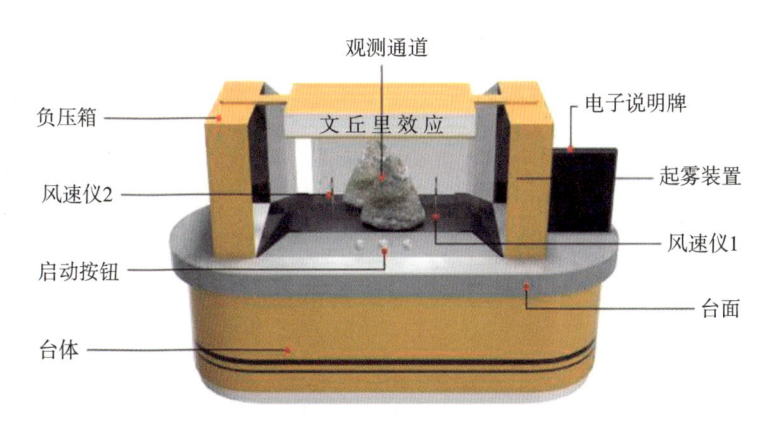

图1 展品设计效果

项目单位：福建省科技馆

文稿撰写人：吴明钦

化学元素周期表 AR 互动墙

展品基于 AR（Augmented Reality，缩写为 AR）即增强现实技术进行设计与开发，利用六轴机械臂交互装置实现对化学元素周期表内信息的提取，以学习相关化学元素知识。展品可从实体与虚拟两个维度为用户展示元素信息：①展品将整个化学元素周期表以模块化、实体化的方盒矩阵作为表层信息载体，展示元素名称与其所对应的实物单质模型。②通过点击机械臂上集成的移动交互设备中的化学元素来控制机械臂移动，摄像头则会在移动中捕捉到对应的化学字母并返回，以增强现实的方式显示元素的详细信息与背景环境。展品设计效果如图 1 所示。

图 1 展品设计效果

项目单位：南京科技馆

文稿撰写人：赵　悦　吴志涛

昆虫奥秘

自古以来，自然界就是人类各种技术思想、工程原理及重大发明的源泉。仿生学也是提升科学技术原始创新的重要手段，生命科学、物质科学、认知科学、纳米技术、信息技术、能源技术和制造技术将在21世纪得到突飞猛进的发展，这些科学和技术很多来自仿生学的启迪。本展品以昆虫的身体构造、功能原理以及仿生知识为展示内容，使用先进的电容触摸面板技术与石墨导电技术，生成3D立体可旋转效果的小昆虫，并对昆虫进行色彩变换、放大缩小、多维旋转、多屏联动等操作，让观众了解昆虫以及仿生学的相关知识。展品设计效果如图1所示。

图1 展品设计效果

项目单位：黑龙江省科学技术馆

文稿撰写人：邵 芳

蝴 蝶 杯

展品展示的主体为一个大型的杯子，杯子内部镶嵌光学透镜，透镜下方为立体蝴蝶造型。杯中没有水时，观众看到的杯子是空的。通过控制系统向杯内注入定量的水后，会在杯子里看到立体的蝴蝶，待水排出后蝴蝶会再次消失。

因为杯子底部的光学透镜具有一定的折射率，空气和水的折射率不同，当水位超过透镜时，会改变透镜周围环境的折射率，通过合理设计透镜面形及透镜与蝴蝶之间的距离，能够实现蝴蝶浮现、消失及放大的现象。

通过注水、放水这种趣味性的互动，使观众理解透镜与折射的基本原理，获得其中的光学知识，同时了解鲜为人知的中国古代发明历史故事。展品设计效果如图1所示。

图1　展品设计效果

项目单位：长春中国光学科学技术馆

文稿撰写人：张恒煦

向光而生

向日葵因向光性而得名。展品台体为一个大型的向阳花造型，中心安装仿真向阳花，外罩亚克力保护罩。按动开关，光源亮起，观众可手持 LED 光源，透过亚克力保护罩照射仿真向阳花，并改变光源的位置，体验仿真向阳花的追光过程。观众还可以尝试利用手机、手电筒等其他光源体验，思考模拟向阳花是如何达到追光目的的。展品设计效果如图 1 所示。

图 1 展品设计效果

项目单位：长春中国光学科学技术馆

文稿撰写人：邢　冲

地层找矿——VR 互动展品

该展品主要采用 VR（Virtual Reality，缩写为 VR）即虚拟现实技术为基础，利用自主开发的"地质潜望镜"交互装置深入"虚拟现实的矿井"下，从而呈现地质化学的相关基础知识。研发思路为采用软硬件结合，让观众操控硬件，从而实现在虚拟环境（软件）内的内容体验。亮点为，观众可以适时地在虚拟环境中观测其实体操作的结果，同时其他观众也可在外部现实设备中看到内容。创新点为，利用自主开发的硬件交互装置控制 VR 眼镜设备。该展品的交互操作是一种在虚拟环境中全新的人机交互创新技术，可以使观众有"沉浸"感的同时，又不会眩晕或迷失于虚拟现实中。该展品使用时不需要佩戴或者调校，直接观察即可，弥补了当前许多 VR 眼镜展品使用体验的各种弊端；坚固易用，简单操作即可漫游于虚拟现实环境之中。展品设计效果如图 1 所示。

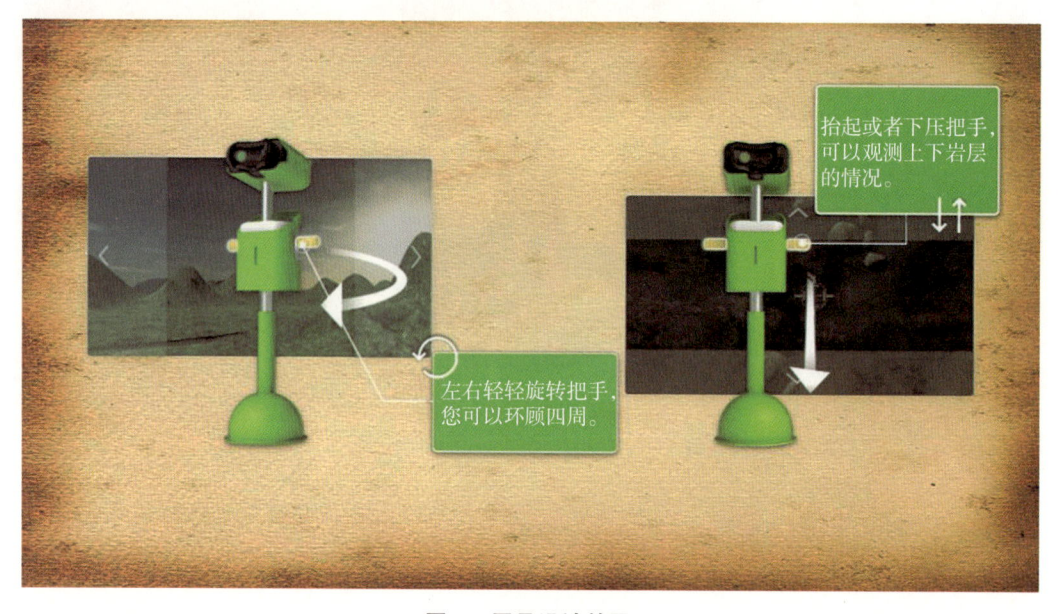

图 1　展品设计效果

项目单位：南京科技馆

文稿撰写人：赵　悦　吴志涛

光谱与滤光片

　　展品为机械互动展品，使用3组窄带滤光片构成可见光光谱图像发生和观察系统，由3个带有不同波长滤光片的投影灯把3幅不同的图像同时投影到屏幕上，会出现混叠在一起、人眼无法分辨的复合图像。观众通过旋转载有3个对应波长滤光片的轮盘，选择其中一个滤光片观察屏幕，就会只看到其中对应的一幅图像。采用这种新的形式，使观众在体验乐趣的同时，获得光谱方面的知识：了解光谱的概念和滤光片的作用；了解可见光的光谱分布及波长的概念；了解波长和颜色之间的联系。展品结构设计如图1所示。

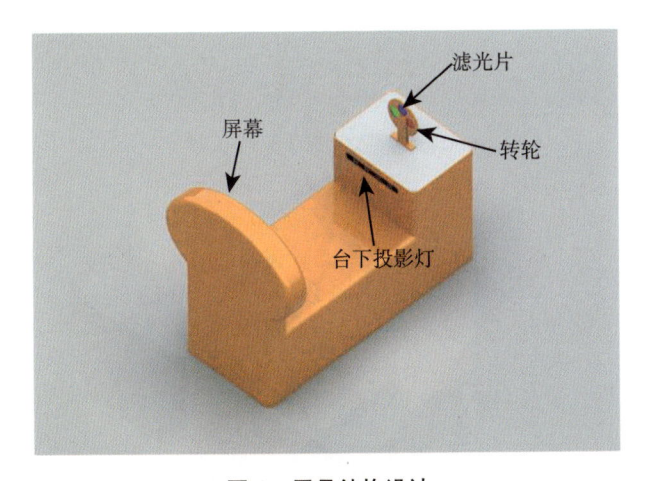

图1　展品结构设计

项目单位：长春中国光学科学技术馆
文稿撰写人：夏　腾

车　　钩

　　车钩装置是用于使车辆与车辆、机车或动车相互连挂，传递牵引力、制动力并缓和纵向冲击力的车辆部件。

　　展品展示的车钩模型分别为13号车钩和高铁全自动车钩，车钩缓冲装置是铁路货车的重要组成部分，连接列车中机车和车辆、车辆和车辆，使之彼此保持一定距离，并且传递和缓和列车在运行中的作用力。本展项旨在通过互动的方式，让观众了解车钩的组成和工作原理等相关知识。展品设计效果如图1所示。

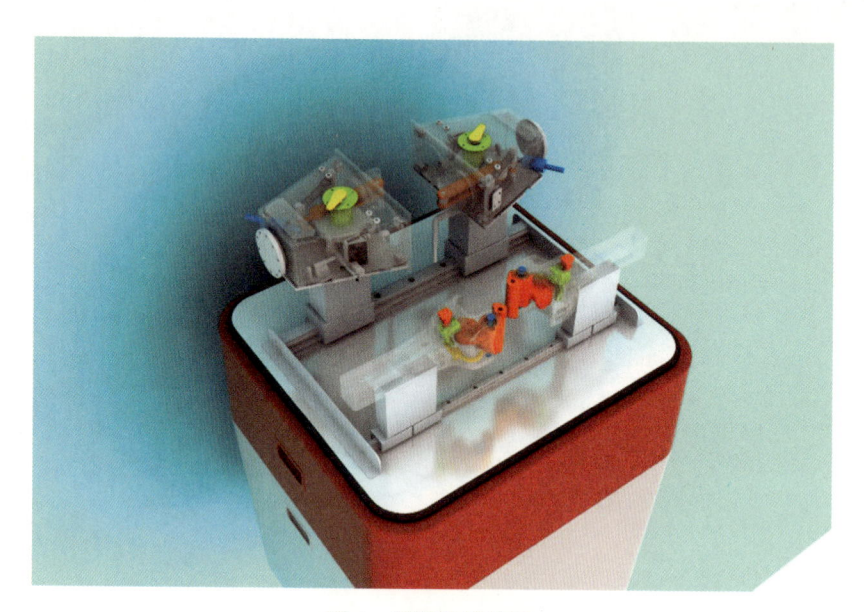

图1　展品设计效果

项目单位：湖南省科学技术馆
文稿撰写人：唐　蕾

移魂换手

在日常生活中，我们对自己身体的识别是理所当然并且是毋庸置疑的，对身体所有权这种真实而特殊的感知状态是独一无二的。我们将手放在桌子上，你不会怀疑这只手是不是自己的手，那么有没有可能改变这种感知状态呢？本展品就是让观众体验自我感知被操控的感觉——身体感知错觉，一只橡胶手模型"变成了"自己的手。展品通过机械臂上的毛刷同步刺激参与者的手和橡胶手的形式，使参与者感到橡胶手变成了自己的手，让观众体验自我感知被操纵的感觉——身体感知错觉。展品设计效果如图1所示。

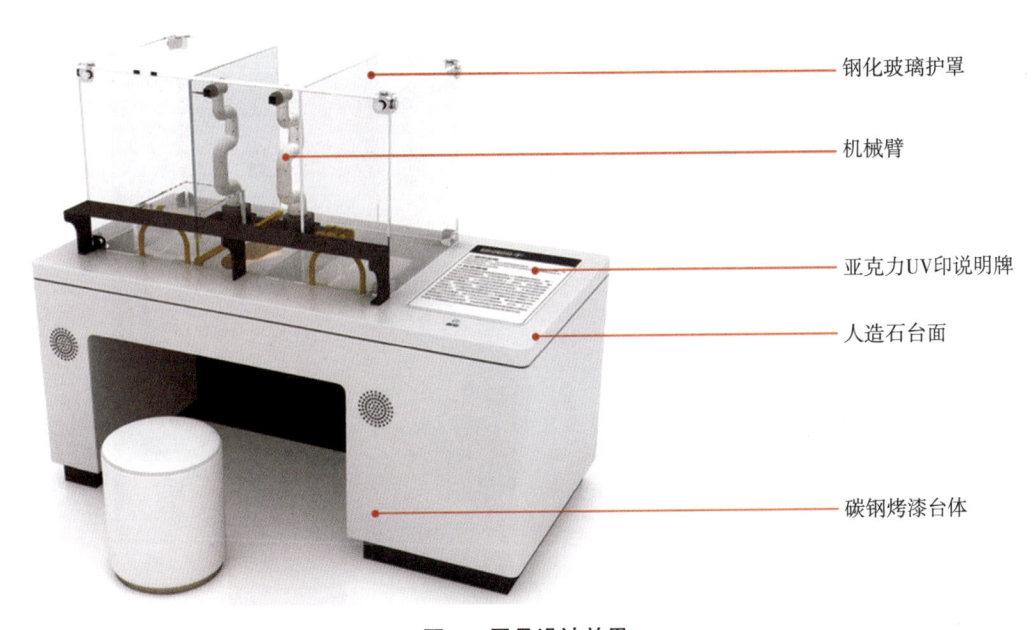

图 1 展品设计效果

项目单位：吉林省科学技术馆
文稿撰写人：刘立伟

共 生

在漫长的自然演化进程中，生物之间的关系日渐变得复杂而微妙，共生就是一种非常奇妙的现象。本展品通过观众转动内圈粘贴有剪影雕刻的犀牛与犀牛鸟、海葵与小丑鱼、蜜蜂与兰花的圆盘，与外圈标记处对齐显现共生剪影，同时触发相应视频，介绍以上三组自然界中的共生关系的详细情况，让观众了解共生关系的本质，进而引申到人类社会中的类似共生的关系，以及国与国之间的关系，提出"生态文明""和谐发展""人类命运共同体"等广义共生的概念。展品设计效果如图1所示。

图1 展品成品效果

项目单位：武汉科学技术馆
文稿撰写人：罗　好

深海探秘

"我的潜水艇。它行驶在永恒的夜晚。它将永远、永远地悬停在我深蓝色的梦中。"无数人为这神秘的大海所着迷，那么海洋中有什么呢？展品外观造型为海洋中的潜水艇，旨在吸引观众探寻深海奥秘。观众在潜水艇内，可以透过观察窗观看浩瀚的海洋世界，只见海洋呈现幽暗、静谧的景象，几乎没有生机，这是"低压钠灯"发挥的作用。观众如果打开手电筒照向神秘的海洋，原本"黑白"的画面将立即出现彩色，随着光线的移动，观众不断探索海洋区域，便能发现一些隐藏的海洋动物。打开手电筒能看到海洋中的动物，关闭手电筒，海洋动物瞬间"消失"，这种强烈的视觉冲击和色彩对比，非常吸引观众的注意力，能够让观众体验发现与探究的乐趣。展品设计效果如图1所示。

图1　展品设计效果

项目单位：绍兴科技馆

文稿撰写人：鲁秋敏

新型天球仪

带地平高度及方位角调节机构的天球仪简称新型天球仪。天球仪是天文教学、天文科普的仪器，人们利用它表述天球的各种坐标、天体的视运动以及求解一些实用天文问题。已有的天球仪在演示时只能估计判断出天体的大约地平高度和方位角位置。新型天球仪的研制成功能够对任意地理纬度的对应地点给出天体严格准确的地平高度和方位角数值，提高了天文科普、观测寻找天体和天文教学的质量，是天球仪的一次革新。

展品中心为一个内设圆形地平面模型的天球造型，两大互相垂直金属圈分别为子午圈和地平圈，天赤道将天球等分为北天半球和南天半球，在天赤道上设有按每小时分成的 24 个刻度，每小时刻度内分成 60 个分刻度并在子午圈 0° 位置与天赤道对应位置设天赤道时间读取指针，在黄道上设太阳每日位置标识的刻度，观众可以根据某经纬度和天体的出没时间来模拟任意时刻的星空。展品设计效果如图 1 所示。

图 1　展品成品效果

项目单位：阜新市科技馆

文稿撰写人：胡　冰

赫兹实验

赫兹用实验证明电磁波是存在的,且电磁波的传播速度相当于光速。赫兹实验为无线电、雷达和电视等无线电电子技术的发展开拓了创新途径。

观众体验模拟的赫兹实验,按动按钮后,左侧发射器电极形成火花,发射电极周边设计了一个金属的半圆形屏蔽罩,来屏蔽电磁波,使电磁波大部分通过开口处向周围传播;转动把手,推动金属反射板,反射板将发射来的电磁波反射到接收器,接收器电极周边同样有一组半圆形金属屏蔽罩,将更多的电磁波聚集到接收电极端,接收电极端出现火花或点亮电极端的光源,以此了解电磁波的原理。展品设计效果如图1所示。

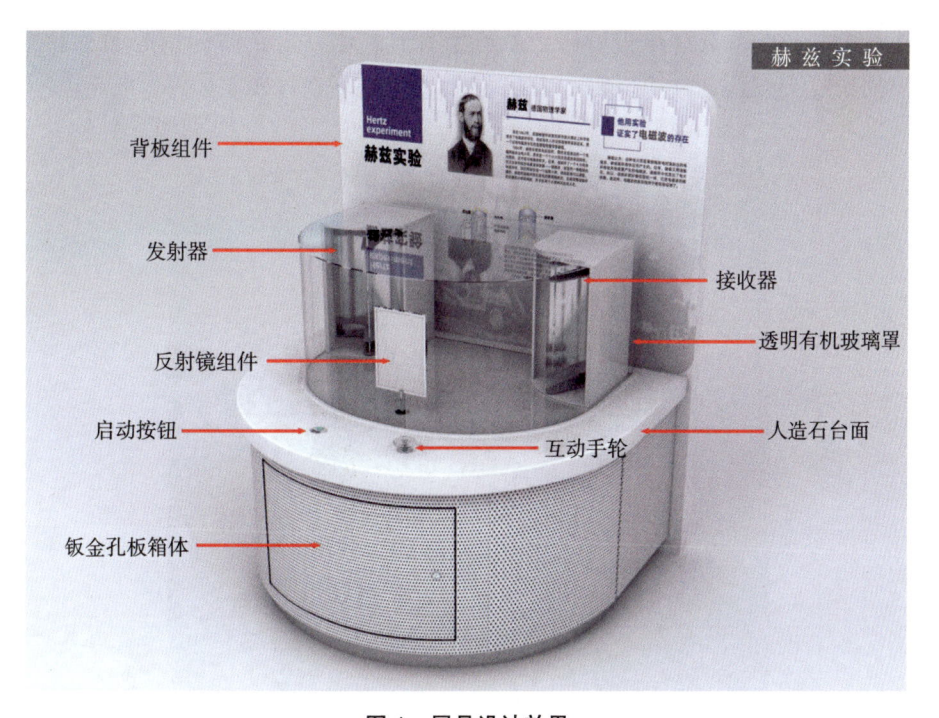

图1 展品设计效果

项目单位:甘肃科技馆

文稿撰写人:张 瑞

旋律阶梯

展品展示下落的小球敲击阶梯状的音砖，探索不同音阶的声音。音砖属于敲击体鸣乐器，音砖的每个音条都有固定的音高，对于木质音砖来说，每一个木条的音调取决于其长度与厚度，每个独立的音块都经过打磨调音，连续敲击就会产生一段美妙的乐曲。观众通过观看不同形状的音砖被小球下落敲击后产生的声音了解旋律是如何产生的。

展品将音砖敲击产生音乐的音乐现象和小球受到重力下落的物理现象通过艺术设计结合起来，既展示了音乐的相关科学原理，又提高了观众的艺术认知水平。观众通过小球与展品产生互动，也增加了参与感。

当小球由于重力下落敲击音砖，就可使音砖发出声音，阶梯按照曲子的旋律摆放，小球依次下落敲击即可听到一首简单的曲子。展品设计效果如图1所示。

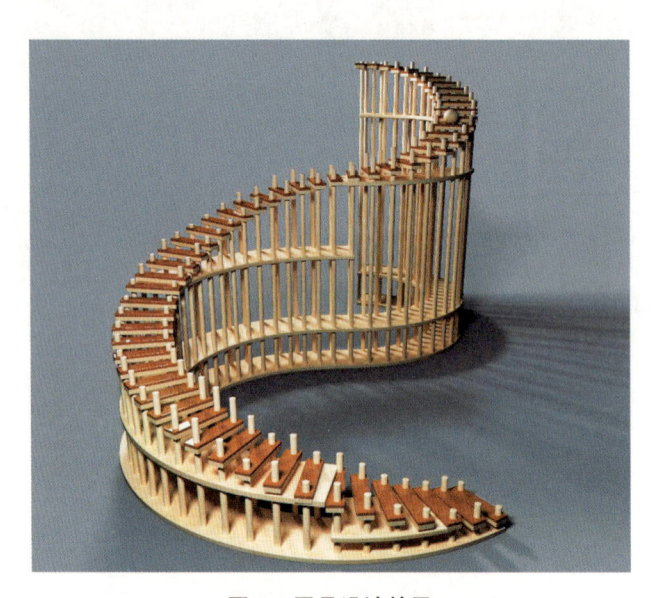

图1 展品设计效果

项目单位：黑龙江省科学技术馆
文稿撰写人：窦煦东 刘娜 姚盛年

身边的凯伊效应

凯伊效应发生在具有剪切稀化性质的黏稠非牛顿流体上。"剪切"是指液体层之间的平移摩擦。"剪切稀化"是说当两层流体之间摩擦的时候,局部的黏度就会降低,变成更稀的样子。洗发水、番茄酱、酸奶、油漆和液体肥皂都属于剪切稀化的流体。

展品"身边的凯伊效应"展示的是剪切稀化非牛顿流体下流时发生的一个有趣现象。液体下流时,它们会在下方局部"堆积"起来,再加上下落液流的冲击作用,在堆积处又会形成凹陷的"小坑"。因此,再下落的液体并没有立即融合到下方的液体中,反而还喷射了出去。而这些小坑成为抛射液流的轨道,促成液流在轨道中顺利滑行的则是剪切稀化的性质。展品设计效果如图1所示。

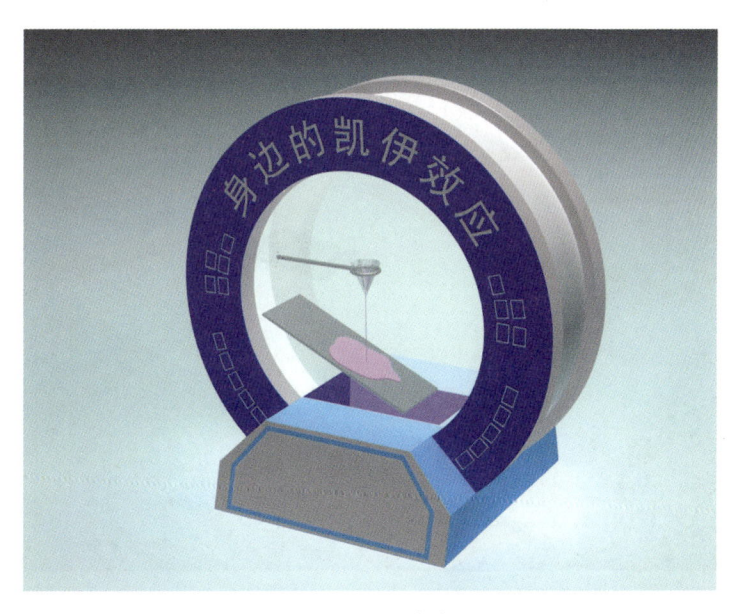

图1 展品设计效果

项目单位:天津科学技术馆
文稿撰写人:王尊宇 焦 彤

内 轮 差

展品详细介绍

    我们在日常生活中会发生一些特殊的交通事故：汽车的前部虽然已经通过，但是汽车的后部却撞到障碍物、行人。这就是忽视内轮差的结果。车体太长的大货车或者大客车，转弯都是有内轮差的。长车在拐弯的时候，车的中后段经过的位置，会比车头更靠近转弯的圆弧中心。由于内轮差的存在，车辆转弯时，前、后车轮的运动轨迹不重合。在行车中如果只注意前轮能够通过而忘记内轮差，就可能造成后内轮驶出路面或与其他物体碰撞的事故。

    本展品中观众可以自行选择一种交通工具，操作此种交通工具进行转弯，观看它在转弯时前后车轮的运动轨迹，从而直观展示内轮差是什么以及它会导致的交通安全隐患，让观众既有亲身参与的乐趣又有知识普及的收获。展品设计效果如图1所示。

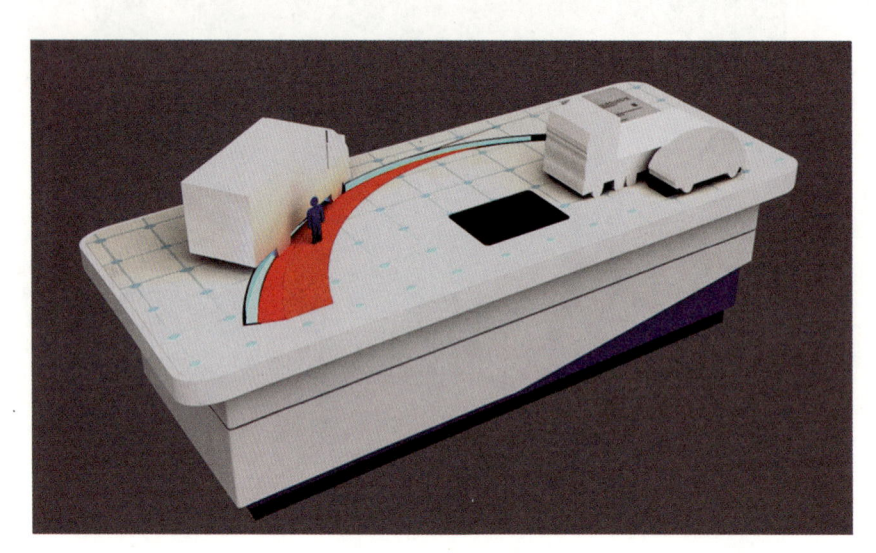

图1 展品设计效果

项目单位：四川科技馆
文稿撰写人：张子健